Algebra lineare

Lorenzo Robbiano

Algebra lineare

Per tutti

 Springer

Lorenzo Robbiano
Dipartimento di Matematica
Università di Genova, Genova

ISBN 10 88-470-0446-2 Springer Milan Berlin Heidelberg New York
ISBN 13 978-88-470-0446-7 Springer Milan Berlin Heidelberg New York

Springer-Verlag fa parte di Springer Science+Business Media

springer.com

© Springer-Verlag Italia, Milano 2007

Impianti forniti dall'autore
Progetto grafico della copertina: Simona Colombo, Milano
Stampa: Signum, Bollate (Mi)

$$e_{\ell\ell_a} \; v_a \; a_{m_{ic_a}} \; _{d_a} \; _{c_i m^a} \; ^a \; _v{}^{a\ell\ell^e}$$

(verso palindromico dell'autore, dipinto
su una meridiana a Castelletto d'Orba,
da PALINDROMI DI (LO)RENZO
di Lorenzo)

dedicato a chi legge questa dedica,

in particolare a G

Premessa

la luna è più utile del sole,
perché di notte c'è più bisogno di luce
(Mullah Nasrudin)

C'era (una volta?) una città stretta fra mare e monti dove l'università era ripartita in facoltà. Una di queste era la facoltà di scienze, dove si insegnavano varie materie, tra cui matematica, informatica, statistica, fisica, chimica, biologia, geologia, scienze naturali, scienze ambientali e altro. Tali materie erano ripartite tra un numero così grande di corsi di studio che se ne era perso il conto. L'unico invariante, uno dei pochi elementi di unità, era costituito dal fatto che tutti i corsi prevedevano al loro interno almeno un modulo di matematica di base. E questo significa che tutti gli studenti della facoltà prima o poi incontravano qualche nozione di algebra lineare.

Lo sapevano tutti che questa materia sta alla base della piramide scientifica e tutti erano coscienti del fatto che nessuno scienziato può veramente chiamarsi tale se non riesce a dominare almeno le sue tecniche fondamentali. Nonostante ciò, la tradizione mescolata alla convenienza e all'opportunità avevano portato a creare corsi di base di matematica totalmente distinti tra di loro. Di conseguenza era ad esempio perfettamente possibile che lo studente di biologia ignorasse alcuni fatti fondamentali dell'algebra lineare che invece venivano insegnati allo studente di geologia.

Poi avvenne una cosa inaspettata. Il giorno... dell'anno... ci fu una riunione di saggi professori della facoltà di scienze e anche di altre facoltà dove si insegnavano corsi di matematica. Lo scopo della riunione era quello di rimediare a tale situazione e, dopo ampia e articolata discussione (così sta scritto nel verbale), essi decisero all'unanimità di affidare ad un matematico il compito di scrivere un libro di *algebra lineare per tutti*.

Qualche storico sostiene che tale decisione non fu presa all'unanimità e che il verbale venne in seguito alterato. Qualcuno asserisce che la scrittura di quel libro fu proposta da un matematico e neppure sostenuta dai suoi colleghi matematici. Qualche altro addirittura sostiene che tale riunione non fu mai tenuta. Forse ci sarebbe bisogno di fare luce su questa vicenda, ma comunque una cosa certa: il libro è stato scritto.

la luna e la terra non sono sole
(dal LIBRO DELLE COSE CERTE)

Introduzione

numeri, simboli, algoritmi,
teoremi,
algoritmi, simboli, numeri
(Indrome Pal)

Da dove viene questo strano titolo *Algebra Lineare per tutti*? Tutti in che senso? È luogo comune il fatto che la matematica non sia materia per *tutti*, ed è vero che uno degli ostacoli alla sua diffusione sono spesso i matematici stessi (per fortuna non *tutti*). Alcuni di essi amano atteggiarsi a *custodi del tempio* e tendono a sviluppare un linguaggio astruso, difficile, talvolta addirittura incomprensibile persino per gli esperti di settori limitrofi.

E se provassimo a chiedere ad un matematico di professione di estraniarsi per un poco dal suo linguaggio abitudinario e parlare e scrivere in modo più *lineare*? E se gli chiedessimo addirittura di essere vivace? E perché non esagerare e chiedergli di essere a tratti persino divertente? Non è un compito facile perché, come dice il proverbio, poche cose sagge sono dette con *leggerezza*, molte cose stupide sono dette con seriosità.

Lo scopo di questo libro è quello di fornire i primi strumenti matematici relativi ad una materia basilare che si chiama *algebra lineare*. Il testo è stato scritto da un matematico che ha cercato di uscire dal suo personaggio per venire incontro ad un pubblico ampio. La sfida è quella di rendere accessibili *a tutti* i primi rudimenti e le prime tecniche di un sapere fondamentale per la scienza e la tecnologia.

Come un abile fotografo egli ha provato a creare sintesi geometriche e cromatiche. Come un agile ballerino ha cercato di fondere la solidità del passo con la leggerezza del movimento. E come un esperto orticoltore ha cercato di mantenere sempre un sano livello di concretezza. D'altra parte nel gruppo di ricerca genovese da lui diretto si sviluppa da anni il codice CoCoA (vedi [Co]), che grande successo ha anche tra i ricercatori più evoluti per la sua capacità di rendere concreti alcuni concetti e calcoli di natura simbolica apparentemente molto astratti.

Ma davvero l'autore si illude che *tutti* leggeranno questo scritto? In realtà, il libro si dichiara *per tutti*, ma mentre difficilmente i pensionati e le casalinghe lo leggerebbero oltre le prime pagine, non sarebbe male che lo approfondissero con cura tutti quegli studenti universitari che nel loro curriculum hanno almeno un corso di matematica.

Quindi questo libro dovrebbe essere letto *almeno* da studenti di statistica, ingegneria, fisica, chimica, biologia, scienze naturali, medicina, giurisprudenza,... E gli studenti di matematica? Perché no? Certamente non farebbe loro male vedere alcuni fondamenti del sapere scientifico in una ottica un poco diversa e più motivante di quella fornita in molti testi cosiddetti canonici.

Naturalmente i matematici, in particolare gli algebristi, osserveranno subito che il libro manca di impianto formale. Noteranno il fatto che definizioni, teoremi e dimostrazioni, insomma tutto quel bagaglio di formalismo che permea i testi moderni della matematica, sono quasi totalmente assenti. Forse gradirebbero *definizioni* come quella di Bob Hope secondo cui

> *la* banca *è il posto dove ti imprestano soldi se provi di non averne bisogno,*

o come quella di autore anonimo secondo cui

> *l'* uomo moderno *è l'anello mancante tra la scimmia e l'essere umano.*

L'autore potrebbe cavarsela *alla Hofstadter*, dicendo che il libro contiene tutto il formalismo necessario *solo quando è chiuso*. In realtà, egli pensa che le scelte debbano essere fatte con chiarezza, e in questo caso la scelta fondamentale è stata quella di scrivere un libro *per tutti* e quindi con un linguaggio il più possibile vicino a quello comune.

Recita un proverbio indiano che vale più un'*oncia di pratica* che tonnellate di teoria. E allora un'altra decisione è stata quella di proporre un centinaio di esercizi di varia difficoltà, alcuni dei quali, una ventina circa, richiedono l'uso del calcolatore per essere risolti. Intendiamoci, qualche lettore potrebbe essere particolarmente dotato a fare conti a mano e trovare grande soddisfazione a risolvere un sistema lineare con molte equazioni e incognite. Non gli negheremo tale piacere, ma è bene che sappia che tale sforzo è essenzialmente inutile. Oggi viviamo in un'epoca in cui è necessario prendere atto dell'esistenza di veloci calcolatori e di ottimi programmi, è opportuno usarli bene, ed è fondamentale capirne il funzionamento, anche a costo di contraddire Picasso.

> *i calcolatori sono inutili,*
> *perché possono solo dare risposte*
>
> (Pablo Picasso)

Tornando a questi speciali esercizi, è utile sapere che essi sono contrassegnati con il simbolo @ e quindi rivelano immediatamente la loro natura. Che fare per risolverli? Il lettore sappia che non sarà lasciato del tutto solo ad affrontare questo problema. Infatti in Appendice, alla fine del volume, si trovano spiegazioni e suggerimenti su come affrontare questo tipo di esercizi e se ne mostrano alcune esplicite soluzioni con CoCoA (vedi [Co]). Che cosa è CoCoA?

Come già accennato, si tratta di un sistema di calcolo simbolico sviluppato da un gruppo di ricercatori del Dipartimento di Matematica dell'Università di Genova, guidato dall'autore. Per saperne un poco di più il lettore è invitato a leggere l'Appendice e soprattutto a consultare direttamente la pagina web

http://cocoa.dima.unige.it

Veniamo adesso all'aspetto strutturale. Il libro è suddiviso in una parte preparatoria contenente una premessa, questa introduzione, l'indice, un capitolo iniziale a carattere introduttivo, due parti matematiche essenziali (ciascuna suddivisa in quattro capitoli) e una parte conclusiva. Quest'ultima ospita un'appendice di cui si è già parlato, una *presunta* conclusione e alcuni cenni bibliografici. La ripartizione del contenuto più propriamente matematico è suggerita dall'idea che il capitolo iniziale e la prima parte servano come introduzione molto lieve alla materia. Il lettore viene preso per mano e accompagnato gradualmente verso i temi dell'algebra lineare.

Lo strumento principale è l'uso sistematico di esempi, infatti, come era scritto sul famoso bigliettino di un ristorante cinese, *il miglior regalo che si possa fare è un buon esempio*. Il ruolo centrale è giocato dalle matrici, che entrano delicatamente in scena e progressivamente rivelano la loro poliedricità e adattabilità a situazioni e problemi molto diversi. Il lettore viene portato a farsi un'idea del significato di *modello matematico* e di *costo computazionale*. Questa è la parte veramente *per tutti* e da essa trae origine il titolo del libro.

La seconda parte è ancora *per tutti*, ma... a patto che conoscano bene la prima e abbiano meno bisogno di essere accompagnati per mano. Sempre in primo piano sono gli esempi, ma i concetti incominciano ad essere un poco più elaborati. Entrano in scena caratteri più complessi, a volte persino *spigolosi* come le forme quadratiche, a volte *illuminanti* come i proiettori. E le matrici? Le matrici giocano sempre il ruolo centrale, sono il *pivot* della situazione. Sono *oggetti lineari*, ma si adattano perfettamente anche a modellare equazioni di secondo grado. Legati al concetto di proiezione ortogonale sono i cosiddetti *proiettori*, i quali permettono la soluzione del famoso *problema dei minimi quadrati*. Per arrivare a questo traguardo vengono in aiuto concetti matematici un poco più sofisticati quali gli *spazi vettoriali* con i loro sistemi di generatori, e con le loro basi, se possibile ortogonali, o ancora meglio *ortonormali* e la nozione di *pseudoinversa* di una matrice.

Un particolare rilievo vengono ad avere le matrici simmetriche. Perché? Qualcuno sostiene che i matematici scelgono gli oggetti da studiare in base a criteri estetici e la simmetria è uno di questi, ma più spesso accade che certe proprietà apparentemente di natura estetica si rivelano fondamentali nelle applicazioni. Questo è il caso delle matrici simmetriche, che sono l'*anima* delle forme quadratiche e intorno alle quali (ma non solo) si sviluppano, alla fine del libro, temi e concetti quali *autovalori, autovettori e autospazi*. Verrebbe da fare una facile ironia su questi nomi che sembrano presi dai mercati finanziari o dall'industria automobilistica, ma in questo caso è meglio concentrarci sulla loro grande utilità, che incomincia a rivelarsi verso la fine del libro.

Come ho detto prima, anche nella seconda parte l'accento continua ad essere sui concetti e sugli esempi, non sulle dimostrazioni e sull'impianto formale.

come ho detto prima, non bisogna mai ripetersi

E se uno volesse andare avanti? Ma certo, questo è uno dei propositi del libro, ma con una avvertenza. Basta avventurarsi in una biblioteca matematica o navigare gli oceani di internet per trovare una quantità di materiale impressionante. Infatti, come detto prima e a costo di ripetersi, l'algebra lineare è un sapere fondamentale per la scienza e la tecnologia e quindi ha stimolato e continua a stimolare parecchi autori a fornire il loro contributo. Bisogna però sapere che il seguito presenta difficoltà che non lo rendono accessibile a *tutti*.

E ora alcuni aspetti stilistici del libro, in particolare un commento su una scelta che riguarda la notazione. Nella tradizione italiana i numeri decimali si scrivono usando la virgola come separatore, ad esempio $1, 26$ (uno virgola ventisei) e usando il punto come separatore delle cifre nei numeri grandi, ad esempio $33.200.000$ (trentatrè milioni e duecentomila). Nella tradizione anglosassone si fa il contrario, e quindi $\$2, 200.25$ significa duemiladuecento dollari e 25 centesimi. Che cosa scegliere? Un impulso di *orgoglio nazionale* dovrebbe farci propendere per la prima soluzione. Ma ormai la nostra vita è vissuta a contatto dei calcolatori ed è quindi condizionata dall'uso di software, che in gran parte usano l'inglese come lingua base. La scelta è quindi caduta sulla seconda strada. Quando si presenteranno forti ragioni pratiche o estetiche per usare un separatore, scriveremo ad esempio 1.26 per dire una unità e 26 centesimi, scriveremo $34, 200$ per dire trentaquattromiladuecento.

Un altro aspetto del tutto evidente è la presenza di svariate frasi autoreferenziali, aforismi, battute, citazioni, palindromi, e il lettore si accorgerà che in molti casi sono scritte *a sinistra*, incominciano con *lettera minuscola* e *finiscono senza punteggiatura*. Perché? L'autore ritiene che anche un libro di matematica possa fornire alcuni spunti di carattere non solamente tecnico; come *stelle cadenti*, tali frasi devono apparire dal nulla e subito allontanarsi, lasciando un messaggio e una sensazione incompiuta che il lettore potrà completare a suo piacere.

Per concludere, una precauzione. Il libro si rivolge continuamente al *lettore*. Sono frequenti frasi del tipo
- il lettore si deve accontentare di una risposta parziale...
- non dovrebbe essere difficile per il lettore interpretare il significato...
Non si offenda la *lettrice*, la mia non è una scelta maschilista, in realtà è soltanto dettata dal desiderio di non appesantire il testo. Sia chiaro dunque che per me *lettore* significa *essere che legge il libro*. Infine, per *concludere davvero*, buon divertimento con un piccolo problema e poi buona lettura *a tutti*!

piccolo problema: completare con i due simboli mancanti la sequenza udtqcsso..

Lorenzo Robbiano   Genova, 9 Ottobre 2006

Indice

Parte II

Parte III

nel mondo ci sono due gruppi di persone,
quelli che pensano che la matematica sia inutile,
e quelli che pensano

Calcolo numerico e calcolo simbolico

due terzi degli italiani non capiscono le frazioni,
all'altra metà non interessano

Immagino che qualche lettore, forse incuriosito dal titolo, abbia voluto subito vedere se il libro è davvero *per tutti* e di conseguenza sia arrivato qui senza avere letto né la Premessa, né l'Introduzione. Secondo me ha fatto male, si è perso una parte essenziale per entrare nello spirito del libro e quindi lo consiglio fortemente di tornare indietro. Ma siccome la lettura è libera e personalmente conosco tanti lettori che hanno l'abitudine (posso permettermi di dire cattiva?) di non leggere le introduzioni, ho deciso di non deludere neppure costoro e ho pensato di incominciare il libro con questo capitolo molto breve, un tipico Capitolo 0 in cui si fanno alcuni elementari esperimenti di calcolo e vengono discussi i risultati ottenuti.

Anche se la locuzione *calcolo numerico e calcolo simbolico* è molto altisonante, in realtà qui vengono affrontate questioni apparentemente banali o comunque date per acquisite nei corsi secondari. Che cosa vuole dire la scrittura $ax = b$? Come si manipola l'espressione $ax = b$? Che cosa significa risolvere l'equazione $ax = b$?

Se il lettore pensa che si tratti di banalità, è bene che comunque faccia attenzione, perché sotto una calma superficie in certi punti si muovono pericolose correnti sottomarine; sottovalutarle potrebbe rivelarsi fatale. Non solo, ma una lettura fatta mantenendo alta la concentrazione può rivelarsi molto utile per prendere confidenza con importanti concetti che si riveleranno fondamentali nel seguito. D'altra parte *calcoli, numeri e simboli* sono la materia prima della matematica e il lettore, anche se non aspira a diventare un matematico professionista, è bene che familiarizzi con essi.

Equazione $ax = b$. Proviamo a risolverla

Nelle scuole elementari impariamo che la divisione del numero 6 per il numero 2 ha come risposta *esatta* il numero 3. Questo fatto si descrive matematicamente in vari modi diversi, ad esempio scrivendo $\frac{6}{2} = 3$ o $6 : 2 = 3$, oppure dicendo che 3 è la *soluzione dell'equazione* $2x = 6$, o che 3 è la soluzione dell'equazione $2x - 6 = 0$.

Facciamo alcune riflessioni. La prima è che l'espressione $2x$ significa $2 \times x$ in virtù della convenzione di non scrivere l'operatore di prodotto quando non sia strettamente necessario. La seconda è che l'espressione $2x = 6$ contiene il simbolo x, il quale rappresenta l'**incognita** del problema, ossia il numero che moltiplicato per 2 fornisce come risultato 6, e contiene anche i due **numeri naturali** 2, 6.

Osserviamo che anche la soluzione 3 è un numero naturale, ma non è sempre così. Basta considerare il problema di dividere per 4 il numero 7. La sua descrizione matematica è la stessa di prima, ossia si cerca di risolvere l'equazione $4x = 7$, ma questa volta ci si accorge che *non esiste nessun numero naturale* che moltiplicato per 4 dia 7 come risultato. A questo punto ci sono due strade da seguire.

La prima è quella di utilizzare l'**algoritmo** di calcolo della divisione di due numeri naturali. Questa strada ci porta alla soluzione 1.75, che è un cosiddetto **numero decimale**. La seconda è quella di *inventare un ambiente più ampio*, quello dei **numeri razionali**. Per questa strada si arriva alla soluzione $\frac{7}{4}$. Osserviamo che 1.75 e $\frac{7}{4}$ sono due rappresentazioni diverse dello stesso oggetto matematico, ossia la soluzione dell'equazione $4x = 7$.

Ma la situazione può essere ancora più complicata. Proviamo a risolvere un problema del tutto simile, ossia $3x = 4$. Mentre la soluzione $\frac{4}{3}$ si trova bella e pronta nei numeri razionali, se cerchiamo di usare l'algoritmo di divisione, entriamo in un *ciclo infinito*. Si produce il numero $1.33333333\ldots\ldots$ e si osserva che il simbolo 3 si ripete all'infinito, visto che ad ogni iterazione dell'algoritmo ci si trova nella stessa situazione. Possiamo ad esempio concludere dicendo che il simbolo 3 è *periodico* e scrivere convenzionalmente il risultato come $1.\overline{3}$, oppure come $1.(3)$. Un'altra maniera di cavarsela è quella di uscire dal ciclo dopo un numero prefissato, ad esempio cinque, di passi. In tal caso concludiamo dicendo che la soluzione è 1.33333.

C'è però un grosso problema. Se trasformiamo il numero 1.33333 in numero razionale, troviamo $\frac{133333}{100000}$, che *non è uguale* a $\frac{4}{3}$. Infatti si ha

$$\frac{4}{3} - \frac{133333}{100000} = \frac{4 \times 100000 - 3 \times 133333}{300000} = \frac{400000 - 399999}{300000} = \frac{1}{300000}$$

e $\frac{1}{300000}$ è un *numero molto piccolo* ma non nullo.

Può essere dunque utile lavorare con numeri che hanno un *numero fisso di decimali*, ma il prezzo da pagare è l'inesattezza dei risultati. Perché dunque non lavorare sempre con *numeri esatti*, come ad esempio i numeri razionali?

Per il momento il lettore si deve accontentare di una risposta parziale, ma che suggerisce l'essenza del problema.

- Un motivo è che lavorare con numeri razionali è *molto più costoso dal punto di vista del calcolo.*
- Un altro motivo è che *non sempre abbiamo a disposizione numeri razionali* come dati nei nostri problemi.

Per quanto riguarda il primo motivo basti pensare alla difficoltà di far riconoscere al calcolatore il fatto che *frazioni equivalenti,* come ad esempio $\frac{4}{6}, \frac{6}{9}, \frac{2}{3}$, rappresentano lo *stesso numero razionale.*

Per il secondo motivo supponiamo ad esempio di voler trovare il rapporto tra la distanza terra-sole e la distanza terra-luna. Detta b la prima e a la seconda, l'equazione che rappresenta il nostro problema è la nostra vecchia conoscenza $ax = b$. Ma nessuno può ritenere che sia ragionevole avere a disposizione *numeri esatti* per rappresentare tali distanze. I dati di partenza del nostro problema sono *necessariamente approssimati.* In questo caso tale difficoltà sarà da considerarsi ineliminabile e dovremo prendere le giuste precauzioni.

Equazione $ax = b$. Attenzione agli errori

Torniamo alla nostra equazione $ax = b$. In relazione al tipo dei numeri a, b e in base alla natura del problema, possiamo cercare **soluzioni esatte** o **soluzioni approssimate.** Abbiamo già osservato nella sezione precedente che $\frac{4}{3}$ è una soluzione esatta di $3x = 4$, o equivalentemente di $3x - 4 = 0$, mentre 1.33333 è una soluzione approssimata, che differisce da quella esatta solo per $\frac{1}{300000}$, o usando un'altra notazione molto comune, per $3.\overline{3} \cdot 10^{-6}$. Tenuto conto anche del fatto che, come abbiamo visto nella sezione precedente, non sempre si può operare con numeri esatti, viene da pensare che un errore piccolo possa essere ampiamente tollerabile. Ma la vita è irta di ostacoli.

Supponiamo che i dati siano $a = \frac{1}{300000}$, $b = 1$. La soluzione giusta è $x = 300000$. Se commettiamo un errore nella valutazione di a e riteniamo che sia $a = \frac{2}{300000}$, l'errore è di $\frac{1}{300000}$, ossia una quantità che poco fa abbiamo dichiarato ampiamente tollerabile. Ma ora la nostra equazione $ax = b$, ha come soluzione $x = 150000$, che differisce da quella giusta per 150000.

Che cosa è successo? Semplicemente il fatto che quando si divide un nu- . mero b per un numero *molto piccolo* a, il risultato è *molto grande*; quindi se si altera il numero a per una quantità molto piccola, il risultato è alterato per una quantità molto grande. Questi problemi, da tenere ben presenti quando si opera con quantità approssimate, hanno dato vita ad un ampio settore della matematica che si chiama **calcolo numerico.**

Equazione $ax = b$. Manipoliamo i simboli

Il discorso appena fatto sui dati e sulle soluzioni approssimate non riguarda però alcune manipolazioni di natura puramente formale o simbolica. Ad esempio i ragazzi imparano che, a partire dall'equazione $ax = b$, si può scrivere una equazione equivalente *portando b a primo membro e cambiando segno*. Incominciamo a dire che si tratta di un esempio di **calcolo simbolico**, più precisamente dell' uso di una *regola di riscrittura*.

Che cosa significa esattamente? Se α è una soluzione della nostra equazione, abbiamo l'uguaglianza di numeri $a\alpha = b$ e quindi l'uguaglianza $a\alpha - b = 0$. Questa osservazione ci permette di concludere che l'equazione $ax = b$ è *equivalente* all'equazione $ax - b = 0$, nel senso che hanno le *stesse soluzioni*. La trasformazione di $ax = b$ in $ax - b = 0$ è una manipolazione puramente simbolica, *indipendente dalla natura del problema*. Qui sarebbe opportuno fare un commento sul fatto che *non sempre* tale manipolazione è lecita. Se ad esempio lavoriamo con numeri naturali, l'espressione $2x = 4$ non può essere trasformata in $-4 + 2x = 0$ perché -4 non esiste nei numeri naturali.

Ora vogliamo spingerci un poco più in là, ossia vogliamo *risolvere* l'equazione *indipendentemente dai valori di a e b*. In altri termini, vogliamo trovare una espressione per la soluzione di $ax = b$ (o equivalentemente di $ax - b = 0$), che dipenda solo da a e b e non da particolari valori ad essi attribuiti.

Detto così, non è possibile. Infatti ad esempio che cosa succede se $a = 0$? In tale situazione i casi possibili sono due, o $b \neq 0$ o $b = 0$. Nel primo caso di certo *non ci sono soluzioni*, perché nessun numero moltiplicato per zero produce un numero diverso da zero. Nel secondo caso invece *tutti i numeri sono soluzioni*, perché ogni numero moltiplicato per zero produce zero.

Sembra quindi che se $a = 0$ l'equazione $ax = b$ presenti comportamenti estremi. La situazione torna ad essere più tranquilla se supponiamo $a \neq 0$; in tal caso possiamo subito concludere che $\frac{b}{a}$ è l'unica soluzione. Ma siamo sicuri? Non abbiamo già detto nella sezione precedente che l'equazione $4x = 7$ *non ha soluzioni intere*? Eppure certamente 4 è diverso da 0!

Il problema è il seguente. Per poter concludere che se $a \neq 0$, allora $\frac{b}{a}$ è soluzione di $ax = b$, dobbiamo sapere che $\frac{b}{a}$ *ha senso*. Senza entrare nelle raffinatezze algebriche che questa richiesta comporta, ci limitiamo ad osservare che i numeri razionali, i numeri reali e i numeri complessi hanno questa proprietà, per il fatto che se a è un numero razionale, reale o complesso diverso da zero, allora esiste il suo *inverso* (che in algebra si chiama a^{-1}). Ad esempio l'inverso di 2 nei numeri razionali è $\frac{1}{2}$, mentre nei numeri interi non esiste.

Questi tipi di argomentazioni sono di natura squisitamente matematica, ma la loro portata applicativa sta rivelandosi sempre più importante. La tecnologia attuale permette di avere a disposizione hardware e software con i quali manipolare simbolicamente i dati e un nuovo settore della matematica che si occupa di queste cose sta emergendo con forza. Si tratta del cosiddetto calcolo simbolico, detto anche **algebra computazionale** o **computer algebra** (vedi [R06]).

Esercizi

Prima di incominciare ad affrontare i problemi posti negli esercizi, mi sia permesso dare un consiglio. Il lettore ricordi che, oltre alle tecniche imparate strada facendo, è sempre fondamentale l'utilizzo del buon senso. Non si tratta di una battuta. In realtà succede ad esempio agli studenti universitari di concentrarsi tanto sull'utilizzo delle formule studiate nei corsi, da non accorgersi che a volte basta appunto il buon senso per risolvere i problemi. E se non basta, comunque aiuta.

Esercizio 1. Quale potenza di 10 è soluzione di $0.0001x = 1000$?

Esercizio 2. Si consideri l'equazione $ax - b = 0$, dove $a = 0.0001$, $b = 5$.
(a) Determinare la soluzione α.
(b) Di quanto devo alterare a per avere una soluzione che differisce da α per almeno 50000?
(c) Se p è un numero positivo minore di a, si produce un errore maggiore sostituendo ad a il numero $a - p$, o il numero $a + p$?

Esercizio 3. Fare un esempio di equazione di tipo $ax = b$, in cui un errore nei coefficienti si ripercuote poco nell'errore della risposta.

Esercizio 4. Perché nonostante il fatto che l'inverso di 2 non esiste negli interi, si può risolvere negli interi l'equazione $2x - 6 = 0$?

Esercizio 5. Le due equazioni $ax - b = 0$ e $(a-1)x - (b-x) = 0$ sono equivalenti?

Esercizio 6. Si considerino le seguenti equazioni del tipo $ax - b = 0$, con parametro.
(a) Trovare le soluzioni reali di $(t^2 - 2)x - 1 = 0$ al variare di t in $\mathbb{Q}$.
(b) Trovare le soluzioni reali di $(t^2 - 2)x - 1 = 0$ al variare di t in $\mathbb{R}$.
(c) Trovare le soluzioni reali di $(t^2 - 1)x - t + 1 = 0$ al variare di t in $\mathbb{N}$.
(d) Trovare le soluzioni reali di $(t^2 - 1)x - t + 1 = 0$ al variare di t in $\mathbb{R}$.

Parte I

1

Sistemi lineari e matrici

ipotesi lineari in un mondo non lineare
sono altamente pericolose

(Adam Hamilton)

Nel capitolo introduttivo abbiamo scaldato i motori studiando l'equazione $ax = b$. Quale sarà il seguito? Dico subito che in questo capitolo incontreremo problemi di trasporto e reazioni chimiche, manipolazioni di diete, schedine del totocalcio, costruzioni architettoniche, meteorologia. Come mai? Si vuole cambiare argomento? Al contrario. Il fascino della matematica, anche nelle sue espressioni meno sofisticate, sta proprio nella capacità di *unificare* argomenti in partenza molto dissimili.

In realtà vedremo molti esempi all'apparenza totalmente diversi, ma scopriremo che essi possono essere accomunati da un unico semplice modello matematico, il cosiddetto *sistema lineare*. Allora viene naturale chiedersi come si fa a rappresentare un sistema lineare, ed ecco entrare in scena le *prime donne*, quelle che saranno in *primo piano* fino alla fine, le *matrici*.

Come iniziale risultato della nostra indagine, vedremo il modo con cui le matrici permettono di usare il formalismo $A\mathbf{x} = \mathbf{b}$ per i sistemi lineari. Assomiglia molto alla familiare equazione $ax = b$ da cui siamo partiti, penso che su questo siamo tutti d'accordo.

Qualche lettore più esperto osserverà però che il mondo in cui viviamo in genere non è lineare, che la vita è irta di ostacoli. È vero, ma a saper guardare con attenzione si scoprono tanti *fenomeni lineari* laddove meno lo si aspetta. Siete curiosi di sapere dove? Un poco di pazienza e sarete accontentati, ma dovrete fornire un poco di collaborazione, ad esempio dovrete abituarvi a familiarizzare non solo con i sistemi lineari e le matrici, ma anche con i *vettori*.

1.1 Esempi di sistemi lineari

Vediamo alcuni esempi. Il primo è una nostra conoscenza del capitolo precedente.

Esempio 1.1.1. L'equazione ax = b
Come detto, il primo esempio pone l'equazione $ax = b$ in questo nuovo contesto di esempi di **sistemi lineari**.

Il secondo è una vecchia conoscenza di chi ha studiato geometria analitica.

Esempio 1.1.2. La retta nel piano
L'equazione lineare $ax+by+c = 0$ rappresenta una retta nel piano. Torneremo più avanti, in particolare alla fine della Sezione 4.2, a chiarire che cosa significa il fatto che una equazione rappresenta un ente geometrico.

E se vogliamo intersecare due rette nel piano? Ecco fatto.

Esempio 1.1.3. Intersezione di due rette

$$\begin{cases} ax +by +c = 0 \\ dx +ey +f = 0 \end{cases}$$

Si incomincia ad osservare che occorrono molte lettere, ma per ora questo fatto non ci preoccupa e decisamente passiamo a vedere qualcosa di più interessante.

Esempio 1.1.4. Il trasporto
Supponiamo di avere due fabbriche F_1, F_2, che producono rispettivamente 120, 204 automobili. Supponiamo che le fabbriche debbano fornire le loro auto a due rivenditori R_1, R_2, che richiedono rispettivamente 78 e 246 auto. Osserviamo che in questa situazione si ha

$$120 + 204 = 78 + 246 = 324$$

e quindi siamo nelle condizioni di fare un piano di trasporto. Ad esempio se chiamiamo x_1, x_2 le quantità di auto che dalla fabbrica F_1 saranno trasportate rispettivamente ai rivenditori R_1, R_2 e con y_1, y_2 le quantità di auto che dalla fabbrica F_2 saranno trasportate rispettivamente ai rivenditori R_1, R_2, si dovrà avere

$$\begin{cases} x_1 + x_2 = 120 \\ y_1 + y_2 = 204 \\ x_1 + y_1 = 78 \\ x_2 + y_2 = 246 \end{cases}$$

Si tratta di un sistema lineare. Il nostro problema del trasporto è stato tradotto in un modello matematico; in altre parole questo sistema lineare ha catturato l'essenza matematica del problema.

Ci sono 4 equazioni e 4 incognite. Possiamo sperare di avere una soluzione, o addirittura molte soluzioni? Per ora non abbiamo ancora i mezzi tecnici per rispondere alla domanda, però possiamo andare per tentativi e scoprire facilmente che $x_1 = 78$, $x_2 = 42$, $y_1 = 0$, $y_2 = 204$ è soluzione. Non solo, ma anche $x_1 = 70$, $x_2 = 50$, $y_1 = 8$, $y_2 = 196$ è soluzione ed è anche soluzione la quaterna $x_1 = 60$, $x_2 = 60$, $y_1 = 18$, $y_2 = 186$. Appare chiaro che si sono molte soluzioni. Quante? E perché può essere importante conoscerle tutte?

Supponiamo che i costi unitari di trasporto dalle fabbriche ai rivenditori siano diversi tra loro, ad esempio che il costo di trasporto per unità da F_1 a R_1 sia 10 euro, da F_1 a R_2 sia 9 euro, da F_2 a R_1 sia 13 euro, da F_2 a R_2 sia 14 euro. Le tre soluzioni suddette comporteranno dunque rispettivamente un costo totale di

$$10 \times 78 \ + \ 9 \times 42 \ + \ 13 \times \ \ 0 \ + \ 14 \times 204 \ = \ 4,014 \text{ euro}$$
$$10 \times 70 \ + \ 9 \times 50 \ + \ 13 \times \ \ 8 \ + \ 14 \times 196 \ = \ 3,998 \text{ euro}$$
$$10 \times 60 \ + \ 9 \times 60 \ + \ 13 \times 18 \ + \ 14 \times 186 \ = \ 3,978 \text{ euro}$$

La terza soluzione risulta essere dunque *più conveniente*. Ma tra tutte le soluzioni possibili, sarà essa la più conveniente? Per rispondere a domande di questo tipo appare chiara la necessità di conoscere *tutte le soluzioni* e tra non molto saremo in grado di farlo. In particolare capiremo che la risposta alla domanda precedente è decisamente no.

Esempio 1.1.5. Una reazione chimica

Combinando atomi di *rame* (Cu) con molecole di *acido solforico* (H_2SO_4), si ottengono per reazione molecole di *solfato di rame* ($CuSO_4$), di *acqua* (H_2O) e di *anidride solforosa* (SO_2). Vorremmo determinare il numero delle molecole che entrano a far parte della reazione. Indichiamo con x_1, x_2, x_3, x_4, x_5 rispettivamente il numero di molecole di Cu, H_2SO_4, $CuSO_4$, H_2O e SO_2. La reazione viene espressa con una uguaglianza del tipo

$$x_1 Cu + x_2 H_2SO_4 = x_3 CuSO_4 + x_4 H_2O + x_5 SO_2$$

In realtà l'uguaglianza non fornisce compiutamente tutta l'informazione, dato che la nostra reazione è orientata, ossia *parte da sinistra e arriva a destra*. D'altra parte, il vincolo è che il numero di atomi di ogni elemento sia lo stesso prima e dopo la reazione (in *matematichese* si direbbe che il numero degli atomi di ogni elemento è un **invariante** della reazione chimica). Ad esempio, il numero di atomi di ossigeno (O) è $4x_2$ a primo membro e $4x_3 + x_4 + 2x_5$ a secondo membro e quindi deve essere $4x_2 = 4x_3 + x_4 + 2x_5$. Quindi i cinque numeri x_1, x_2, x_3, x_4, x_5 sono vincolati dalle seguenti relazioni

$$\begin{cases} x_1 \quad - \quad x_3 \qquad\qquad\qquad = 0 \\ \quad 2x_2 \qquad\quad - 2x_4 \qquad\quad = 0 \\ \quad x_2 - \quad x_3 \qquad\quad - \quad x_5 = 0 \\ \quad 4x_2 - 4x_3 - \quad x_4 - 2x_5 = 0 \end{cases}$$

Questo è un sistema lineare. Si tratta di un modello matematico del problema chimico suddetto. In altre parole abbiamo catturato l'essenza del problema matematico posto dall'invarianza del numero degli atomi di ogni elemento nei due membri della reazione.

Il problema successivo naturalmente è quello di risolvere il sistema. Non abbiamo ancora visto come si fa, ma in questo caso proviamo a fare qualche *esperimento di calcolo*. La prima equazione ci dice che $x_1 = x_3$ e la seconda che $x_2 = x_4$. Quindi nella terza e nella quarta andiamo a sostituire x_3 al posto di x_1 e x_4 al posto di x_2. In tal modo otteniamo $x_4 - x_3 - x_5 = 0$ e $3x_4 - 4x_3 - 2x_5 = 0$. Dalla prima delle due ricaviamo $x_3 = x_4 - x_5$, che andiamo a sostituire nella seconda ottenendo così $-x_4 + 2x_5 = 0$, e quindi l'uguaglianza $x_4 = 2x_5$. Tornando indietro si ottiene $x_3 = x_5$ e quindi riconsiderando le prime due equazioni si ottiene $x_1 = x_5$, $x_2 = 2x_5$. Tutto questo discorso per il momento ha carattere molto empirico e poi vedremo come renderlo più rigoroso e preciso. Per ora ci accontentiamo di osservare che le soluzioni del nostro sistema si possono scrivere come $(x_5, 2x_5, x_5, 2x_5, x_5)$ con totale arbitrarietà di x_5. Abbiamo dunque un caso in cui ci sono infinite soluzioni, ma quella che ci interessa ha come componenti numeri naturali (non avrebbe senso parlare di -2 molecole), e vogliamo che siano i più piccoli possibili. Quest'ultima richiesta è simile a quella già accennata nel problema del trasporto. Nel nostro caso è facile vedere che esiste una tale soluzione ed è $(1, 2, 1, 2, 1)$. In conclusione la reazione chimica giusta è la seguente

$$Cu + 2H_2SO_4 = CuSO_4 + 2H_2O + SO_2$$

che si legge così: una molecola mono-atomica di rame e due molecole di acido solforico danno origine per reazione a una molecola di solfato di rame, due molecole di acqua e una molecola di anidride solforosa.

Esempio 1.1.6. La dieta

Supponiamo di volere preparare una colazione con burro, prosciutto e pane, in modo da ottenere 500 calorie, 10 grammi di proteine e 30 grammi di grassi. Una tabella mostra il numero di calorie, le proteine (espresse in grammi) e i grassi (espressi in grammi) forniti da un grammo di burro, prosciutto e pane.

	burro	*prosciutto*	*pane*
calorie	7.16	3.44	2.60
proteine	0.006	0.152	0.085
grassi	0.81	0.31	0.02

Se indichiamo con x_1, x_2, x_3 rispettivamente il numero dei grammi di burro, prosciutto e pane, quella che cerchiamo non è altro che la soluzione del sistema lineare

$$\begin{cases} 7.16\, x_1 + 3.44\, x_2 + 2.60\, x_3 = 500 \\ 0.006\, x_1 + 0.152\, x_2 + 0.085\, x_3 = 10 \\ 0.81\, x_1 + 0.31\, x_2 + 0.02\, x_3 = 30 \end{cases}$$

Anche per questo problema dobbiamo pazientare un poco. Scopriremo più avanti come fare per risolverlo. Nel frattempo è comunque opportuno non lasciarsi tentare dagli eccessi di cibo.

Esempio 1.1.7. Il ponte

Si deve costruire un ponte per unire le due sponde di un fiume che si trovano a diversi livelli, come indicato in figura. Si assume che il profilo del ponte sia parabolico e che i parametri del progettista siano p_1, p_2, c, ℓ, così descritti: p_1 rappresenta la pendenza del ponte nel punto A di collegamento con la prima sponda, p_2 rappresenta la pendenza del ponte nel punto B di collegamento con la seconda sponda, c rappresenta l'altezza della prima sponda nel punto di attacco del ponte, ℓ rappresenta la larghezza del letto del fiume in corrispondenza del ponte.

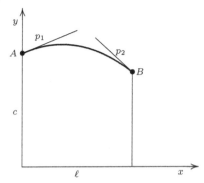

Il problema è quello di determinare l'altezza massima del ponte in funzione dei parametri suddetti. Per impostare la soluzione dobbiamo fare ricorso ad alcune nozioni di geometria analitica, che qui diamo per note.

Fissati gli assi cartesiani ortogonali come in figura, l'equazione generica della parabola è del tipo $y = ax^2 + bx + c$. Il coefficiente c è proprio quello che noi abbiamo già chiamato c, in quanto l'intersezione della parabola con l'asse y è il punto di coordinate $(0, c)$. Il punto A ha ascissa 0, il punto B ha ascissa ℓ; la derivata prima di $ax^2 + bx + c$ rispetto a x è $2ax + b$ e quindi vale b nel punto A, vale $2a\ell + b$ nel punto B. Conseguentemente si ha $p_1 = b$, $p_2 = 2a\ell + b$. Per determinare i valori di a, b e quindi l'equazione della parabola, dobbiamo risolvere il sistema

$$\begin{cases} b - p_1 = 0 \\ 2a\ell + b - p_2 = 0 \end{cases}$$

nel quale a e b sono le incognite, p_1, p_2, ℓ sono i parametri. Naturalmente in questo caso la soluzione è subito trovata e si tratta di $b = p_1$, $a = \frac{p_2 - p_1}{2\ell}$ e l'equazione della parabola è dunque

$$y = \frac{p_2 - p_1}{2\ell} x^2 + p_1 x + c$$

A questo punto possiamo osservare che l'altezza della sponda nel punto B, ossia l'ordinata di B è fissata e vale $\frac{p_2 - p_1}{2\ell} \ell^2 + p_1 \ell + c$, ossia $\frac{p_1 + p_2}{2} \ell + c$.

Uguagliando a 0 la derivata prima del secondo membro dell'equazione della parabola si ha $2\frac{p_2-p_1}{2\ell}x+p_1 = 0$, da cui si ricava $x = \frac{\ell p_1}{p_1-p_2}$ e quindi finalmente l'ordinata del punto di massimo

$$y = \frac{p_2 - p_1}{2\ell}(\frac{\ell p_1}{p_1 - p_2})^2 + p_1\frac{\ell p_1}{p_1 - p_2} + c$$

che si semplifica

$$y = \frac{\ell p_1^2}{2(p_1 - p_2)} + c$$

La soluzione parametrica si presta a studiare il problema al variare dei dati iniziali.

Abbiamo dunque visto molti esempi di sistemi di equazioni che si adattano a descrivere situazioni diverse tra di loro. C'è una caratteristica che li accomuna, il fatto di essere tutti quanti **sistemi lineari**. Ma in sostanza cosa significa esattamente sistema lineare? Questa è una importantissima domanda e merita una risposta rapida. La prossima sezione ha il compito di preparare gli strumenti per rispondere.

1.2 Vettori e matrici

Due tipi di oggetti matematici saranno fondamentali per il seguito, i **vettori** e le **matrici**. Dunque, prima di rispondere alle domande lasciate in sospeso, introduciamo alcuni esempi significativi.

Esempio 1.2.1. La velocità
Sono noti i vettori della fisica, ad esempio quelli che esprimono forze, accelerazioni, velocità. Torneremo su questi esempi più avanti, per ora basti dire che se un vettore velocità è scritto come $v = (2, -1)$, il significato è che la sua **componente** orizzontale vale 2 unità di misura, ad esempio metri al secondo, mentre quella verticale vale -1 unità di misura. Ripeto, torneremo su questo concetto nel Capitolo 4. Per ora accontentiamoci (di poco).

Esempio 1.2.2. La schedina
Un esempio di vettore di natura diversa, che si può schematizzare con una sequenza ordinata di numeri e simboli, è quello di una schedina

$$s = (1, X, X, 2, 2, 1, 1, 1, X, X, 1, 1)$$

Esempio 1.2.3. Le temperature
Siano N, C, S tre località italiane, una del nord, una del centro, una del sud. Supponiamo che siano state registrate nelle tre località suddette le temperature medie nei 12 mesi dell'anno. Come si immagazzina tale informazione?

Se scriviamo

$$\begin{pmatrix} & G & F & M & A & M & G & L & A & S & O & N & D \\ N & 4 & 5 & 8 & 12 & 16 & 19 & 24 & 25 & 20 & 16 & 9 & 5 \\ C & 6 & 7 & 11 & 15 & 17 & 24 & 27 & 28 & 25 & 19 & 13 & 11 \\ S & 6 & 8 & 12 & 17 & 18 & 23 & 29 & 29 & 27 & 20 & 14 & 12 \end{pmatrix}$$

sicuramente abbiamo una chiara rappresentazione dell'informazione disponibile. Ma c'è *sovrabbondanza* di dati e *non omogeneità* degli stessi.

Se indichiamo le tre località con i simboli L_1, L_2, L_3 e i mesi dell'anno con i simboli $M_1, \ldots, M_{12}$, non abbiamo più bisogno della prima riga e della prima colonna. Basta scrivere

$$\begin{pmatrix} 4 & 5 & 8 & 12 & 16 & 19 & 24 & 25 & 20 & 16 & 9 & 5 \\ 6 & 7 & 11 & 15 & 17 & 24 & \mathbf{27} & 28 & 25 & 19 & 13 & 11 \\ 6 & 8 & 12 & 17 & 18 & 23 & 29 & 29 & 27 & 20 & 14 & 12 \end{pmatrix}$$

Infatti, ad esempio, il numero 27 scritto in grassetto, trovandosi nella *seconda riga* si riferisce alla seconda località L_2, ossia a quella del centro e trovandosi nella *settima colonna* si riferisce al settimo mese, ossia il mese di luglio. I vantaggi sono i seguenti:

- la tabella è più piccola;
- i dati della tabella sono omogenei (temperature).

Possiamo dunque considerare i vettori e le matrici come *contenitori di informazioni numeriche*. Visti gli esempi precedenti, viene naturale una domanda: i vettori sono particolari matrici? Per dare una risposta ritorniamo all'Esempio 1.2.2. Abbiamo indicato con $s = (1, X, X, 2, 2, 1, 1, 1, 1, X, X, 1, 1)$ una particolare schedina, ossia abbiamo usato il vettore s per contenere i tredici segni $1, X, X, 2, 2, 1, 1, 1, 1, X, X, 1, 1$. Naturalmente possiamo considerare s come una *matrice ad una sola riga*, ma qualcuno osserverà che di solito una schedina si scrive in *colonna*. Quindi potremmo considerare s come la seguente matrice a una sola colonna

$$\begin{pmatrix} 1 \\ X \\ X \\ 2 \\ 2 \\ 1 \\ 1 \\ 1 \\ 1 \\ X \\ X \\ 1 \\ 1 \end{pmatrix}$$

Concludiamo per ora dicendo che un vettore può essere visto a priori sia come matrice riga che come matrice colonna, perché l'informazione codificata è la stessa. È utile sapere che di solito viene fatta la *convenzione* che i *vettori si vedano come matrici colonna*. Va però detto chiaramente che in matematica vettori e matrici sono considerati come *entità diverse* e che quando si parla di vettore riga o di vettore colonna, in realtà si parla di matrice riga o matrice colonna che *rappresentano* un vettore, ma non sono la stessa cosa del vettore. Nel seguito comunque ci permetteremo spesso di fare queste identificazioni.

1.3 Sistemi lineari generici e matrici associate

Ed eccoci veramente pronti ad affrontare la domanda lasciata in sospeso alla fine della Sezione 1.1. Ricordiamo che la domanda era: che cosa è un sistema lineare? Torniamo un momento per semplicità ad una singola equazione, ad esempio $x - 3y = 0$. Che cosa si nota? La caratteristica principale consiste nel fatto che le *incognite* x, y compaiono nella espressione con esponente uno. Ma non basta, infatti anche nell'espressione $xy - 1$, e così pure nell'espressione $e^x - 1$, le incognite compaiono con esponente uno. Il discorso si fa un poco più tecnico e la definizione precisa è la seguente.

> *Una espressione lineare è una espressione polinomiale in cui tutti i monomi sono di grado minore o uguale uno.*

Resta dunque esclusa l'espressione $e^x - 1$, che non è un polinomio, ed anche l'espressione $xy - 1$, che è un polinomio, ma non è lineare perché il monomio xy ha grado 2. Esempio di **equazione lineare** è dunque $x - \frac{2}{3}y - 1 = 0$ e l'equazione lineare generica con una incognita è la nostra vecchia conoscenza $ax - b = 0$. Al posto di incognita gli algebristi usano a volte il termine **indeterminata**.

Vediamo un esempio che *tutti* conosciamo. In un quadrato di lato ℓ, il perimetro p è dato dall'espressione $p = 4\ell$, mentre l'area A è data dall'espressione $A = \ell^2$. Osserviamo subito che 4ℓ è una espressione lineare, mentre ℓ^2 non è lineare, dato che l'esponente di ℓ è 2. Infatti si tratta di una espressione cosiddetta *quadratica*. L'effetto pratico è del tutto evidente: se ad esempio si raddoppia il lato, il perimetro viene raddoppiato (effetto lineare), mentre l'area viene quadruplicata (effetto quadratico).

Come è fatto un **sistema lineare generico**? Ma prima ancora, che cosa significa generico? Abbiamo già osservato che per trattare problemi anche di natura molto diversa è facile dover ricorrere a sistemi lineari. Essi rappresentano quelli che comunemente vengono chiamati **modelli matematici** dei problemi stessi. E anche se i problemi sono completamente diversi, una volta che il loro modello è un sistema lineare, possono essere trattati in modo simile. Questa è la vera forza della matematica!

Ma per potere unificare la trattazione è opportuno trovare il linguaggio giusto. Ad esempio, il primo problema da affrontare è quello di scrivere in astratto un sistema lineare generico, in modo tale che ogni sistema lineare si possa vedere come suo caso particolare. Allora sarà opportuno usare dei simboli, sia per il numero delle righe, che per il numero di colonne, così come per i coefficienti e le incognite. Allo stesso modo come abbiamo descritto con $ax = b$ una generica equazione lineare ad una incognita, così l'uso adeguato di lettere e indici ci permetterà di scrivere il generico sistema lineare, che per comodità chiameremo $\mathcal{S}$. Vediamo come descrivere $\mathcal{S}$.

$$\begin{cases} a_{11}x_1 + a_{12}x_2 + \cdots + a_{1c}x_c &= b_1 \\ a_{21}x_1 + a_{22}x_2 + \cdots + a_{2c}x_c &= b_2 \\ \dotfill &= \cdots \\ a_{r1}x_1 + a_{r2}x_2 + \cdots + a_{rc}x_c &= b_r \end{cases}$$

A prima vista sembra un po' misterioso, ma proviamo ad analizzarlo attentamente. Che cosa significa r? È il nome dato al numero delle righe ossia al numero delle equazioni. Che cosa significa c? È il nome dato al numero delle colonne ossia al numero delle incognite. Perché abbiamo messo un doppio indice ai coefficienti? Il motivo è che questo artificio ci consente di identificare i coefficienti in modo non ambiguo. Ad esempio a_{12} è il nome del coefficiente di x_2 nella prima equazione, a_{r1} è il nome del coefficiente di x_1 nella r-esima equazione e così via. Visto che siamo a livello astratto, approfitto per dire che i matematici chiamano **sistemi lineari omogenei** quelli per cui tutti i **termini noti** $b_1, b_2, \ldots, b_r$ sono nulli.

Proviamo a vedere se effettivamente in questo modo riusciamo a descrivere ogni sistema lineare. Consideriamo ad esempio il seguente sistema lineare a due equazioni e quattro incognite

$$\begin{cases} 5x_1 + 2x_2 - \frac{1}{2}x_3 - x_4 = 0 \\ x_1 \quad\quad - x_3 + \frac{12}{5}x_4 = 9 \end{cases}$$

Proviamo ad identificarlo come un caso particolare di $\mathcal{S}$. Immediatamente osserviamo che $a_{11} = 5$, $a_{12} = 2$, $a_{13} = -\frac{1}{2}$, $a_{14} = -1$, $b_1 = 0$ e così via. Ma che fine ha fatto a_{22}? Naturalmente $a_{22} = 0$ e quindi non abbiamo scritto il termine $0x_2$ nella seconda equazione. Notiamo infine che in questo caso si ha $r = 2$, $c = 4$.

Se ritorniamo a considerare gli esempi della Sezione 1.1, vediamo che non sempre si usa lo schema generale $\mathcal{S}$, perché possono esserci delle esigenze speciali. Nell'Esempio 1.1.2, invece di scrivere $a_{11}x_1 + a_{12}x_2 = b_1$, abbiamo scritto $ax + by + c = 0$. Sembra molto diverso, ma in realtà proviamo ad esaminare le differenze.

Innanzitutto non abbiamo usato i doppi indici. Perché? Il motivo dovrebbe essere chiaro. Se il sistema è costituito da una sola equazione, non è necessario usare un indice per indicare l'*unica riga*. Ma di fatto non abbiamo usato neppure l'indice di colonna, infatti anche di questo non abbiamo avuto necessità.

Dovendo indicare solo tre coefficienti, abbiamo scelto di usare a, b, c, invece di a_1, a_2, $-a_3$. Infine abbiamo scritto $ax + by + c = 0$ invece di $ax + by = -c$, e di questa possibilità si è già discusso nel capitolo introduttivo.

Nell'Esempio 1.1.4 abbiamo usato una diversa strategia per il nome delle incognite. Se ricordate, sono state chiamate x_1, x_2 le quantità di auto che dalla fabbrica F_1 saranno trasportate rispettivamente ai rivenditori R_1, R_2 e con y_1, y_2 le quantità di auto che dalla fabbrica F_2 saranno trasportate rispettivamente ai rivenditori R_1, R_2. Se volessimo generalizzare l'esempio, questa scelta non standard potrebbe crearci qualche difficoltà e l'Esercizio 5 è dedicato a questa osservazione.

Torniamo al problema fondamentale di identificare un sistema lineare, e dunque consideriamo quello generico S

$$\begin{cases} a_{11}x_1 + a_{12}x_2 + \cdots + a_{1c}x_c &=& b_1 \\ a_{21}x_1 + a_{22}x_2 + \cdots + a_{2c}x_c &=& b_2 \\ \dots\dots\dots\dots\dots\dots\dots\dots &=& \dots \\ a_{r1}x_1 + a_{r2}x_2 + \cdots + a_{rc}x_c &=& b_r \end{cases}$$

Una volta deciso di indicare con r il numero delle equazioni e con c il numero delle incognite, e inoltre di chiamare $x_1, x_2, \dots, x_c$ le incognite stesse del sistema, ci accorgiamo che abbiamo compiuto una assegnazione del tutto soggettiva. Ad esempio, avremmo potuto indicare con m il numero delle equazioni, n il numero delle incognite, $y_1, y_2, \dots, y_n$ le incognite stesse. Non sarebbe cambiato nulla, se non l'*aspetto grafico* del sistema stesso. Che cosa dunque caratterizza veramente il sistema S ?

La risposta è che gli **elementi caratterizzanti il sistema** S sono i coefficienti a_{ij} e b_j, al variare di $i = 1, \dots, r$, $j = 1, \dots, c$. Per chiarire meglio questo concetto consideriamo i due seguenti sistemi lineari

$$\begin{cases} x_1 + x_2 - x_3 = 0 \\ x_1 - 2x_2 + \frac{1}{4}x_3 = \frac{1}{2} \end{cases} \qquad \begin{cases} y_1 + y_2 - y_3 = 0 \\ y_1 - 2y_2 + \frac{1}{4}y_3 = \frac{1}{2} \end{cases}$$

In questo caso si tratta dello stesso sistema scritto in due modi diversi. Ora consideriamo i due seguenti sistemi lineari

$$\begin{cases} x_1 + x_2 - x_3 = 0 \\ x_1 - 2x_2 + \frac{1}{4}x_3 = \frac{1}{2} \end{cases} \qquad \begin{cases} x_1 + 2x_2 - x_3 = 0 \\ x_1 - 2x_2 + \frac{1}{4}x_3 = 1 \end{cases}$$

In questo caso si tratta di due sistemi diversi, anche se abbiamo usato gli stessi nomi per le incognite.

Risulta dunque chiaro che l'informazione del sistema S è totalmente contenuta nella **matrice incompleta**

$$A = \begin{pmatrix} a_{11} & a_{12} & \dots & a_{1c} \\ a_{21} & a_{22} & \dots & a_{2c} \\ \vdots & \vdots & \vdots & \vdots \\ a_{r1} & a_{r2} & \dots & a_{rc} \end{pmatrix}$$

e nel vettore dei termini noti

$$\mathbf{b} = \begin{pmatrix} b_1 \\ b_2 \\ \vdots \\ b_r \end{pmatrix}$$

o se si preferisce nella **matrice completa**

$$B = \begin{pmatrix} a_{11} & a_{12} & \dots & a_{1c} & b_1 \\ a_{21} & a_{22} & \dots & a_{2c} & b_2 \\ \vdots & \vdots & \vdots & \vdots & \vdots \\ a_{r1} & a_{r2} & \dots & a_{rc} & b_r \end{pmatrix}$$

Abbiamo così scoperto il seguente fatto.

L'informazione di un sistema lineare si può esprimere completamente mediante l'uso di matrici e vettori.

D'ora in poi useremo fortemente il linguaggio delle matrici. Stabiliamo una convenzione lessicale. Gli elementi che compaiono in una matrice si chiamano **entrate**. Ad esempio $a_{12}, b_1, \dots$ sono entrate della matrice B.

A questo punto sarà anche chiaro che cosa intendiamo per matrice generica con r righe e c colonne. Intendiamo

$$A = \begin{pmatrix} a_{11} & a_{12} & \dots & a_{1c} \\ a_{21} & a_{22} & \dots & a_{2c} \\ \vdots & \vdots & \vdots & \vdots \\ a_{r1} & a_{r2} & \dots & a_{rc} \end{pmatrix}$$

Diciamo che

– *la matrice A è di* **tipo** *(r,c), per dire che ha r righe e c colonne;*
– *la matrice A è quadrata di tipo r per dire che ha r righe e r colonne.*

Un altro modo di rappresentare una matrice generica è il seguente

$$A = (a_{ij}), \ i = 1, \dots, r, \ j = 1, \dots, c$$

che sintetizza in simboli il seguente significato.

La matrice A ha come entrata generica il numero a_{ij}, il quale possiede un doppio indice variabile. L'indice di riga i varia da 1 a r e l'indice di colonna j varia da 1 a c.

Si osservi però che in questi modi abbiamo scritto una matrice generica senza precisare dove vogliamo che siano le sue entrate.

Se vogliamo dire che le entrate sono razionali, allora possiamo scrivere

$$A = \begin{pmatrix} a_{11} & a_{12} & \cdots & a_{1c} \\ a_{21} & a_{22} & \cdots & a_{2c} \\ \vdots & \vdots & \vdots & \vdots \\ a_{r1} & a_{r2} & \cdots & a_{rc} \end{pmatrix} \qquad a_{ij} \in \mathbb{Q}$$

oppure

$$A = (a_{ij}), \ a_{ij} \in \mathbb{Q}, \ i = 1, \ldots, r, \ j = 1, \ldots, c$$

Concludiamo con una raffinatezza matematica. Un modo estremamente sintetico di esprimere il fatto che A è una matrice con r righe, c colonne, ed entrate razionali è il seguente

$$A \in \mathrm{Mat}_{r,c}(\mathbb{Q})$$

Si osservi che per dare significato a tale scrittura i matematici hanno inventato un nome.

$\mathrm{Mat}_{r,c}(\mathbb{Q})$ *è il nome dato all'insieme delle matrici con r righe, c colonne, ed entrate razionali.*

1.4 Formalismo $\mathbf{Ax} = \mathbf{b}$

Riesaminiamo ancora una volta il nostro sistema lineare $\mathcal{S}$. Come abbiamo in parte già notato, la sua informazione si può scomporre in tre dati, di cui due fondamentali che sono la matrice incompleta A e il vettore o matrice colonna dei termini noti $\mathbf{b}$, e uno ausiliario, ossia il vettore o matrice colonna delle incognite

$$\mathbf{x} = \begin{pmatrix} x_1 \\ x_2 \\ \vdots \\ x_c \end{pmatrix}$$

Ai matematici è venuta la tentazione di *imitare* l'equazione $ax = b$, che abbiamo discusso nel capitolo introduttivo, e scrivere il sistema $\mathcal{S}$ come $A\mathbf{x} = \mathbf{b}$. Come è possibile?

Per rendere sensata tale scrittura bisogna *inventare* un prodotto $A\mathbf{x}$, che dia come risultato la seguente matrice colonna (si osservi bene il fatto che in ogni riga c'è un solo elemento)

$$\begin{pmatrix} a_{11}x_1 + a_{12}x_2 + \cdots + a_{1c}x_c \\ a_{21}x_1 + a_{22}x_2 + \cdots + a_{2c}x_c \\ \cdots\cdots\cdots\cdots\cdots\cdots\cdots\cdots \\ a_{r1}x_1 + a_{r2}x_2 + \cdots + a_{rc}x_c \end{pmatrix}$$

in modo da poter dire che

$$\begin{pmatrix} a_{11}x_1 + a_{12}x_2 + \cdots + a_{1c}x_c \\ a_{21}x_1 + a_{22}x_2 + \cdots + a_{2c}x_c \\ \cdots\cdots\cdots\cdots\cdots\cdots\cdots \\ a_{r1}x_1 + a_{r2}x_2 + \cdots + a_{rc}x_c \end{pmatrix} = \begin{pmatrix} b_1 \\ b_2 \\ \cdots \\ b_r \end{pmatrix}$$

rappresenta una scrittura equivalente a

$$\begin{cases} a_{11}x_1 + a_{12}x_2 + \cdots + a_{1c}x_c &=& b_1 \\ a_{21}x_1 + a_{22}x_2 + \cdots + a_{2c}x_c &=& b_2 \\ \cdots\cdots\cdots\cdots\cdots\cdots\cdots &=& \cdots \\ a_{r1}x_1 + a_{r2}x_2 + \cdots + a_{rc}x_c &=& b_r \end{cases}$$

Ma allora è semplice! Basta *inventare un prodotto di matrici* per cui

$$\begin{pmatrix} a_{11} & a_{12} & \cdots & a_{1c} \\ a_{21} & a_{22} & \cdots & a_{2c} \\ \vdots & \vdots & \vdots & \vdots \\ a_{r1} & a_{r2} & \cdots & a_{rc} \end{pmatrix} \begin{pmatrix} x_1 \\ x_2 \\ \vdots \\ x_c \end{pmatrix} = \begin{pmatrix} a_{11}x_1 + a_{12}x_2 + \cdots + a_{1c}x_c \\ a_{21}x_1 + a_{22}x_2 + \cdots + a_{2c}x_c \\ \cdots\cdots\cdots\cdots\cdots\cdots\cdots \\ a_{r1}x_1 + a_{r2}x_2 + \cdots + a_{rc}x_c \end{pmatrix}$$

Detto così sembra un puro artificio, ma invece si tratta di un punto di fondamentale importanza. Nel prossimo capitolo, in particolare nella Sezione 2.2 studieremo meglio e inquadreremo in un contesto più generale il concetto di prodotto righe per colonne di due matrici. Ma già da ora possiamo usare il formalismo $A\mathbf{x} = \mathbf{b}$ per esprimere un generico sistema lineare. Incominciamo a intuire che non si tratta solo di una convenzione, ma che $A\mathbf{x}$ rappresenta effettivamente un prodotto, ossia il prodotto righe per colonne di A e $\mathbf{x}$, come vedremo in dettaglio più avanti.

Esercizi

Esercizio 1. Che cosa hanno *in comune* le due seguenti matrici?

$$A = \begin{pmatrix} 1 \\ 2 \end{pmatrix} \qquad B = (1 \quad 2)$$

Esercizio 2. Si consideri il sistema lineare

$$\begin{cases} x_1 + 2x_2 & -\frac{1}{2}x_3 = 0 \\ -x_2 & +0.02x_3 = 0.2 \end{cases}$$

Dire chi sono r, c, a_{21}, b_2.

Esercizio 3. Come si fa a scrivere una matrice generica a due righe e tre colonne?

Esercizio 4. È vero che per la matrice completa B di cui si è parlato nella Sezione 1.3 vale la formula $B \in \text{Mat}_{r,c+1}(\mathbb{Q})$?

Esercizio 5. Si consideri l'Esempio 1.1.4 e si generalizzi sostituendo i numeri $120, 204$ e $78, 246$ con quattro lettere. Visto che abbiamo indicato con F_1, F_2, R_1, R_2 rispettivamente le fabbriche e i rivenditori, dire quale delle rappresentazioni proposte sembra più opportuna

$$\begin{cases} x_1 + x_2 &= f_1 \\ y_1 + y_2 &= f_2 \\ x_1 + y_1 &= r_1 \\ x_2 + y_2 &= r_2 \end{cases} \qquad \begin{cases} x_1 + x_2 &= b_1 \\ y_1 + y_2 &= b_2 \\ x_1 + y_1 &= b_3 \\ x_2 + y_2 &= b_4 \end{cases} \qquad \begin{cases} x_1 + x_2 &= a \\ y_1 + y_2 &= b \\ x_1 + y_1 &= c \\ x_2 + y_2 &= d \end{cases}$$

Esercizio 6. Verificare che

$$\begin{pmatrix} 1 & 1 & 0 & 0 \\ 0 & 0 & 1 & 1 \\ 1 & 0 & 1 & 0 \\ 0 & 1 & 0 & 1 \end{pmatrix} \qquad \begin{pmatrix} 1 & 1 & 0 & 0 & 120 \\ 0 & 0 & 1 & 1 & 204 \\ 1 & 0 & 1 & 0 & 78 \\ 0 & 1 & 0 & 1 & 246 \end{pmatrix}$$

sono rispettivamente la matrice incompleta e quella completa associate al sistema lineare dell'Esempio 1.1.4.

2

Operazioni con matrici

è fondamentale rileggere attentamente il testo,
per controllare se qualche   è stata dimenticata

Matrice, matrici... quante volte abbiamo già usato queste parole? Non stupia-moci, le useremo continuamente. La matrice è uno degli oggetti matematici più utili, un attrezzo fondamentale del mestiere di matematico, e lo è per molte buone ragioni che in parte abbiamo visto e in parte vedremo nel seguito.

In questo capitolo approfondiremo l'aspetto matematico del concetto e studieremo le operazioni che è utile fare con le matrici. Scopriremo le virtù del prodotto di matrici chiamato *prodotto righe per colonne* e strada facendo incontreremo strani oggetti chiamati *grafi* e *grafi pesati*. Una breve parentesi *genovese* ci permetterà di scoprire quanto costa moltiplicare due matrici.

Matrici simmetriche e matrici diagonali, che tanta parte importante avran-no nel seguito, incominceranno a farsi notare e scopriremo con rammarico, o con indifferenza, che il prodotto di matrici non è commutativo. Poi, quasi al-l'improvviso, incontreremo strani enti numerici, in particolare uno nel quale vale l'uguaglianza $1 + 1 = 0$. A questo punto qualche lettore penserà che, nonostante le promesse, anche questo libro è destinato a perdere contatto con la realtà. Qualcun altro si chiederà che utilità possa avere un ente in cui valga la relazione $1 + 1 = 0$.

Che dire? Posso rassicurare il lettore che, se avrà la pazienza di arrivare alla fine del capitolo... sarà illuminato. Non in senso Zen, anche se è sempre meglio non mettere limiti al potere di illuminazione, ma nel senso di risolvere un pratico problema legato a dispositivi elettrici. Nel frattempo, per arrivar-ci visiteremo aziende vinicole, paesi di montagna, reti informatiche e altre piacevolezze, fintanto che verrà l'illuminazione con l'aiuto dell'inversa di una matrice. Matrici, ancora loro, non me ne ero dimenticato!

2.1 Somma e prodotto per un numero

Incominciamo subito con un esempio molto semplice.

Esempio 2.1.1. Azienda vinicola
Supponiamo di riportare in una matrice i ricavi fatti in un dato semestre
da una azienda vinicola che vende cinque tipi di vino in tre diverse città.
Se usiamo la convenzione che le righe corrispondono alle città e le colonne ai
tipi di vino, la matrice risulta essere di tipo $(3, 5)$. Abbiamo una matrice per
ogni semestre, quindi in un dato anno abbiamo due matrici che chiamiamo A_1
e A_2. Quale è la matrice che contiene i dati dei ricavi per tutto l'anno? Date

$$A_1 = \begin{pmatrix} 120 & 50 & 28 & 12 & 0 \\ 160 & 55 & 33 & 12 & 4 \\ 12 & 40 & 10 & 10 & 2 \end{pmatrix} \quad A_2 = \begin{pmatrix} 125 & 58 & 28 & 10 & 1 \\ 160 & 50 & 30 & 13 & 6 \\ 12 & 42 & 9 & 12 & 1 \end{pmatrix}$$

è chiaro che la matrice soluzione è quella che si ottiene sommando le corrispondenti entrate delle due matrici, ossia

$$\begin{pmatrix} 245 & 108 & 56 & 22 & 1 \\ 320 & 105 & 63 & 25 & 10 \\ 24 & 82 & 19 & 22 & 3 \end{pmatrix}$$

Situazioni di questo tipo sono abbastanza comuni e hanno portato a *definire
la somma di due matrici dello stesso tipo come quella matrice dello stesso tipo
che ha come entrate la somma delle corrispondenti entrate.*

Se vogliamo esprimere tale regola in modo formale diremo che, date le
matrici $A = (a_{ij})$, $B = (b_{ij})$, allora

$$A + B = (a_{ij} + b_{ij})$$

Questa definizione mostra che $A + B = B + A$ ossia che vale la seguente
proprietà.

La somma di matrici è commutativa.

Osserviamo che se $b_{ij} = 0$ per ogni i, j allora la matrice B viene chiamata
matrice nulla e si ha la proprietà che $A + B = A$, quindi la matrice nulla
di un dato tipo si comporta, rispetto alla somma con le matrici dello stesso
tipo, così come il numero 0 si comporta con gli altri numeri. L'analogia di
comportamento è tale che anche le matrici nulle si chiamano 0. Sarà il contesto
a far capire quale matrice nulla si stia considerando. Ad esempio se A è una
matrice di tipo $(2, 3)$, nella formula $A + 0 = A$ la matrice nulla usata è quella
di tipo $(2, 3)$ ossia $\begin{pmatrix} 0 & 0 & 0 \\ 0 & 0 & 0 \end{pmatrix}$.

Esempio 2.1.2. Prezzi al consumo

Supponiamo di avere una matrice che rappresenta i prezzi di alcuni beni di utilizzo in diverse città.

Se C_1, C_2, C_3 sono tre città, e B_1, B_2, B_3, B_4 sono i costi medi in un determinato mese di quattro beni, la matrice

$$A = \begin{pmatrix} 50 & 12.4 & 8 & 6.1 \\ 52 & 13 & 8.5 & 6.3 \\ 49.3 & 12.5 & 7.9 & 6 \end{pmatrix}$$

rappresenta ad esempio i dati rilevati nel mese di agosto del 2006. Se si prevede un aumento dell'inflazione del 4% nei dodici mesi successivi, la matrice B che ci aspettiamo di rilevare nel mese di agosto del 2007 è

$$\begin{pmatrix} 1.04 \times 50 & 1.04 \times 12.4 & 1.04 \times 8 & 1.04 \times 6.1 \\ 1.04 \times 52 & 1.04 \times 13 & 1.04 \times 8.5 & 1.04 \times 6.3 \\ 1.04 \times 49.3 & 1.04 \times 12.5 & 1.04 \times 7.9 & 1.04 \times 6 \end{pmatrix} = \begin{pmatrix} 52 & 12.9 & 8.32 & 6.34 \\ 54.08 & 13.52 & 8.84 & 6.55 \\ 51.27 & 13 & 8.22 & 6.24 \end{pmatrix}$$

Matrici di questo tipo, anche se necessariamente molto più ricche di dati, sono fondamentali ad esempio per studiare l'andamento dei prezzi al consumo e sono quindi usate dagli istituti di statistica. Si è dunque arrivati in modo naturale a *definire il prodotto di un numero per una matrice di un dato tipo, come quella matrice dello stesso tipo che, in ogni posizione, ha come entrata il prodotto del numero per la corrispondente entrata.*

Se vogliamo esprimere la regola in modo formale, diremo che, data una matrice $A = (a_{ij})$ e un numero α, allora

$$\alpha A = (\alpha\, a_{ij})$$

Si tratta del cosiddetto **prodotto di una matrice per un numero** (o per uno **scalare**).

2.2 Prodotto righe per colonne

Nel capitolo precedente abbiamo visto un importante uso del prodotto righe per colonne delle matrici. Ora vogliamo approfondire l'argomento con l'aiuto di altri esempi interessanti.

Esempio 2.2.1. Paesi di montagna

Prendiamo in considerazione la seguente situazione. Supponiamo di trovarci in un paese di montagna e di volerne raggiungere un altro attraverso sentieri o strade. Chiamiamo per brevità P il paese di partenza e A il paese di arrivo.

Guardando la carta geografica ci accorgiamo che saremo obbligati a passare attraverso uno tra quattro paesi che chiamiamo B_1, B_2, B_3, B_4. Ci accorgiamo anche che tra P e B_1 ci sono 3 percorsi possibili, tra P e B_2 ci sono 2 percorsi possibili, tra P e B_3 ci sono 4 percorsi possibili, tra P e B_4 c'è un solo percorso possibile. Inoltre osserviamo che tra B_1 e A ci sono 2 percorsi possibili, tra B_2 e A ci sono 5 percorsi possibili, tra B_3 e A c'è un solo percorso possibile, tra B_4 e A ci sono 4 percorsi possibili.

Sorge abbastanza naturale la seguente domanda: quanti sono i percorsi possibili tra P e A? Il ragionamento non è difficile. Appare subito chiaro che il numero totale dei percorsi si ottiene sommando il numero dei percorsi che passano attraverso B_1 con quello dei percorsi che passano attraverso B_2 con quello dei percorsi che passano attraverso B_3 con quello dei percorsi che passano attraverso B_4.

E quanti sono ad esempio i percorsi che passano attraverso B_1? Se possiamo andare da P a B_1 con 3 percorsi e da B_1 ad A con 2 percorsi, è chiaro che per andare da P ad A abbiamo a disposizione $3 \times 2 = 6$ percorsi. Lo stesso ragionamento si ripete per B_2, B_3, B_4 e si conclude che il numero totale di percorsi è

$$3 \times 2 \ + \ 2 \times 5 \ + \ 4 \times 1 \ + \ 1 \times 4 \ = \ 24$$

Ora proviamo a trovare un modello matematico che descriva quanto detto prima a parole. Per prima cosa possiamo usare una matrice riga (o un vettore) per immagazzinare i dati relativi ai percorsi da P a B_1, B_2, B_3, B_4 rispettivamente. Si ottiene così la matrice riga

$$M = (\,3 \quad 2 \quad 4 \quad 1\,)$$

Osserviamo che la rappresentazione come matrice riga significa che la unica riga *rappresenta il paese* P, mentre le 4 colonne della matrice *rappresentano* i quattro paesi B_1, B_2, B_3, B_4. In altre parole, con questo tipo di rappresentazione abbiamo implicitamente deciso che le righe (in questo caso ce n'è una sola) rappresentano i paesi di partenza e le colonne i paesi di arrivo. Coerentemente, i percorsi dai paesi B al paese A saranno dunque rappresentati da una matrice di tipo $(4,1)$, ossia da una matrice colonna, precisamente la seguente matrice

$$N = \begin{pmatrix} 2 \\ 5 \\ 1 \\ 4 \end{pmatrix}$$

Ad esempio nella matrice M l'entrata di posto $(1,3)$ rappresenta il numero di percorsi tra P e B_3, nella matrice N l'entrata di posto $(2,1)$ rappresenta il numero di percorsi tra B_2 e A.

Dovrebbe incominciarsi a capire che in questo caso il modello matematico è il seguente. Si definisce

$$M \cdot N = (3 \quad 2 \quad 4 \quad 1) \begin{pmatrix} 2 \\ 5 \\ 1 \\ 4 \end{pmatrix} = 3 \times 2 + 2 \times 5 + 4 \times 1 + 1 \times 4 = 24$$

e allora il numero totale dei percorsi che uniscono P con A è l'unica entrata della matrice $M \cdot N$. In altri termini, se eseguiamo il prodotto $M \cdot N$ come suggerito, otteniamo una matrice di tipo $(1,1)$, ossia con una sola entrata, e tale entrata è precisamente il numero 24.

L'esempio illustrato in precedenza ammette molte generalizzazioni. In particolare, la più ovvia è quella che si ottiene considerando ad esempio 3 paesi di partenza P_1, P_2, P_3 e due paesi di arrivo A_1, A_2. Il numero di percorsi tra i paesi P_3 e A_2 ad esempio si ottiene sommando i percorsi che passano per B_1 con quelli che passano per B_2,... insomma si ripete il ragionamento di prima per ognuno dei paesi di partenza e ognuno di quelli di arrivo.

Seguendo la convenzione fatta prima, è chiaro che i numeri dei percorsi tra i paesi di partenza P_1, P_2, P_3 e i paesi B_1, B_2, B_3, B_4 sono descritti da una matrice M di tipo $(3,4)$ e che i numeri dei percorsi tra i paesi B_1, B_2, B_3, B_4 e quelli di arrivo A_1, A_2 sono descritti da una matrice N di tipo $(4,2)$.

Se facciamo i conti come abbiamo visto nell'esempio precedente, per ogni coppia (P_1, A_1), (P_1, A_2), (P_2, A_1), (P_2, A_2), (P_3, A_1), (P_3, A_2) abbiamo a disposizione un numero. Ma allora viene spontaneo scrivere i sei numeri in una matrice di tipo $(3,2)$, che, per come è costruita, sarà corretto chiamare prodotto righe per colonne di M e N. *Tale matrice sarà indicata con il simbolo $M \cdot N$ oppure semplicemente MN.*

La matrice MN, prodotto righe per colonne di M e N, è dunque di tipo $(3,2)$ e il suo elemento di posto i, j rappresenta il numero totale dei percorsi tra il paese P_i e il paese A_j. Quindi se si ha

$$M = \begin{pmatrix} 1 & 2 & 1 & 5 \\ 3 & 2 & 4 & 1 \\ 3 & 1 & 4 & 1 \end{pmatrix} \qquad N = \begin{pmatrix} 7 & 1 \\ 1 & 5 \\ 1 & 2 \\ 2 & 3 \end{pmatrix}$$

si ottiene

$$MN = \begin{pmatrix} 20 & 18 \\ \mathbf{29} & 14 \\ 27 & 14 \end{pmatrix}$$

Ad esempio, il numero totale dei percorsi tra P_2 e A_1 è

$$3 \times 7 + 2 \times 1 + 4 \times 1 + 1 \times 2 = 29$$

Il lettore più avventuroso potrebbe chiedersi quanto si possa ulteriormente astrarre e generalizzare il ragionamento precedente. Questa è una tipica *curiosità matematica*. Ma attenzione, non intendo dire una stravaganza. Tante evoluzioni della matematica partono da domande di questo tipo, apparentemente prive di contenuto pratico. Ma solo apparentemente...

Proviamo a fare qualche riflessione in proposito. Osserviamo che questo tipo di prodotto era stato utile nel capitolo precedente (vedi Sezione 1.4) per descrivere un sistema lineare con il formalismo $A\mathbf{x} = \mathbf{b}$, dove $A\mathbf{x}$ è precisamente il prodotto righe per colonne della matrice dei coefficienti A e la matrice colonna $\mathbf{x}$.

Osserviamo anche il fatto che condizione essenziale per poter eseguire il prodotto righe per colonne di due matrici A e B è che il numero delle colonne di A sia uguale al numero delle righe di B. La quale cosa si spiega tenendo conto del seguente fatto: il numero delle colonne di una matrice è il numero delle entrate di ogni sua riga, e il numero delle righe di una matrice è il numero delle entrate di ogni sua colonna. La formalizzazione matematica di quanto suggerito dalle considerazioni precedenti è la seguente.

Supponiamo di avere $A = (a_{ij}) \in \mathrm{Mat}_{r,c}(\mathbb{Q})$, $B = (b_{ij}) \in \mathrm{Mat}_{c,d}(\mathbb{Q})$. Si costruisce la matrice $A \cdot B = (p_{ij}) \in \mathrm{Mat}_{r,d}(\mathbb{Q})$, definendo

$$p_{ij} = a_{i1}b_{1j} + a_{i2}b_{2j} + \cdots + a_{ic}b_{cj}$$

La matrice costruita in tale modo ha r righe (come A) e d colonne (come B) e si chiama **prodotto righe per colonne** *di A e B. Spesso per comodità si scrive AB invece che $A \cdot B$.*

Il fatto che le entrate delle due matrici siano razionali non è rilevante. Quello che importa è che le entrate stiano nello stesso ente numerico e che in tale ente si possano fare somme e prodotti. Ad esempio il discorso continuerebbe a funzionare perfettamente se invece di entrate razionali avessimo entrate reali. Vediamo altri esempi.

Esempio 2.2.2. Proviamo a costruire la matrice prodotto delle due seguenti matrici

$$A = \begin{pmatrix} 3 & 2 & 0 \\ 1 & 2 & 1 \\ 0 & 0 & -1 \\ 3 & 2 & 7 \\ 1 & 1 & 1 \\ 2 & 2 & 0 \end{pmatrix} \qquad B = \begin{pmatrix} 0 & -1 \\ 1 & 1 \\ 1 & 1 \end{pmatrix}$$

Osserviamo che il numero delle colonne di A coincide con il numero delle righe di B ed è 3. Quindi si può procedere e si ottiene

$$A \cdot B = \begin{pmatrix} 3 \cdot 0 + 2 \cdot 1 + 0 \cdot 1 & 3 \cdot (-1) + 2 \cdot 1 + 0 \cdot 1 \\ 1 \cdot 0 + 2 \cdot 1 + 1 \cdot 1 & 1 \cdot (-1) + 2 \cdot 1 + 1 \cdot 1 \\ 0 \cdot 0 + 0 \cdot 1 + (-1) \cdot 1 & 0 \cdot (-1) + 0 \cdot 1 + (-1) \cdot 1 \\ 3 \cdot 0 + 2 \cdot 1 + 7 \cdot 0 & 3 \cdot (-1) + 2 \cdot 1 + 7 \cdot 1 \\ 1 \cdot 0 + 1 \cdot 1 + 1 \cdot 0 & 1 \cdot (-1) + 1 \cdot 1 + 1 \cdot 1 \\ 2 \cdot 0 + 2 \cdot 1 + 0 \cdot 0 & 2 \cdot (-1) + 2 \cdot 1 + 0 \cdot 1 \end{pmatrix} = \begin{pmatrix} 2 & -1 \\ 3 & 2 \\ -1 & -1 \\ 2 & 6 \\ 1 & 1 \\ 2 & 0 \end{pmatrix}$$

Si osservi che, come previsto dal discorso generale, il numero di righe della matrice prodotto è 6 (come A) e il numero delle sue colonne è 2 (come B).

Esempio 2.2.3. Il grafo pesato
Consideriamo la figura seguente

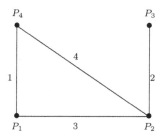

Se per un momento ignoriamo i numeri della figura, quello che resta è il disegno di 4 punti P_1, P_2, P_3, P_4, e di segmenti che li congiungono variamente. Ad esempio P_1 è congiunto con P_2 e con P_4, mentre P_3 è congiunto solo con P_2.

Si capisce subito che una figura siffatta nella sua astrazione può fare da modello di descrizione di cose molto diverse tra di loro. Può rappresentare le connessioni stradali tra quattro paesi P_1, P_2, P_3, P_4, e così vediamo la possibilità di generalizzare l'Esempio 2.2.1. Può rappresentare le connessioni elettriche tra quattro dispositivi P_1, P_2, P_3, P_4, e così via.

Vista l'importanza e la generalità del concetto, figure come quella precedente (senza i numeri) vengono chiamate **grafi** e studiate intensamente dai matematici.

L'aggiunta dei numeri nella figura può ad esempio rappresentare la quantità delle connessioni dirette (in questi casi i grafi vengono detti **pesati**). Quindi tra P_4 e P_3 non ci sono connessioni dirette, mentre tra P_1 e P_2 ce ne sono tre.

Proviamo ora a porci (che strana lingua quella italiana!) il problema di raggruppare tutte le informazioni numeriche che appaiono nella figura.

Un modo valido è certamente il seguente.

$$
\begin{array}{c c c c c}
 & P_1 & P_2 & P_3 & P_4 \\
P_1 & 0 & 3 & 0 & 1 \\
P_2 & 3 & 0 & 2 & 4 \\
P_3 & 0 & 2 & 0 & 0 \\
P_4 & 1 & 4 & 0 & 0
\end{array}
$$

Ancor meglio, possiamo tralasciare le lettere e limitarci a scrivere la matrice

$$
A = \begin{pmatrix} 0 & 3 & 0 & 1 \\ 3 & 0 & 2 & 4 \\ 0 & 2 & 0 & 0 \\ 1 & 4 & 0 & 0 \end{pmatrix}
$$

Conviene fare alcune osservazioni sulla matrice A. Innanzitutto abbiamo deciso di dichiarare 0 il numero delle connessioni dirette tra ogni punto e se stesso. Si tratta di una scelta e non di una regola, scelta che peraltro ha i suoi vantaggi pratici, come vedremo tra poco. La creazione di oggetti matematici per descrivere fenomeni è soggetta, come tutte le creazioni umane, a gusti, mode, convenienze. È chiaro che ad esempio si sarebbe potuto dichiarare il numero suddetto 1 (vedi Esempio 2.5.1), e si sarebbe data una altra interpretazione, ossia quella che ogni punto ha una connessione diretta con se stesso.

Ci troviamo un po' nella situazione in cui si trova il matematico quando decide che $2^0 = 1$. A priori 2^0 deve significare $2 \times 2 \cdots \times 2$ tante volte quante indica l'esponente, cioè 0. Ma allora non significa nulla e quindi c'è una certa libertà nel definirlo. D'altra parte la libertà viene subito limitata dal desiderio di estendere a questo caso particolare una nota proprietà delle potenze. Si dovrebbe ad esempio avere $\frac{2^3}{2^3} = 2^{3-3} = 2^0$, e siccome il primo membro è uguale a 1, ecco la convenienza di assumere che valga l'uguaglianza $2^0 = 1$.

Torniamo alla nostra matrice. Osserviamo subito che si tratta di una matrice quadrata e abbiamo osservato che gli elementi della sua **diagonale principale** sono tutti nulli. Ora osserviamo che $a_{14} = a_{41} = 1$, che $a_{23} = a_{32}$, in generale che vale l'uguaglianza $a_{ij} = a_{ji}$, qualunque siano i, j. Potremmo dire che la matrice è speculare rispetto alla sua diagonale principale. Tali matrici si chiamano **simmetriche**. La definizione formale è la seguente.

Sia $A = (a_{ij})$ una matrice.

(a) *Si dice* **trasposta** *di A e si indica con A^{tr} la matrice che, al variare di i, j, ha a_{ji} come entrata di posto (i, j).*

(b) *La matrice $A = (a_{ij})$ si dice simmetrica se $a_{ij} = a_{ji}$ per ogni i, j. In altri termini, A si dice simmetrica se $A = A^{\mathrm{tr}}$.*

In particolare si noti che la definizione forza le matrici simmetriche ad essere quadrate. Casi speciali di matrici simmetriche sono le matrici quadrate in cui tutte le entrate sono nulle e le matrici identiche I_r che vedremo tra poco. Un altro caso importante è il seguente.

Sia $A = (a_{ij})$ una matrice quadrata. Se $a_{ij} = 0$ per ogni $i \neq j$, allora la matrice si dice **diagonale**.

Le matrici diagonali sono esempi di matrici simmetriche.

Torniamo al nostro grafo. Perché la matrice A che abbiamo associato al grafo è simmetrica? Il motivo è che non abbiamo orientato le connessioni, ossia non ci sono *sensi unici*, per cui dire ad esempio che ci sono 4 connessioni dirette tra P_2 e P_3 ha lo stesso significato di dire che ci sono 4 connessioni dirette tra P_3 e P_2.

Ora, dato che A è una matrice quadrata di tipo 4, possiamo eseguire il prodotto righe per colonne di A per A e ottenere una matrice che correttamente si chiama A^2 e che è ancora una matrice quadrata di tipo 4

$$A^2 = A \cdot A = \begin{pmatrix} 10 & 4 & 6 & 12 \\ 4 & 29 & 0 & 3 \\ 6 & 0 & 4 & 8 \\ 12 & 3 & 8 & 17 \end{pmatrix}$$

E adesso viene la domanda interessante. Che cosa leggiamo in A^2? Innanzitutto non ci sorprende il fatto che anche A^2 sia simmetrica, visto come è definito il prodotto righe per colonne e tenuto conto del fatto che A è simmetrica. Inoltre se proviamo ad esempio a interpretare l'entrata 12 al posto $(1, 4)$, osserviamo che si è ottenuta così

$$12 = 0 \times 1 + 3 \times 4 + 0 \times 0 + 1 \times 0$$

L'interpretazione è simile a quella data ai percorsi che congiungono i paesi, e la generalizza. Vediamo. Ci sono 0 connessioni dirette tra P_1 e P_1 (ricordate la nostra convenzione?) e 1 connessione diretta tra P_1 e P_4. Ci sono 3 connessioni dirette tra P_1 e P_2 e 4 connessioni dirette tra P_2 e P_4. Ci sono 0 connessioni dirette tra P_1 e P_3 e 0 connessioni dirette tra P_3 e P_4. Infine c'è 1 connessione diretta tra P_1 e P_4 e 0 connessioni dirette tra P_4 e P_4. Quindi ci sono esattamente 0×1 connessioni di lunghezza 2 tra P_1 e P_4 che passano attraverso P_1, ce ne sono 3×4 che passano attraverso P_2 e così via. In conclusione la matrice A^2, ossia quella che si ottiene facendo il prodotto righe per colonne di A per A, rappresenta i numeri delle connessioni di lunghezza due tra i quattro punti del grafo.

Esempio 2.2.4. Il grafo
Consideriamo ora il seguente grafo

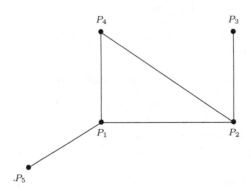

Si osservi che non abbiamo scritto nessun numero vicino ai lati. Intendiamo quindi esprimere il fatto che o c'è una connessione diretta, come ad esempio tra P_5 e P_1, o non ce ne sono, come ad esempio tra P_1 e P_3. Questo grafo può rappresentare le connessioni di un complesso di macchine. Potrebbe essere che P_1 rappresenta un computer, P_2, P_4, P_5 tre periferiche (P_2 una tastiera, P_4 una stampante e un P_5 monitor) e P_3 una periferica della tastiera, ad esempio un mouse, e c'è anche un collegamento diretto tra la tastiera P_2 e la stampante P_4.

Con lo stesso ragionamento fatto nell'esempio 2.2.3 possiamo scrivere la matrice A delle connessioni

$$A = \begin{pmatrix} 0 & 1 & 0 & 1 & 1 \\ 1 & 0 & 1 & 1 & 0 \\ 0 & 1 & 0 & 0 & 0 \\ 1 & 1 & 0 & 0 & 0 \\ 1 & 0 & 0 & 0 & 0 \end{pmatrix}$$

Anche qui possiamo fare il quadrato di A e ottenere

$$A^2 = \begin{pmatrix} 3 & 1 & 1 & 1 & 0 \\ 1 & 3 & 0 & 1 & 1 \\ 1 & 0 & 1 & 1 & 0 \\ 1 & 1 & 1 & 2 & 1 \\ 0 & 1 & 0 & 1 & 1 \end{pmatrix}$$

Ora non dovrebbe essere difficile per il lettore interpretare il significato di A^2. Ad esempio il fatto che a_{45} sia 1 significa che c'è una connessione lunga 2 tra la stampante P_4 e il monitor P_5. E infatti l'esame del grafo mostra subito la unica connessione lunga 2 che passa attraverso il computer P_1.

2.3 Quanto costa moltiplicare due matrici?

Ora che abbiamo visto importanti usi del prodotto di matrici, facciamo una digressione su una questione che riveste importanza fondamentale nel *calcolo effettivo*. Vogliamo valutare quanto è il costo computazionale che si paga per calcolare il prodotto righe per colonne. Che cosa significa?

Ovviamente non ha senso chiedersi quanto tempo impiegano i calcolatori per fare un determinato conto, perché il risultato dipende fortemente dal tipo di macchina. Sarebbe come chiedersi quanto impiega un'automobile a percorrere l'autostrada Genova-Milano.

Ma c'è qualcosa nel calcolo del prodotto che non dipende dal calcolatore? Per mantenere il filo della metafora, è chiaro che c'è un dato intrinseco nel problema di percorrere l'autostrada GE-MI, ed è il *numero di chilometri*. Nel calcolo del prodotto di matrici sarà dunque utile contare *il numero di operazioni elementari* che devono essere svolte.

Osserviamo però che il solo numero delle operazioni non tiene conto del *costo unitario* di ogni singola operazione. Qui non entriamo in questo delicato argomento, che è al centro della cosiddetta **teoria della complessità**, materia di grande importanza per l'informatica moderna.

Concentriamoci dunque sul conteggio del numero di operazioni necessario per calcolare un prodotto. Siano dunque date due matrici A, B e sia A di tipo (r, c), e B di tipo (c, d), in modo che si possa eseguire il prodotto e ottenere la matrice $A \cdot B$ di tipo (r, d), come visto nella Sezione 2.2. Dato che dobbiamo eseguire rd prodotti righe per colonne al fine di ottenere tutte le entrate di $A \cdot B$, basterà moltiplicare rd per il numero di operazioni che costa un singolo prodotto riga per colonna. L'entrata di posto (i, j) di $A \cdot B$ è

$$a_{i1}b_{1j} + a_{i2}b_{2j} + \cdots + a_{ic}b_{cj}$$

Le operazioni da eseguire sono dunque c moltiplicazioni e $c - 1$ somme. Questo numero di operazioni va fatto per ogni entrata di AB e quindi va fatto, come già detto, rd volte. In conclusione il numero di operazioni elementari da eseguire è

$$rdc \text{ prodotti} \qquad \text{e} \qquad rd(c - 1) \text{ somme}$$

In particolare se le matrici A, B sono quadrate di tipo n, il numero di operazioni da fare è

$$n^3 \text{ prodotti} \qquad \text{e} \qquad n^2(n - 1) \text{ somme}$$

Conviene fare una considerazione su che cosa significa in pratica n^3 prodotti. Ricordiamoci che ℓ^3 è il volume di un cubo di lato ℓ e ricordiamoci che questa espressione di terzo grado in ℓ (o, come si dice solitamente, cubica in ℓ) ha come effetto ad esempio che se si raddoppia il lato del cubo il volume si ottuplica. Analogamente, se per una matrice A di tipo 5 il numero di moltiplicazioni per calcolare A^2 è $5^3 = 125$, per una matrice di tipo 10, ossia doppio di 5, il numero di moltiplicazioni per farne il quadrato è $10^3 = 1000$, ossia otto volte 125.

2.4 Alcune proprietà del prodotto di matrici

A questo punto, fatta la conoscenza del prodotto di matrici, è opportuno prendere confidenza col fatto che molte delle proprietà che *tutti* conosciamo relative al prodotto di numeri *non valgono* in questo caso. Nella presente sezione ci limiteremo a fornire degli esempi numerici. L'idea è che dovrebbero essere sufficienti per convincere il lettore che ci stiamo muovendo in un terreno abbastanza difficile.

Consideriamo due matrici A, B, la matrice A di tipo (r, c) e la matrice B di tipo (r', c'). Abbiamo già visto che per fare il prodotto $A \cdot B$ è necessario che sia $c = r'$. Ma questo non implica che si possa fare anche $B \cdot A$. Infatti, perché ciò sia possibile la condizione è un'altra e precisamente che sia $c' = r$. In altri termini, condizione per poter eseguire sia $A \cdot B$, sia $B \cdot A$ è che A sia di tipo (r, c) e B di tipo (c, r).

Supponiamo dunque che A sia di tipo (r, c) e B di tipo (c, r) e supponiamo che sia $r \neq c$. In tal caso il prodotto $A \cdot B$ è una matrice di tipo (r, r), ossia una matrice quadrata di tipo r, mentre $B \cdot A$ è una matrice di tipo (c, c), ossia una matrice quadrata di tipo c. Non c'è dunque possibilità che sia $A \cdot B = B \cdot A$. Vediamo un esempio. Siano

$$A = \begin{pmatrix} 2 & 2 & 1 \\ 1 & 0 & 0 \end{pmatrix} \qquad B = \begin{pmatrix} 1 & -1 \\ -2 & 0 \\ 3 & 3 \end{pmatrix}$$

Allora si ha

$$A \cdot B = \begin{pmatrix} 1 & 1 \\ 1 & -1 \end{pmatrix} \qquad B \cdot A = \begin{pmatrix} 1 & 2 & 1 \\ -4 & -4 & -2 \\ 9 & 6 & 3 \end{pmatrix}$$

Ci sono casi in cui entrambi i prodotti si possono fare e danno come risultato matrici dello stesso tipo? Dalla discussione precedente appare chiaro che questa possibilità si ha solo nel caso di due matrici quadrate dello stesso tipo. Ma anche in questo caso ci aspetta una sorpresa. Consideriamo il seguente esempio. Siano

$$A = \begin{pmatrix} 2 & 2 \\ 1 & 0 \end{pmatrix} \qquad B = \begin{pmatrix} 1 & -1 \\ -2 & 0 \end{pmatrix}$$

Allora si ha

$$A \cdot B = \begin{pmatrix} -2 & -2 \\ 1 & -1 \end{pmatrix} \qquad B \cdot A = \begin{pmatrix} 1 & 2 \\ -4 & -4 \end{pmatrix}$$

Decisamente si vede che $A \cdot B \neq B \cdot A$. Possiamo concludere con la seguente affermazione.

Il prodotto righe per colonne di matrici non è commutativo.

Adesso conviene esplorare il prodotto righe per colonne un po' meglio, visto che tutta la discussione fatta finora ha portato alla conclusione che si tratta di una operazione di fondamentale importanza.

Tutti sappiamo che se a, b sono due numeri diversi da 0, allora anche ab è diverso da 0. Con le matrici questa proprietà non si mantiene. Addirittura può succedere che sia nulla una potenza di una matrice non nulla. Una matrice con questa proprietà si dice **nilpotente**. Ad esempio la matrice $A = \begin{pmatrix} 0 & 1 \\ 0 & 0 \end{pmatrix}$ non è la matrice nulla, ma $A^2 = A \cdot A = \begin{pmatrix} 0 & 0 \\ 0 & 0 \end{pmatrix}$ lo è.

Andiamo avanti con la nostra indagine. Anche se al momento non si vede ancora chiaramente lo scopo, la conoscenza che accumuliamo ora sarà utilissima tra poco.

Tutti sappiamo che il numero 1 ha la proprietà di essere neutro rispetto al prodotto, nel senso che $1 \cdot a = a \cdot 1 = a$, qualunque sia il numero a. Al matematico sorge spontanea la seguente domanda. C'è una matrice che si comporta rispetto al prodotto di matrici così come 1 si comporta rispetto al prodotto di numeri? Potrà sembrare una domanda oziosa, ma vedremo molto presto che non lo è. Consideriamo le matrici

$$M = \begin{pmatrix} 1 & 2 & 1 & 5 \\ 3 & 2 & 4 & 1 \\ 3 & 0 & 4 & 1 \end{pmatrix} \quad e \quad N = \begin{pmatrix} 7 & 1 \\ 1 & 0 \\ 1 & 2 \\ 2 & 3 \end{pmatrix}$$

già viste nel problema dei percorsi. Inoltre consideriamo le matrici

$$I_2 = \begin{pmatrix} 1 & 0 \\ 0 & 1 \end{pmatrix} \qquad I_3 = \begin{pmatrix} 1 & 0 & 0 \\ 0 & 1 & 0 \\ 0 & 0 & 1 \end{pmatrix} \qquad I_4 = \begin{pmatrix} 1 & 0 & 0 & 0 \\ 0 & 1 & 0 & 0 \\ 0 & 0 & 1 & 0 \\ 0 & 0 & 0 & 1 \end{pmatrix}$$

Facendo i conti, si vede facilmente che

$$I_3 \cdot M = M = M \cdot I_4$$

e che

$$I_4 \cdot N = N = N \cdot I_2$$

Sembra dunque di capire che ci sono tante matrici che funzionano come il numero 1 e si vede anche che bisogna nettamente distinguere tra la moltiplicazione a destra e quella a sinistra.

Si tratta dunque di matrici molto speciali. Se A è una matrice di tipo (r, s) e I_r, I_s sono le matrici di tipo (r, r) e (s, s) aventi tutte le entrate uguali a uno sulla diagonale e tutte le entrate uguali a zero al di fuori della diagonale, allora si può fare il prodotto $I_r \cdot A$ e il risultato è A e si può fare il prodotto $A \cdot I_s$ e il risultato è A. Questa proprietà delle matrici I_r, I_s è simile alla proprietà del numero 1 di lasciare invariati i prodotti e induce a dare loro un nome.

Le chiameremo **matrici identiche** rispettivamente di tipo r, s. Se non ci sarà ambiguità le indicheremo semplicemente con I.

Concludiamo questa sezione con qualche buona notizia. Si sa che nei numeri interi valgono le formule

$$a + (b + c) = (a + b) + c \qquad (ab)c = a(bc) \qquad a(b + c) = ab + bc$$

ossia valgono rispettivamente la proprietà **associativa della somma**, la proprietà **associativa del prodotto** e la **proprietà distributiva del prodotto rispetto alla somma**.

Ebbene tali formule sono anche valide per le matrici, quando si considerano la somma e il prodotto righe per colonne e quando le operazioni indicate hanno tutte senso. Ad esempio il lettore può verificare che se

$$A = \begin{pmatrix} 1 & 2 & 3 \\ 0 & -1 & 3 \end{pmatrix} \qquad B = \begin{pmatrix} 0 & 1 & 1 \\ 1 & -1 & 3 \end{pmatrix} \qquad C = \begin{pmatrix} 1 & 2 & 3 \\ 0 & -1 & 3 \end{pmatrix}$$

allora si ha

$$A + (B + C) = \begin{pmatrix} 1 & 2 & 3 \\ 0 & -1 & 3 \end{pmatrix} + \begin{pmatrix} 1 & 3 & 4 \\ 1 & -2 & 6 \end{pmatrix} = \begin{pmatrix} 2 & 5 & 7 \\ 1 & -3 & 9 \end{pmatrix}$$

$$(A + B) + C = \begin{pmatrix} 1 & 3 & 4 \\ 1 & -2 & 6 \end{pmatrix} + \begin{pmatrix} 1 & 2 & 3 \\ 0 & -1 & 3 \end{pmatrix} = \begin{pmatrix} 2 & 5 & 7 \\ 1 & -3 & 9 \end{pmatrix}$$

Il lettore può verificare per esempio che se

$$A = \begin{pmatrix} 1 & 2 & 3 \\ 0 & -1 & 3 \end{pmatrix} \qquad B = \begin{pmatrix} 2 \\ 3 \\ -10 \end{pmatrix} \qquad C = \begin{pmatrix} 7 \\ 0 \\ -11 \end{pmatrix}$$

allora si ha

$$A(B + C) = \begin{pmatrix} 1 & 2 & 3 \\ 0 & -1 & 3 \end{pmatrix} \begin{pmatrix} 9 \\ 3 \\ -21 \end{pmatrix} = \begin{pmatrix} -48 \\ -66 \end{pmatrix}$$

$$AB + AC = \begin{pmatrix} -22 \\ -33 \end{pmatrix} + \begin{pmatrix} -26 \\ -33 \end{pmatrix} = \begin{pmatrix} -48 \\ -66 \end{pmatrix}$$

Il lettore può verificare per esempio che se

$$A = \begin{pmatrix} 1 & 2 & 3 \\ 0 & -1 & 3 \end{pmatrix} \qquad B = \begin{pmatrix} 2 \\ 3 \\ -10 \end{pmatrix} \qquad C = (-1 \quad -2)$$

allora si ha

$$A(BC) = \begin{pmatrix} 1 & 2 & 3 \\ 0 & -1 & 3 \end{pmatrix} \begin{pmatrix} -2 & -4 \\ -3 & -6 \\ 10 & 20 \end{pmatrix} = \begin{pmatrix} 22 & 44 \\ 33 & 66 \end{pmatrix}$$

ed anche

$$(AB)C = \begin{pmatrix} -22 \\ -33 \end{pmatrix} (-1 \quad -2) = \begin{pmatrix} 22 & 44 \\ 33 & 66 \end{pmatrix}$$

In realtà non so se il lettore sia disponibile a considerare l'apprendimento di questi fatti come *una buona notizia*. Dove sta il lato positivo delle suddette proprietà? Per non addentrarci in questioni matematiche molto delicate, basti comunque riflettere sul fatto che avere a disposizione tali proprietà permette una molto maggiore *libertà nell'esecuzione dei calcoli*. Il lettore non è ancora convinto del fatto che questa sia una buona notizia? Se avrà la pazienza di proseguire, presto se ne convincerà.

2.5 Inversa di una matrice

I matematici amano utilizzare i cosiddetti **corpi numerici**, quali ad esempio $\mathbb{Q}$ (il corpo dei numeri razionali), $\mathbb{R}$ (il corpo dei numeri reali), $\mathbb{C}$ (il corpo dei numeri complessi). Perché? Una proprietà importante che li accomuna è quella che **ogni elemento non nullo ha un inverso**. Ciò non accade in $\mathbb{Z}$, l'insieme dei numeri interi (agli algebristi verrebbe voglia di correggermi e dire *l'anello dei numeri interi*), perché ad esempio il numero 2 non ha inverso intero.

Dato che abbiamo introdotto precedentemente una operazione di prodotto tra matrici e abbiamo visto che esistono matrici identiche, viene naturale chiedersi se esistono matrici inverse. Qualche lettore avanzerà certamente il dubbio che tali domande non sono affatto naturali. Qualche altro dirà che queste sembrano a prima vista curiosità tipiche dei matematici, ai quali piace studiare le strutture in astratto.

Non è così. Le matrici inverse giocano un ruolo di fondamentale importanza anche nelle applicazioni e per cercare di convincere il lettore della validità di questa asserzione vedremo un interessante esempio, che ci permetterà di fare anche un *excursus* in terreni algebrici *affascinanti* (attenzione al fatto che, quando un matematico usa la parola affascinante, ci possono essere pericoli in vista...).

Facendo un semplice conto sui tipi, si vede che se A è una matrice ed esiste una matrice B tale che $AB = I_r = BA$, allora necessariamente sia A che B sono quadrate di tipo r. Una tale matrice B sarà convenientemente chiamata A^{-1} e non è difficile dimostrare che A^{-1}, se esiste, è unica. Inoltre i matematici sanno dimostrare che se A è quadrata e B è inversa a sinistra, ossia $BA = I$, allora lo è anche a destra, ossia $AB = I$ e analogamente se B è inversa a destra, allora lo è anche a sinistra. L'esempio più semplice di matrice che ha inversa è I_r. Infatti $I_r I_r = I_r$ e quindi $I_r^{-1} = I_r$, ossia I_r è *inversa di se stessa*.

Ora usciamo un momento da questo linguaggio matematico , lasciamo un poco da parte questi aspetti formali e facciamo una *riflessione* (la spiegazione del perché è stato usato un carattere speciale per evidenziare la parola riflessione è lasciata agli specialisti). Ci sono azioni che, fatte una volta producono un effetto, fatte due volte lo annullano. Un esempio è dato dall'azione di voltare una carta da gioco, un altro dall'azionare un interruttore elettrico, un altro dal considerare l'opposto di un numero. Infatti se volto due volte una carta la ritrovo nella posizione di partenza, se aziono due volte un interruttore e sono partito con le luci accese (spente) le ritrovo accese (spente), l'opposto dell'opposto di a è a.

C'è modo di catturare matematicamente l'essenza di queste riflessioni? Proviamoci. Se avessimo un mondo numerico fatto di due soli simboli, nessuno ci proibirebbe di chiamarli 0, 1; inoltre potremmo stabilire la convenzione che 0 corrisponde alla non azione, 1 all'azione. Il discorso precedente verrebbe dunque convenientemente interpretato dalla proprietà

$$1 + 1 = 0$$

Sembra un poco strano, ma invece il discorso diventa interessante quando si capisce che si può andare avanti e scoprire che anche le uguaglianze

$$1 + 0 = 0 + 1 = 1 \quad e \quad 0 + 0 = 0$$

sono perfettamente coerenti con l'assunzione precedente. Infatti, ad esempio, l'uguaglianza $1 + 0 = 1$ significa che *fare l'azione e poi non fare nulla* ha come risultato *fare l'azione*. E questa asserzione ci trova certamente d'accordo.

Quanto detto si può sintetizzare nella seguente *tabella di addizione* sull'insieme dei due simboli 0, 1

+	0	1
0	0	1
1	1	**0**

Solo lo zero in basso a destra sembra strano, visto che con la somma usuale in tale posizione ci sarebbe il numero 2. E se accanto a questa tabella di somma mettessimo la *usuale* tabella di moltiplicazione?

×	0	1
0	0	0
1	0	1

Che significato si potrebbe dare a questa operazione di prodotto? E l'insieme $\{0, 1\}$ che abbiamo dotato di operazioni di somma e prodotto in che cosa assomiglia ad esempio a $\mathbb{Q}$, il campo dei numeri razionali?

Alla prima domanda daremo tra poco una risposta in un caso concreto di uso di questa strana struttura. La seconda domanda sembra ancora più bizzarra, ma intanto osserviamo che, proprio come succede nei razionali, ogni numero diverso da 0 ha un inverso; infatti l'unico numero diverso da 0 è 1 e siccome $1 \times 1 = 1$, risulta che 1 è inverso di se stesso. Quindi una analogia almeno c'è. I matematici danno un nome a questa struttura fatta di due numeri e due operazioni, la chiamano $\mathbb{Z}_2$ (oppure $\mathbb{F}_2$) e osservano che si tratta di un corpo numerico proprio come $\mathbb{Q}$. Sia il nome $\mathbb{Z}_2$ che $\mathbb{F}_2$ contengono il simbolo 2, il che sta a significare che in questo insieme $1 + 1 = 0$, un po' come dire che $2 = 0$. Vedete che si ritorna al punto da cui siamo partiti, ossia al fatto che ci sono situazioni anche pratiche in cui fare due volte una certa azione è come non fare niente, ossia $2 = 0$!

Ora ci spingiamo ancora più avanti. Se consideriamo una matrice A quadrata di tipo r a entrate in $\mathbb{Z}_2$, possiamo cercare, se esiste, la inversa A^{-1}. Ma a che cosa serve? Vediamo l'esempio promesso.

Esempio 2.5.1. Accendiamo le lampade
Supponiamo di avere un circuito elettrico rappresentato dal seguente grafo

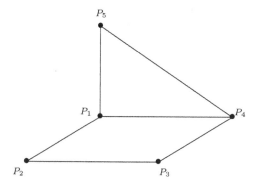

I vertici P_1, P_2, P_3, P_4, P_5 del grafo rappresentano dispositivi elettrici costituiti ciascuno da una lampada e un interruttore; i lati del grafo rappresentano connessioni dirette, ottenute ad esempio mediante cavi elettrici. Ogni interruttore può essere ON oppure OFF e ogni lampada può essere ON oppure OFF, ossia accesa oppure spenta. Azionando un interruttore si cambia lo stato della corrispondente lampada e di quelle *adiacenti*, ossia quelle nei vertici collegati direttamente.

Facciamo un esempio. Supponiamo di avere le lampade in P_1 e P_3 accese e quelle in P_2, P_4, P_5 spente e supponiamo di azionare una volta gli interruttori posti in P_3 e P_4. Che cosa succede? Come sono le cinque lampade alla fine? Esaminiamo la lampada in P_1. L'azione dell'interruttore in P_3 non altera lo stato in P_1, dato che P_1 e P_3 non sono adiacenti, invece l'azione dell'interruttore in P_4 altera lo stato in P_1, dato che P_1 e P_4 sono adiacenti. In conclusione lo stato della lampada in P_1 viene alterato e alla fine la lampada in P_1 sarà spenta. Lo stesso discorso si può fare per ogni lampada e alla fine si avrà la seguente situazione: lampada in P_1 spenta, in P_2 accesa, in P_3 accesa, in P_4 spenta, in P_5 accesa.

Se l'idea è sufficientemente chiara, si tratta ora di trovare il giusto modello matematico per questo tipo di situazione. Incominciamo con l'osservazione che possiamo immagazzinare le informazioni sulle connessioni del grafo in una matrice simmetrica di tipo 5, così come abbiamo fatto nella Sezione 2.2. Si ottiene la matrice

$$A = \begin{pmatrix} 1 & 1 & 0 & 1 & 1 \\ 1 & 1 & 1 & 0 & 0 \\ 0 & 1 & 1 & 1 & 0 \\ 1 & 0 & 1 & 1 & 1 \\ 1 & 0 & 0 & 1 & 1 \end{pmatrix}$$

Ricordiamoci che ad esempio l'entrata 1 al posto $(4,3)$ significa che c'è connessione diretta tra P_4 e P_3, mentre l'entrata 0 al posto $(3,5)$ significa che non c'è connessione diretta tra P_3 e P_5. E osserviamo che, a differenza dell'Esempio 2.2.3, la natura di questo problema ha portato alla scelta di avere entrate uguali a 1 sulla diagonale principale.

Ora consideriamo una matrice colonna nella quale inseriamo i dati relativi alle azioni da compiere sugli interruttori. Visto che vogliamo azionare gli interruttori posti in P_3 e P_4, sarà conveniente usare la matrice colonna

$$V = \begin{pmatrix} 0 \\ 0 \\ 1 \\ 1 \\ 0 \end{pmatrix}$$

Arrivati a questo punto, si ha una bellissima applicazione del prodotto di matrici. Interpretiamo sia A che V come matrici a entrate in $\mathbb{Z}_2$ ed eseguiamo il prodotto, che è possibile dato che A è di tipo 5 e V è di tipo $(5,1)$. Si ottiene

$$A \cdot V = \begin{pmatrix} 1 & 1 & 0 & 1 & 1 \\ 1 & 1 & 1 & 0 & 0 \\ 0 & 1 & 1 & 1 & 0 \\ 1 & 0 & 1 & 1 & 1 \\ 1 & 0 & 0 & 1 & 1 \end{pmatrix} \begin{pmatrix} 0 \\ 0 \\ 1 \\ 1 \\ 0 \end{pmatrix} = \begin{pmatrix} 1 \\ 1 \\ 0 \\ 0 \\ 1 \end{pmatrix}$$

Vediamo perché si ottiene tale risultato e vediamo di capire quale è il significato di $A \cdot V$. Verifichiamo ad esempio l'entrata di posto $(3,1)$ del prodotto. Si ottiene facendo il prodotto della terza riga di A con la colonna di V. Si ha quindi $0 \times 0 + 1 \times 0 + 1 \times 1 + 1 \times 1 + 0 \times 0 = 0$ (si ricordi la tabella di addizione secondo la quale in $\mathbb{Z}_2$ si ha $1 + 1 = 0$).

Adesso viene la parte veramente interessante. Che cosa significa la somma di prodotti $0 \times 0 + 1 \times 0 + 1 \times 1 + 1 \times 1 + 0 \times 0$? Ricordiamoci che la terza riga riguarda la postazione P_3. Il primo addendo 0×0 si legge così: l'interruttore in P_3 *non* è direttamente collegato con la postazione in P_1 (ecco il motivo dello zero al posto $(3,1)$ della matrice A) e va ad interagire con il fatto che lo stato dell'interruttore in P_1 *non viene* alterato (ecco il motivo dello 0 al primo posto della matrice V).

Il risultato di questa interazione evidentemente è che *non viene* alterato lo stato della lampada in P_3.

Il secondo addendo 1×0 si legge così: l'interruttore in P_3 è direttamente collegato con la postazione in P_2 (ecco il motivo di 1 al posto $(3,2)$ della matrice A) e va ad interagire con il fatto che lo stato dell'interruttore in P_2 *non viene* alterato (ecco il motivo dello zero al posto $(2,1)$ della matrice V). Il risultato di questa interazione è che *non viene* alterato lo stato della lampada in P_3.

Il terzo addendo 1×1 si interpreta nel seguente modo: l'interruttore in P_3 è direttamente collegato con la postazione in P_3 (ecco il motivo di 1 al posto $(3,3)$ della matrice A) e va ad interagire con il fatto che lo stato dell'interruttore in P_3 *viene* alterato (ecco il motivo di 1 al posto $(3,1)$ della matrice V). Il risultato di questa interazione è che *viene* alterato lo stato della lampada in P_3.

Ora dovrebbe essere chiaro come andare avanti fino al quinto addendo. Dobbiamo dunque eseguire la somma delle cinque azioni per vedere il risultato definitivo su P_3. Abbiamo $0 + 0 + 1 + 1 + 0$ e quindi lo stato della lampada in P_3 viene alterato due volte. Il risultato è 0, ossia lo stato di P_3 non viene alterato.

Analogamente si interpretano gli altri prodotti e si conclude che questo prodotto di matrici a entrate in $\mathbb{Z}_2$ è un buon modello matematico per il problema di vedere come l'alterazione dello stato di alcuni interruttori si ripercuote su tutto il sistema elettrico.

È anche molto interessante notare come in questo contesto la tavola di moltiplicazione di $\mathbb{Z}_2$, ossia la seguente tabella

$\times$	0	1
0	0	0
1	0	1

abbia assunto un significato concreto. Infatti $0 \times 1 = 0$ fa da modello matematico alla seguente considerazione: mettendo insieme il fatto che non c'è connessione diretta tra la prima e la seconda postazione con il fatto che si cambia stato all'interruttore nella seconda postazione, non si altera lo stato della lampada nella prima postazione, e così via.

Si osservi la sottigliezza che 1×0 ha un significato del tutto diverso da 0×1 e ciò nonostante il risultato è in entrambi i casi 0, salvando così la commutatività del prodotto! Rallegrarsi di questo fatto è sintomo chiaro di *malattia matematica*.

Facciamo un ulteriore passo avanti. Supponiamo di volere determinare le azioni da compiere sugli interruttori per ottenere un determinato stato finale, conoscendo quello iniziale. La differenza tra lo stato finale e quello iniziale fornisce la tabella dei cambi di stato. Ad esempio se in partenza tutte le lampade sono spente e si vuole che alla fine tutte siano accese, bisogna far cambiare lo stato di tutte le lampade.

Quindi vorremmo fare una serie di azioni sugli interruttori in modo tale da ottenere la matrice colonna

$$\mathbf{b} = \begin{pmatrix} 1 \\ 1 \\ 1 \\ 1 \\ 1 \end{pmatrix}$$

Le incognite del problema sono evidentemente le azioni sugli interruttori e dunque abbiamo cinque incognite x_1, x_2, x_3, x_4, x_5. In definitiva vogliamo vedere se ci sono soluzioni al sistema lineare

$$A\mathbf{x} = \mathbf{b} \quad \text{ossia} \quad \begin{pmatrix} 1 & 1 & 0 & 1 & 1 \\ 1 & 1 & 1 & 0 & 0 \\ 0 & 1 & 1 & 1 & 0 \\ 1 & 0 & 1 & 1 & 1 \\ 1 & 0 & 0 & 1 & 1 \end{pmatrix} \begin{pmatrix} x_1 \\ x_2 \\ x_3 \\ x_4 \\ x_5 \end{pmatrix} = \begin{pmatrix} 1 \\ 1 \\ 1 \\ 1 \\ 1 \end{pmatrix}$$

Ci troviamo di fronte ancora una volta ad un sistema lineare $\mathcal{S}$, con cinque equazioni e cinque incognite. Ed ecco intervenire in modo sostanziale la nozione di inversa. Infatti, se c'è la matrice inversa di A, allora si ha

$$\mathbf{x} = A^{-1}A\mathbf{x} = A^{-1}\mathbf{b}$$

e quindi la soluzione è trovata! Nel nostro caso non sappiamo ancora come calcolare l'inversa, ma possiamo verificare che

$$A^{-1} = \begin{pmatrix} 1 & 1 & 0 & 1 & 0 \\ 1 & 0 & 0 & 0 & 1 \\ 0 & 0 & 0 & 1 & 1 \\ 1 & 0 & 1 & 1 & 0 \\ 0 & 1 & 1 & 0 & 1 \end{pmatrix}$$

quindi

$$\mathbf{x} = A^{-1}\mathbf{b} = \begin{pmatrix} 1 \\ 0 \\ 0 \\ 1 \\ 1 \end{pmatrix}$$

è soluzione. In altre parole, se le lampade sono tutte spente, per accenderle tutte dobbiamo azionare gli interruttori nelle postazioni P_1, P_4, P_5, come si può verificare facilmente con l'aiuto del grafo.

Concludiamo questa importante sezione con una domanda. Perché invece di fare ricorso all'inversa della matrice, non abbiamo provato a risolvere il sistema lineare $\mathcal{S}$ direttamente? E se non ci fosse stata l'inversa di A avremmo potuto concludere che non c'erano soluzioni? È bene abituarsi al fatto che la scienza, come la vita, presenta più domande che risposte. In questo caso però possiamo ritenerci fortunati, perché nel prossimo capitolo avremo anche le risposte.

Esercizi

Esercizio 1. Si calcoli, quando è possibile, il prodotto delle seguenti coppie di matrici

(a) $A = \begin{pmatrix} 0 & 1 \\ 0 & 0 \end{pmatrix}$ $A' = \begin{pmatrix} 0 & 2 \\ 0 & 0 \end{pmatrix}$

(b) $A = \begin{pmatrix} 0 & 1 & 0 \\ 0 & 0 & 1 \end{pmatrix}$ $A' = \begin{pmatrix} 0 & 2 & 2 \\ 0 & 0 & 4 \end{pmatrix}$

(c) $A = \begin{pmatrix} 0 & 1 & 0 \\ 0 & 0 & 1 \end{pmatrix}$ $A' = \begin{pmatrix} 0 & 2 \\ 0.3 & 0 \\ 0.2 & 5 \end{pmatrix}$

Esercizio 2. Costa di più moltiplicare due matrici A, B quadrate di tipo 6, oppure due matrici A, B di tipo $(4, 5)$, $(5, 11)$ rispettivamente?

Esercizio 3. È vero che si può moltiplicare una matrice per se stessa solo nel caso che la matrice sia quadrata?

Esercizio 4. Sia I la matrice identica di tipo 2.

(a) Trovare tutte le soluzioni dell'equazione matriciale $X^2 - I = 0$, ossia tutte le matrici quadrate $A \in \mathrm{Mat}_2(\mathbb{R})$ tali che $A^2 - I = 0$.
(b) È vero che le soluzioni sono infinite?
(c) È vero che per tutte le soluzioni vale l'uguaglianza $|a_{11}| = |a_{22}|$?

Esercizio 5. Sia $A \in \mathrm{Mat}_n(\mathbb{R})$ e sia I la matrice identica di tipo n.

(a) Dimostrare che se $A^3 = 0$ allora $I + A$ e $I - A + A^2$ sono una l'inversa dell'altra.
(b) È vero che se esiste un numero naturale k tale che $A^k = 0$ allora $I + A$ è invertibile?
(c) È sempre vero che una matrice di tipo $I + A$ è invertibile?

Esercizio 6. Calcolare A^3 nei seguenti casi

$$A = \begin{pmatrix} 0 & 1 \\ 0 & 0 \end{pmatrix} \qquad A = \begin{pmatrix} 1 & 0 \\ 0 & 1 \end{pmatrix}$$

Esercizio 7. Sia $A = \begin{pmatrix} 1 & -1 \\ 1 & 0 \end{pmatrix}$. Verificare che $A^6 = I$.

Esercizio 8. Si considerino le matrici

$$A = \begin{pmatrix} 1 & 1 & 1 \\ 0 & -1 & 3 \\ 2 & -1 & 1 \end{pmatrix} \qquad B = \begin{pmatrix} 1 & a & b \\ a & -1 & b \\ b & -b & a \end{pmatrix}$$

Determinare, se esistono, valori reali di a, b tali che le due matrici A, B commutino (ossia tali che $A \cdot B = B \cdot A$).

Esercizio 9. Sia A una matrice di tipo (r, c) e B una matrice di tipo (c, s).

(a) È vero che se A ha una riga nulla, anche AB ha una riga nulla?

(b) È vero che se A ha una colonna nulla, anche AB ha una colonna nulla?

Esercizio 10. Costruire un semplice esempio, simile a quello dell'Esempio 2.5.1, in cui partendo da un particolare stato dei dispositivi non si possa arrivare ad avere tutte le lampade accese.

Esercizio 11. Sia A una matrice.

(a) È vero che $(A^{\mathrm{tr}})^{\mathrm{tr}} = A$, qualunque sia A?

(b) È vero che se A^{tr} è simmetrica, allora anche A lo è?

Esercizio 12. Sia A una matrice a entrate reali.

(a) Provare che gli elementi della diagonale di $A^{\mathrm{tr}}A$ sono non negativi.

(b) Se $(A^{\mathrm{tr}})^{\mathrm{tr}} = I$, si può identificare A^{-1} senza doverla calcolare?

Esercizio 13. Consideriamo matrici a entrate razionali e supponiamo unitario il costo di ogni operazione tra numeri.

(a) Calcolare il costo computazionale del prodotto di due matrici quadrate diagonali di tipo n.

(b) Calcolare il costo computazionale dell'operazione A^2, dove A è una matrice simmetrica di tipo n.

Esercizio 14. Si considerino le matrici diagonali in $\mathrm{Mat}_2(\mathbb{Q})$, ossia le matrici $A_{a,b} = \begin{pmatrix} a & 0 \\ 0 & b \end{pmatrix}$ con $a, b \in \mathbb{Q}$.

(a) Si provi che per ogni $a \in \mathbb{Q}$ la matrice $A_{a,a}$ commuta con tutte le matrici di $\mathrm{Mat}_2(\mathbb{Q})$.

(b) È vera la stessa affermazione per la matrice $A_{1,2}$?

(c) Provare che ogni matrice diagonale commuta con tutte le matrici diagonali.

Gli esercizi seguenti si presentano in modo un poco diverso, infatti la dicitura
Esercizio *è preceduta dal simbolo* ⓠ. *Questo significa che il loro svolgimento ha bisogno del calcolatore (vedi l'Introduzione e l'Appendice), o comunque che l'uso del calcolatore è fortemente consigliato. Nell'ultimo capitolo vedremo un metodo più sofisticato, che usa gli autovalori, per risolvere gli Esercizi 15 e 16.*

ⓠ **Esercizio 15.** Calcolare A^{100} nei seguenti casi

(a) $A = \begin{pmatrix} 1 & 1 \\ 0 & 2 \end{pmatrix}$

(b) $A = \begin{pmatrix} 3 & 0 \\ 2 & -1 \end{pmatrix}$

ⓠ **Esercizio 16.** Si considerino le seguenti matrici

$$A = \begin{pmatrix} 0 & 1 & -\frac{1}{2} \\ 0 & 0 & 12 \\ 3 & \frac{1}{5} & 8 \end{pmatrix} \qquad B = \begin{pmatrix} \frac{1}{3} & 1 & 1 \\ 2 & 1 & -21 \\ 0 & \frac{3}{4} & 1 \end{pmatrix}$$

e si provino le seguenti uguaglianze

$$A^{13} = \begin{pmatrix} \frac{281457596383971}{6250} & \frac{8243291212479289}{1000000} & \frac{257961125226942479}{2000000} \\ \frac{1883521814429871}{3125} & \frac{13791079790208861}{125000} & \frac{431570585554290003}{250000} \\ \frac{431570585554290003}{1000000} & \frac{394993103775412801}{5000000} & \frac{154508738617589077}{125000} \end{pmatrix}$$

$$B^{13} = \begin{pmatrix} \frac{2075574373808189}{3265173504} & \frac{-2771483961974593}{272097792} & \frac{-3428551697800 0235}{2176782336} \\ \frac{-22589583602079623}{1088391168} & \frac{-7482652061373805}{725594112} & \frac{155899288381048673}{725594112} \\ \frac{46412434031431}{120932352} & \frac{-2468698236647575}{322486272} & \frac{-872661281513917}{80621568} \end{pmatrix}$$

i calcolatori non sono intelligenti,
ma pensano di esserlo

3

Soluzioni dei sistemi lineari

in teoria non c'è alcuna differenza
tra teoria e pratica,
in pratica invece ce n'è

In questo capitolo affronteremo la questione di come risolvere *in pratica* i sistemi lineari. La *strategia* è quella di accumulare un certo numero di osservazioni che ci permettano di elaborare una *strategia*. Dato che alcuni matematici usano spesso l'aggettivo *evidente* per qualcosa che non solo non è del tutto evidente ma anche fastidioso da *dimostrare*, per *dimostrare* la nostra intenzione di non prendere questa brutta abitudine incominciamo con una osservazione del tutto *evidente*. Se ci ricordiamo che con il simbolo I abbiamo indicato le matrici identiche, l'osservazione è che per ogni sistema lineare del tipo $I\mathbf{x} = \mathbf{b}$, la soluzione è $\mathbf{x} = \mathbf{b}$. Infatti vale l'uguaglianza $I\mathbf{x} = \mathbf{x}$ e il sistema si presenta dunque di fatto come $\mathbf{x} = \mathbf{b}$, ossia *già risolto*.

Ma nessuno può pretendere di essere così fortunato da trovarsi spesso in questa situazione, in generale non è neppure detto che la matrice dei coefficienti sia quadrata. E allora quale è la via da percorrere? L'idea fondamentale è quella di sostituire il sistema dato con un altro che abbia le stesse soluzioni, ma la cui matrice dei coefficienti sia *più simile* a quella identica, e che quindi sia *più facile* da risolvere.

Questa idea ci porterà allo studio delle *matrici elementari*, metterà ancora in risalto l'importanza del prodotto righe per colonne e permetterà di elaborare un algoritmo, detto metodo di Gauss, basato sulla scelta di speciali elementi chiamati *pivot*. Saremo in grado di calcolare l'inversa di una matrice, nel caso che esista, faremo una digressione sul costo computazionale del metodo di Gauss, impareremo quando e come decomporre una matrice quadrata in forma LU, ossia prodotto di due speciali matrici triangolari. Infine vedremo salire alla ribalta certi numeri chiamati *determinanti*, espressioni *non lineari* che si permettono di giocare un ruolo essenziale in algebra lineare.

Ma non avevamo detto che questo è un capitolo di metodi pratici? E allora bando alle disquisizioni e incominciamo a lavorare.

3.1 Matrici elementari

D'ora in poi stabiliamo la convenzione di chiamare **equivalenti** due sistemi lineari aventi le stesse soluzioni. La parola equivalenti non è stata scelta a caso. I matematici amano questa parola e per ottimi motivi. Senza entrare nel dettaglio, basti dire che sulle **relazioni di equivalenza** si fonda una larghissima parte dell'impianto formale della matematica. Nel nostro caso, visto che sistemi lineari equivalenti hanno le stesse soluzioni, se il nostro scopo è quello di risolvere un sistema lineare, abbiamo la notevole libertà di sostituirlo con uno equivalente. Il lettore, soprattutto il lettore genovese, dirà: facendo così che cosa si guadagna? Ed è proprio a questa domanda che ora vediamo di rispondere.

Per iniziare, progettiamo un certo numero di operazioni elementari che trasformino il sistema in uno equivalente *più semplice da risolvere*. Incominciamo con qualche osservazione di facile verifica.

(a) Se si scambiano due equazioni, si ottiene un sistema equivalente.
(b) Se si moltiplica una equazione per un numero diverso da zero, si ottiene un sistema equivalente.
(c) Se si sostituisce una equazione con quella che si ottiene sommando all'equazione un multiplo di un'altra equazione, si ottiene un sistema equivalente.

Le suddette operazioni si chiamano **operazioni elementari** sul sistema dato.

Vediamo in dettaglio un paio di esempi.

Esempio 3.1.1. Un sistema a due equazioni e due incognite
Consideriamo il seguente sistema

$$\begin{cases} 2x_1 - 3x_2 = 2 \\ x_1 + x_2 = 4 \end{cases} \qquad (1)$$

Le sue soluzioni sono le stesse di

$$\begin{cases} x_1 + x_2 = 4 \\ 2x_1 - 3x_2 = 2 \end{cases} \qquad (2)$$

che si è ottenuto scambiando le due equazioni in (1), e le stesse di

$$\begin{cases} x_1 + x_2 = 4 \\ -5x_2 = -6 \end{cases} \qquad (3)$$

che si è ottenuto sostituendo in (2) la seconda equazione con la differenza tra la seconda equazione e due volte la prima, e le stesse di

$$\begin{cases} x_1 + x_2 = 4 \\ x_2 = \frac{6}{5} \end{cases} \qquad (4)$$

che si è ottenuto moltiplicando la seconda equazione in (3) per il numero $-\frac{1}{5}$, e le stesse di

$$\begin{cases} x_1 = \frac{14}{5} \\ x_2 = \frac{6}{5} \end{cases} \tag{5}$$

che si è ottenuto sostituendo la prima equazione in (4) con la prima meno la seconda. In questo caso, dato che il sistema (5) è del tipo $I\mathbf{x} = \mathbf{b}$ e quindi immediatamente risolto, abbiamo ottenuto il nostro scopo.

Esempio 3.1.2. Un sistema a due equazioni e tre incognite
Consideriamo il seguente sistema

$$\begin{cases} 2x_1 - 3x_2 + x_3 = 2 \\ x_1 + x_2 - 5x_3 = 4 \end{cases} \tag{1}$$

Le sue soluzioni sono le stesse di

$$\begin{cases} x_1 + x_2 - 5x_3 = 4 \\ 2x_1 - 3x_2 + x_3 = 2 \end{cases} \tag{2}$$

che si è ottenuto scambiando le due equazioni in (1), e le stesse di

$$\begin{cases} x_1 + x_2 - 5x_3 = 4 \\ -5x_2 + 11x_3 = -6 \end{cases} \tag{3}$$

che si è ottenuto sostituendo in (2) la seconda equazione con la differenza tra la seconda equazione e due volte la prima, e le stesse di

$$\begin{cases} x_1 + x_2 - 5x_3 = 4 \\ x_2 - \frac{11}{5}x_3 = \frac{6}{5} \end{cases} \tag{4}$$

che si è ottenuto moltiplicando la seconda equazione in (3) per $-\frac{1}{5}$, e le stesse di

$$\begin{cases} x_1 - \frac{14}{5}x_3 = \frac{14}{5} \\ x_2 - \frac{11}{5}x_3 = \frac{6}{5} \end{cases} \tag{5}$$

che si è ottenuto sostituendo la prima equazione in (4) con la prima meno la seconda.

In entrambi gli esempi precedenti ad ogni passaggio abbiamo sostituito un sistema con un altro equivalente, quindi le soluzioni di (1) sono le stesse di (5). Abbiamo già osservato che il sistema (5) nell'Esempio 3.1.1 è del tipo $I\mathbf{x} = \mathbf{b}$ e quindi la sua soluzione è esplicita. Il sistema (5) nell'Esempio 3.1.2 è invece di natura molto diversa e ne riparleremo nella Sezione 3.6.

Torneremo più avanti sulle soluzioni dei sistemi, ora invece analizziamo i vari passaggi eseguiti nei calcoli precedenti. Ci rendiamo subito conto del fatto che le modifiche hanno *solo interessato le matrici in gioco* e non certo il nome delle incognite.

Conviene quindi dare un nome alle trasformazioni delle matrici che corrispondono a trasformazioni elementari dei sistemi.

> *Chiamiamo* **trasformazioni elementari** *di una matrice le seguenti operazioni.*
> (a) *Scambio di due righe.*
> (b) *Moltiplicazione di una riga per un numero diverso da zero.*
> (c) *Sostituzione di una riga con quella che si ottiene sommando alla riga un multiplo di un'altra riga.*

Le operazioni elementari sul sistema lineare $A\mathbf{x} = \mathbf{b}$ si possono dunque eseguire facendo operazioni elementari sulle matrici A, $\mathbf{b}$, e allora rivisitiamo l'Esempio 3.1.1, seguendo passo passo tali operazioni.

Il passaggio da (1) a (2) si ottiene scambiando le righe di A e $\mathbf{b}$ e dunque termina con le matrici

$$A_2 = \begin{pmatrix} 1 & 1 \\ 2 & -3 \end{pmatrix} \qquad \mathbf{b}_2 = \begin{pmatrix} 4 \\ 2 \end{pmatrix}$$

che sono rispettivamente la matrice dei coefficienti e quella dei termini noti del sistema (2). Analogamente il passaggio da (2) a (3) termina con le matrici

$$A_3 = \begin{pmatrix} 1 & 1 \\ 0 & -5 \end{pmatrix} \qquad \mathbf{b}_3 = \begin{pmatrix} 4 \\ -6 \end{pmatrix}$$

che sono rispettivamente la matrice dei coefficienti e quella dei termini noti del sistema (3). Il passaggio da (3) a (4) termina con le matrici

$$A_4 = \begin{pmatrix} 1 & 1 \\ 0 & 1 \end{pmatrix} \qquad \mathbf{b}_4 = \begin{pmatrix} 4 \\ \frac{6}{5} \end{pmatrix}$$

che sono rispettivamente la matrice dei coefficienti e quella dei termini noti del sistema (4). Il passaggio da (4) a (5) termina con le matrici

$$A_5 = \begin{pmatrix} 1 & 0 \\ 0 & 1 \end{pmatrix} \qquad \mathbf{b}_5 = \begin{pmatrix} \frac{14}{5} \\ \frac{6}{5} \end{pmatrix}$$

che sono rispettivamente la matrice dei coefficienti e quella dei termini noti del sistema (5), il quale rende esplicita la sua soluzione.

Si sa che la matematica è ricca di sorprese e prodiga di meraviglie e ora ne ha in serbo una veramente interessante. Riferiamoci ancora all'Esempio 3.1.1 e consideriamo la matrice identica I di tipo 2. Se operiamo lo scambio delle due righe in I otteniamo la matrice $\begin{pmatrix} 0 & 1 \\ 1 & 0 \end{pmatrix}$ che chiamiamo E_1. Poi moltiplichiamo A e $\mathbf{b}$ a sinistra per questa matrice e otteniamo

$$E_1 A = \begin{pmatrix} 1 & 1 \\ 2 & -3 \end{pmatrix} \qquad E_1 \mathbf{b} = \begin{pmatrix} 4 \\ 2 \end{pmatrix}$$

La *meraviglia* consiste nel fatto che queste sono rispettivamente la matrice dei coefficienti e dei termini noti del sistema (2), il quale si può dunque scrivere

$$E_1 A \, \mathbf{x} = E_1 \mathbf{b}$$

La regola di scambio di due righe è dunque realizzata con la moltiplicazione a sinistra per quella matrice che si ottiene dalla matrice identica scambiando le due corrispondenti righe. Ma c'è di più, infatti analoghe relazioni si ottengono anche per le altre operazioni elementari sul sistema. In conclusione, abbiamo a disposizione il seguente insieme di regole *applicabili ad una qualunque matrice*, anche non quadrata. Sia A una matrice con r righe.

(a) Denotando con E la matrice che si ottiene scambiando la riga i-esima con la riga j-esima della matrice I_r, la matrice prodotto EA è quella che si ottiene scambiando la riga i-esima con la riga j-esima della matrice A.

(b) Denotando con E la matrice che si ottiene moltiplicando per la costante γ la riga i-esima della matrice I_r, la matrice prodotto EA è quella che si ottiene moltiplicando per la costante γ la riga i-esima della matrice A.

(c) Denotando con E la matrice che si ottiene sommando alla riga i-esima della matrice I_r la riga j-esima moltiplicata per la costante γ, la matrice prodotto EA è quella che si ottiene sommando alla riga i-esima della matrice A la riga j-esima moltiplicata per la costante γ.

Visto che le suddette operazioni sulle righe della matrice A si chiamano operazioni elementari, le matrici che si ottengono compiendo le suddette operazioni sulla matrice identica vengono dette **matrici elementari**. E l'elegante conclusione di quanto detto in precedenza è la seguente.

Ogni operazione elementare sulle righe della matrice A si può realizzare moltiplicando a sinistra A per la corrispondente matrice elementare.

Riconosciuta l'importanza delle matrici elementari, vale la pena di vederle un poco più da vicino. Consideriamo il seguente esempio di matrice elementare, ottenuta scambiando la seconda con la quarta riga della matrice identica I_4

$$E = \begin{pmatrix} 1 & 0 & 0 & 0 \\ 0 & 0 & 0 & 1 \\ 0 & 0 & 1 & 0 \\ 0 & 1 & 0 & 0 \end{pmatrix}$$

Se si esegue il prodotto $EE = E^2$ si ottiene la matrice identica I_4. Il motivo è facile da capire, in quanto la moltiplicazione a sinistra di E per E ha l'effetto di scambiare la seconda con la quarta riga nella matrice E e quindi di ottenere la matrice da cui siamo partiti, ossia la matrice identica.

Consideriamo l'esempio di matrice elementare, ottenuta moltiplicando per 2 la seconda riga della matrice identica I_4

$$E = \begin{pmatrix} 1 & 0 & 0 & 0 \\ 0 & 2 & 0 & 0 \\ 0 & 0 & 1 & 0 \\ 0 & 0 & 0 & 1 \end{pmatrix}$$

e consideriamo quella analoga in cui la moltiplicazione è fatta per $\frac{1}{2}$

$$E' = \begin{pmatrix} 1 & 0 & 0 & 0 \\ 0 & \frac{1}{2} & 0 & 0 \\ 0 & 0 & 1 & 0 \\ 0 & 0 & 0 & 1 \end{pmatrix}$$

Se si esegue il prodotto $E'E$ si ottiene evidentemente la matrice identica I_4. Consideriamo ora l'esempio di matrice elementare ottenuta aggiungendo alla seconda riga della matrice identica I_4 la terza riga moltiplicata per 3

$$E = \begin{pmatrix} 1 & 0 & 0 & 0 \\ 0 & 1 & 3 & 0 \\ 0 & 0 & 1 & 0 \\ 0 & 0 & 0 & 1 \end{pmatrix}$$

e consideriamo quella analoga in cui la moltiplicazione è fatta per -3

$$E' = \begin{pmatrix} 1 & 0 & 0 & 0 \\ 0 & 1 & -3 & 0 \\ 0 & 0 & 1 & 0 \\ 0 & 0 & 0 & 1 \end{pmatrix}$$

Se si esegue il prodotto $E'E$ si ottiene la matrice identica I_4. Cè da stupirsi? Certamente no, se si pensa che sommare alla seconda riga della matrice identica la terza moltiplicata per -3, ha come effetto quello di annullare la operazione fatta sulla matrice identica di sommare alla seconda riga la terza moltiplicata per 3. Tramite i suddetti esempi ci siamo dunque resi conto dei seguenti fatti.

(1) **Le matrici elementari sono invertibili e hanno come inverse matrici elementari.**

(2) **Se $Ax = b$ è un sistema lineare con r equazioni, e le matrici $E_1, E_2, \ldots, E_{m-1}, E_m$ sono matrici elementari di tipo r, allora il sistema lineare**

$$E_m E_{m-1} \cdots E_2 E_1 Ax = E_m E_{m-1} \cdots E_2 E_1 b$$

è equivalente al sistema $Ax = b$.

Proviamo dunque a ripercorrere i passi dell'Esempio 3.1.1 con cui siamo partiti in questa sezione. Il sistema è

$$A\mathbf{x} = \mathbf{b} \quad \text{dove} \quad A = \begin{pmatrix} 2 & -3 \\ 1 & 1 \end{pmatrix} \quad \mathbf{b} = \begin{pmatrix} 2 \\ 4 \end{pmatrix}$$

Il passaggio da (1) a (2) si ottiene moltiplicando a sinistra le matrici A e $\mathbf{b}$ per la matrice $E_1 = \begin{pmatrix} 0 & 1 \\ 1 & 0 \end{pmatrix}$ e dunque termina con le matrici

$$A_2 = \begin{pmatrix} 1 & 1 \\ 2 & -3 \end{pmatrix} = E_1 A \qquad \mathbf{b}_2 = \begin{pmatrix} 4 \\ 2 \end{pmatrix} = E_1 \mathbf{b}$$

Analogamente il passaggio da (2) a (3) si ottiene moltiplicando a sinistra le matrici A_2 e $\mathbf{b}_2$ per la matrice $E_2 = \begin{pmatrix} 1 & 0 \\ -2 & 1 \end{pmatrix}$ e dunque termina con le matrici

$$A_3 = \begin{pmatrix} 1 & 1 \\ 0 & -5 \end{pmatrix} = E_2 A_2 = E_2 E_1 A \qquad \mathbf{b}_3 = \begin{pmatrix} 4 \\ -6 \end{pmatrix} = E_2 \mathbf{b}_2 = E_2 E_1 \mathbf{b}$$

Il passaggio da (3) a (4) si ottiene moltiplicando a sinistra le matrici A_3 e $\mathbf{b}_3$ per la matrice $E_3 = \begin{pmatrix} 1 & 0 \\ 0 & -\frac{1}{5} \end{pmatrix}$ e dunque termina con le matrici

$$A_4 = \begin{pmatrix} 1 & 1 \\ 0 & 1 \end{pmatrix} = E_3 A_3 = E_3 E_2 E_1 A \qquad \mathbf{b}_4 = \begin{pmatrix} 4 \\ \frac{6}{5} \end{pmatrix} = E_3 \mathbf{b}_3 = E_3 E_2 E_1 \mathbf{b}$$

Il passaggio da (4) a (5) si ottiene moltiplicando a sinistra le matrici A_4 e $\mathbf{b}_4$ per la matrice $E_4 = \begin{pmatrix} 1 & -1 \\ 0 & 1 \end{pmatrix}$ e dunque termina con le matrici

$$A_5 = \begin{pmatrix} 1 & 0 \\ 0 & 1 \end{pmatrix} = E_4 A_4 = E_4 E_3 E_2 E_1 A \quad \mathbf{b}_5 = \begin{pmatrix} \frac{14}{5} \\ \frac{6}{5} \end{pmatrix} = E_4 \mathbf{b}_4 = E_4 E_3 E_2 E_1 \mathbf{b}$$

La conclusione è quindi che tutte le operazioni elementari sono state interpretate come prodotti a sinistra con matrici elementari, ottenendo alla fine $A_5 = I$ e quindi un sistema equivalente con soluzione esplicita. Ma si osservi che con questa interpretazione abbiamo ottenuto anche che $I = A_5 = E_4 E_3 E_2 E_1 A$ e pertanto abbiamo ottenuto esplicitamente l'inversa di A come prodotto di matrici elementari

$$A^{-1} = E_4 E_3 E_2 E_1$$

Se eseguiamo i conti, otteniamo

$$A^{-1} = \begin{pmatrix} \frac{1}{5} & \frac{3}{5} \\ -\frac{1}{5} & \frac{2}{5} \end{pmatrix} = \frac{1}{5} \begin{pmatrix} 1 & 3 \\ -1 & 2 \end{pmatrix}$$

L'utilizzo del formalismo che usa il prodotto di matrici ci ha permesso dunque di calcolare non solo la soluzione del sistema lineare, ma anche contestualmente l'inversa della matrice dei coefficienti. Questa osservazione si rivela di grande importanza, perché la matrice dei coefficienti del sistema (1) è anche matrice dei coefficienti di *qualsiasi sistema lineare* di tipo $A\mathbf{x} = \mathbf{b}'$, al variare di $\mathbf{b}'$ in modo arbitrario.

Un tale sistema ha una unica soluzione, e precisamente $A^{-1}\mathbf{b}'$. Quindi risolvendo un sistema ne abbiamo di fatto risolti contestualmente tanti altri. Questa è una espressione di forza della matematica, ed è utile ancora una volta enfatizzare il fatto che tale risultato è stato possibile con l'introduzione del formalismo $A\mathbf{x} = \mathbf{b}$, e quindi l'uso del prodotto righe per colonne.

3.2 Sistemi lineari quadrati, il metodo di Gauss

Vediamo ora di affrontare il problema generale di risolvere i sistemi lineari $A\mathbf{x} = \mathbf{b}$ nel caso in cui A sia una matrice quadrata. Essi verranno semplicemente chiamati **sistemi lineari quadrati**.

Nel caso che la matrice sia invertibile, in un certo senso li abbiamo già risolti. Non abbiamo forse detto che in tale ipotesi si ha una unica soluzione, precisamente $\mathbf{x} = A^{-1}\mathbf{b}$? Ma qui bisogna stare attenti. Dato un sistema lineare quadrato, noi non sappiamo a priori se la matrice A è invertibile o no, lo scopriremo solo *dopo e non prima* di averlo risolto. Quando avremo scoperto che A è invertibile, certamente la soluzione sarà $A^{-1}\mathbf{b}$, ma il punto fondamentale è che noi non calcoleremo in generale l'inversa di A, ma direttamente la soluzione $A^{-1}\mathbf{b}$. Questa frase non è in contraddizione con quanto detto alla fine della sezione precedente. Là avevamo enfatizzato il fatto che se calcoliamo A^{-1}, possiamo calcolare facilmente la soluzione di tutti i sistemi $A\mathbf{x} = \mathbf{b}$, al variare di $\mathbf{b}$. Ma la questione è ben diversa se vogliamo calcolare solo la soluzione di un sistema. Torniamo un momento all'Esempio 3.1.1. Ricordiamo che dopo alcune trasformazioni si arriva al sistema equivalente

$$\begin{cases} x_1 + x_2 = 4 \\ x_2 = \frac{6}{5} \end{cases} \qquad (4)$$

A questo punto la matrice dei coefficienti non è la matrice identica, ma il sistema si risolve facilmente. Infatti la seconda equazione fornisce direttamente l'uguaglianza $x_2 = \frac{6}{5}$. *Sostituendo* nella prima si ottiene $x_1 = 4 - \frac{6}{5} = \frac{14}{5}$.

Questa osservazione suggerisce il seguente metodo, che viene denominato **metodo di Gauss** o **metodo della riduzione gaussiana**, per risolvere il sistema lineare $A\mathbf{x} = \mathbf{b}$.

(a) Utilizzando operazioni elementari sulla matrice A, si ottiene una matrice A' **triangolare superiore**, ossia tale che tutti gli elementi sotto la diagonale principale sono nulli.

(b) Se A' ha tutti gli elementi sulla diagonale non nulli, il sistema lineare equivalente $A'\mathbf{x} = \mathbf{b}'$ si risolve per **sostituzione all'indietro** (back substitution).

Esempio 3.2.1. Vediamo in dettaglio il sistema che nasce dall'Esempio 2.5.1. Dobbiamo risolvere il seguente sistema lineare

$$\begin{pmatrix} 1 & 1 & 0 & 1 & 1 \\ 1 & 1 & 1 & 0 & 0 \\ 0 & 1 & 1 & 1 & 0 \\ 1 & 0 & 1 & 1 & 1 \\ 1 & 0 & 0 & 1 & 1 \end{pmatrix} \begin{pmatrix} x_1 \\ x_2 \\ x_3 \\ x_4 \\ x_5 \end{pmatrix} = \begin{pmatrix} 1 \\ 1 \\ 1 \\ 1 \\ 1 \end{pmatrix}$$

e ricordiamo che stiamo lavorando in $\mathbb{Z}_2$ e che quindi $1 + 1 = 0$ e $-1 = 1$. Visto che $a_{11} = 1$, possiamo fare in modo da ottenere tutti i numeri uguali a zero sotto a_{11} nella prima colonna. Infatti basta fare le tre seguenti operazioni elementari: seconda riga meno la prima, quarta riga meno la prima, quinta riga meno la prima. Si ottiene il sistema equivalente

$$\begin{pmatrix} 1 & 1 & 0 & 1 & 1 \\ 0 & 0 & 1 & 1 & 1 \\ 0 & 1 & 1 & 1 & 0 \\ 0 & 1 & 1 & 0 & 0 \\ 0 & 1 & 0 & 0 & 0 \end{pmatrix} \begin{pmatrix} x_1 \\ x_2 \\ x_3 \\ x_4 \\ x_5 \end{pmatrix} = \begin{pmatrix} 1 \\ 0 \\ 1 \\ 0 \\ 0 \end{pmatrix}$$

Scambiamo la seconda con la terza riga

$$\begin{pmatrix} 1 & 1 & 0 & 1 & 1 \\ 0 & 1 & 1 & 1 & 0 \\ 0 & 0 & 1 & 1 & 1 \\ 0 & 1 & 1 & 0 & 0 \\ 0 & 1 & 0 & 0 & 0 \end{pmatrix} \begin{pmatrix} x_1 \\ x_2 \\ x_3 \\ x_4 \\ x_5 \end{pmatrix} = \begin{pmatrix} 1 \\ 1 \\ 0 \\ 0 \\ 0 \end{pmatrix}$$

e facciamo in modo da ottenere tutti i numeri uguali a zero sotto a_{22} nella seconda colonna. Basta fare le due seguenti operazioni elementari: quarta riga meno la seconda, quinta riga meno la seconda. Si ottiene il sistema equivalente

$$\begin{pmatrix} 1 & 1 & 0 & 1 & 1 \\ 0 & 1 & 1 & 1 & 0 \\ 0 & 0 & 1 & 1 & 1 \\ 0 & 0 & 0 & 1 & 0 \\ 0 & 0 & 1 & 1 & 0 \end{pmatrix} \begin{pmatrix} x_1 \\ x_2 \\ x_3 \\ x_4 \\ x_5 \end{pmatrix} = \begin{pmatrix} 1 \\ 1 \\ 0 \\ 1 \\ 1 \end{pmatrix}$$

Ora facciamo la seguente operazione elementare: quinta riga meno la terza. Si ottiene il sistema equivalente

$$\begin{pmatrix} 1 & 1 & 0 & 1 & 1 \\ 0 & 1 & 1 & 1 & 0 \\ 0 & 0 & 1 & 1 & 1 \\ 0 & 0 & 0 & 1 & 0 \\ 0 & 0 & 0 & 0 & 1 \end{pmatrix} \begin{pmatrix} x_1 \\ x_2 \\ x_3 \\ x_4 \\ x_5 \end{pmatrix} = \begin{pmatrix} 1 \\ 1 \\ 0 \\ 1 \\ 1 \end{pmatrix}$$

Sostituendo all'indietro si ottiene $x_5 = 1$, $x_4 = 1$, $x_3 = 0 - x_4 - x_5 = 0$, $x_2 = 1 - x_3 - x_4 = 0$, $x_1 = 1 - x_2 - x_4 - x_5 = 1$ e quindi, in conclusione, la soluzione $(1, 0, 0, 1, 1)$, in accordo con quanto visto alla fine dell'Esempio 2.5.1.

Soffermiamoci su un' osservazione molto importante. Nell'esempio precedente la sostituzione all'indietro ha potuto avere luogo non appena si è ottenuta come matrice dei coefficienti una matrice triangolare superiore con *elementi non nulli sulla diagonale principale*. Il lettore dovrebbe sforzarsi di capire bene quanto siano importanti entrambi i fatti, ossia che la matrice sia triangolare superiore e che gli elementi della sua diagonale principale siano non nulli.

Vediamo un altro esempio.

Esempio 3.2.2. Matrice quadrata non invertibile
Consideriamo il sistema lineare $A\mathbf{x} = \mathbf{b}$, dove

$$A = \begin{pmatrix} 1 & 2 & -4 \\ 3 & 0 & 2 \\ 5 & 4 & -6 \end{pmatrix} \qquad \mathbf{b} = \begin{pmatrix} 0 \\ -1 \\ 1 \end{pmatrix}$$

Usando il metodo di Gauss, possiamo sostituire la seconda riga con la seconda meno tre volte la prima e la terza con la terza meno cinque volte la prima. Otteniamo

$$A_2 = \begin{pmatrix} 1 & 2 & -4 \\ 0 & -6 & 14 \\ 0 & -6 & 14 \end{pmatrix} \qquad \mathbf{b}_2 = \begin{pmatrix} 0 \\ -1 \\ 1 \end{pmatrix}$$

Sostituiamo la terza riga con la terza meno la seconda e otteniamo

$$A_3 = \begin{pmatrix} 1 & 2 & -4 \\ 0 & -6 & 14 \\ 0 & 0 & 0 \end{pmatrix} \qquad \mathbf{b}_3 = \begin{pmatrix} 0 \\ -1 \\ 2 \end{pmatrix}$$

A questo punto vediamo che l'ultima equazione si presenta così, $0 = 2$. Possiamo dunque concludere che il sistema non ha soluzioni.

Ha notato il lettore che ad ogni passo di riduzione fatto negli esempi precedenti ci siamo sempre preoccupati di cercare un elemento non nullo sulla diagonale principale? Quando non c'era abbiamo utilizzato l'operazione elementare di scambio di righe e lo abbiamo ottenuto. Se non lo avessimo ottenuto, il procedimento si sarebbe fermato. Dunque nella riduzione gaussiana un elemento non nullo sulla diagonale principale gioca un ruolo centrale, in termini cestistici si direbbe che gioca da pivot. E, guarda caso, un tale elemento viene detto **pivot**.

Facciamo ora una digressione di tipo prettamente matematico per chiarire meglio un punto importante. Vogliamo vedere quando e come il metodo di Gauss funziona e se è vero che alla fine verifichiamo che la matrice è invertibile.

Sia dunque A una matrice quadrata. Una importante osservazione è la seguente.

Se una riga di una matrice è nulla, allora la matrice non è invertibile.

I matematici amano ricorrere alla **dimostrazione per assurdo** per provare alcuni fatti. Vediamo una dimostrazione per assurdo all'opera, così il lettore si può fare un'idea su come la matematica procede nella conquista del territorio. In questo caso si vuole conquistare la certezza che se una riga di una matrice è nulla, allora la matrice non è invertibile o, equivalentemente, che se una matrice è invertibile allora le sue righe sono non nulle (ossia almeno una entrata di ogni riga è non nulla). Per gli interessati, ecco la dimostrazione.

> Per provare l'asserzione si può ragionare così. Supponiamo che la riga nulla sia la i-esima. Se esistesse una inversa B di A, si avrebbe $AB = I$, e quindi la riga i-esima di AB non sarebbe nulla. Ma la riga i-esima di AB si ottiene moltiplicando la riga i-esima di A per le colonne di B, quindi è la riga nulla e quindi si è arrivati ad un assurdo. In conclusione non è possibile che A abbia una riga nulla. Con un ragionamento del tutto analogo si dimostra il fatto che se una colonna di A è nulla, allora A non è invertibile.

Un altro fatto importante, la cui facile dimostrazione viene anche fornita (questa volta è diretta e non per assurdo), è il seguente.

Il prodotto di due matrici A, B invertibili è una matrice invertibile e si ha $(AB)^{-1} = B^{-1}A^{-1}$.

Per dimostrare questo fatto, si può procedere così.

> Siano A, B le due matrici in questione. Basta verificare che valgono le uguaglianze $B^{-1}A^{-1}AB = B^{-1}IB = B^{-1}B = I$ e quindi concludere.

Possiamo quindi dedurre che la matrice

$$A = \begin{pmatrix} 1 & 2 & -4 \\ 3 & 0 & 2 \\ 5 & 4 & -6 \end{pmatrix}$$

dell'Esempio 3.2.2 non è invertibile, dato che A_3 non è invertibile e A_3 è prodotto di A per matrici elementari, che sono invertibili. Osserviamo anche che il sistema lineare $A\mathbf{x} = \mathbf{b}$ non ha soluzioni, dato che il sistema $A_3\mathbf{x} = \mathbf{b}_3$ ad esso equivalente presenta la equazione $0 = 2$.

Si può dunque concludere che se A non è invertibile allora ogni sistema di tipo $A\mathbf{x} = \mathbf{b}$ non ha soluzioni? La risposta è decisamente no, ossia non si può trarre tale conclusione. Infatti vediamo subito che la risposta dipende da $\mathbf{b}$. Basta considerare il sistema $A\mathbf{x} = \mathbf{b}$ dove

$$A = \begin{pmatrix} 1 & 1 \\ 1 & 1 \end{pmatrix} \qquad \mathbf{b} = \begin{pmatrix} 2 \\ 2 \end{pmatrix}$$

che si trasforma in

$$A_2 = \begin{pmatrix} 1 & 1 \\ 0 & 0 \end{pmatrix} \qquad \mathbf{b} = \begin{pmatrix} 2 \\ 0 \end{pmatrix}$$

e dunque è equivalente alla singola equazione $x_1 + x_2 = 2$, la quale ha chiaramente infinite soluzioni. In questo caso il sistema quadrato da cui siamo partiti è equivalente ad un sistema non quadrato. Torneremo sui sistemi lineari non quadrati nelle prossime sezioni.

Ora facciamo un'altra importante osservazione. Per vedere direttamente se una matrice quadrata A di tipo n è invertibile, possiamo ragionare così. Il problema è quello di trovare una matrice X tale che $AX = I_n$ e nel problema si ha che A è nota e X è incognita. L'uguaglianza delle matrici AX e I_n impone che siano uguali tutte le colonne delle due matrici. La j-esima colonna di AX è $A\mathbf{x}_j$ dove con $\mathbf{x}_j$ si è indicata la j-esima colonna di B. La colonna $A\mathbf{x}_j$ deve essere uguale alla j-esima colonna della matrice identica. Ciò equivale alla richiesta di trovare una soluzione al sistema lineare la cui matrice dei coefficienti è A e la colonna dei termini noti è la j-esima colonna di I_n.

La determinazione di X equivale quindi alla possibilità di risolvere n sistemi lineari aventi tutti come matrice dei coefficienti A e colonne dei termini noti rispettivamente le colonne della matrice identica I_n.

Non è difficile dimostrare (ma qui non lo facciamo) che una matrice quadrata A è invertibile se e solo se ad ogni passo della riduzione gaussiana o si trova un pivot non nullo o si può eseguire un opportuno scambio di righe e ottenere un pivot non nullo. Quindi con la riduzione ed eventuali scambi di righe si arriva ad una matrice triangolare superiore con tutti gli elementi sulla diagonale principale non nulli.

D'altra parte la riduzione gaussiana ed eventuali scambi di righe portano in ogni caso ad una matrice triangolare superiore. Mettendo insieme tutti questi fatti arriviamo alla seguente conclusione.

Una matrice quadrata è invertibile se e solo se col metodo di Gauss si trasforma in una matrice triangolare superiore con tutti gli elementi sulla diagonale principale non nulli.

Ecco svelato il *mistero* della matrice invertibile. Quando incominciamo a risolvere un sistema lineare quadrato con il metodo di Gauss, non sappiamo se la matrice dei coefficienti è invertibile o no, ma lo scopriamo strada facendo e precisamente quando arriviamo alla forma triangolare. D'altra parte, se ci interessa solo risolvere un sistema, e si è arrivati ad una forma triangolare con tutti gli elementi sulla diagonale principale non nulli, sappiamo che la matrice dei coefficienti è invertibile, ma possiamo risolvere per sostituzione, senza necessariamente calcolare l'inversa.

3.3 Calcolo effettivo dell'inversa

Arrivati a questo punto, sarà utile fare una puntualizzazione sul calcolo dell'inversa di una matrice quadrata A invertibile di tipo n. Alla fine della Sezione 3.1 avevamo detto che l'utilizzo delle matrici elementari ci consente di calcolare l'inversa di A e nella Sezione 3.2 abbiamo osservato che in generale non si calcola l'inversa per risolvere un sistema lineare, ma si usa il metodo di Gauss. Abbiamo anche già osservato che a volte può essere utilissimo calcolare l'inversa di A, soprattutto nel caso che si vogliano risolvere molti sistemi lineari con matrice dei coefficienti A. Fermiamoci dunque un momento per vedere come si calcola effettivamente A^{-1}. In un certo senso abbiamo già risposto alla fine della Sezione 3.1. Infatti abbiamo visto con un esempio che se si considerano tutte le operazioni elementari $E_1, E_2, \ldots, E_r$ che trasformano la matrice A nella matrice identica, allora $A^{-1} = E_r E_{r-1} \cdots E_1$. Ma in pratica *non si deve eseguire il prodotto delle matrici elementari.*

Infatti abbiamo visto alla fine della Sezione 3.2 che l'inversa di A può essere pensata come la soluzione dell'*equazione matriciale $AX = I_n$*, dove X è una matrice incognita. Osserviamo che dalla relazione $AX = I_n$ si deduce

$$E_r E_{r-1} \cdots E_1 A X = E_r E_{r-1} \cdots E_1 I_n \qquad (1)$$

Se supponiamo che $E_r E_{r-1} \cdots E_1 A = I_n$, allora

$$X = E_r E_{r-1} \cdots E_1 I_n = E_r E_{r-1} \cdots E_1 \qquad (2)$$

Leggiamo con attenzione quanto scritto nelle formule (1) e (2) C'è scritto che se $E_r E_{r-1} \cdots E_1 A = I_n$, ossia le operazioni elementari descritte dalle matrici elementari $E_1, E_2, \ldots, E_{r-1}, E_r$ portano alla matrice identica, allora l'inversa di A è la matrice $E_r E_{r-1} \cdots E_1 I_n$, ossia la matrice che si ottiene da quella identica, facendo su di essa le *stesse operazioni elementari*. In altri termini, si deduce la seguente regola.

Se le operazioni elementari che si eseguono sulla matrice A per trasformarla in I_n vengono eseguite sulla matrice identica, allora si trova A^{-1}.

Vediamo in dettaglio un esempio.

Esempio 3.3.1. Calcoliamo l'inversa

Consideriamo la seguente matrice quadrata di tipo 3

$$A = \begin{pmatrix} 1 & 2 & 1 \\ 2 & -1 & 6 \\ 1 & 1 & 2 \end{pmatrix}$$

Vediamo di mettere in pratica quanto detto prima e calcolare l'inversa di A, ammesso che A sia invertibile, cosa che per ora non sappiamo.

Proviamo dunque a fare le operazioni elementari che trasformano A in matrice triangolare superiore con tutti 1 sulla diagonale, e *contestualmente facciamo le stesse operazioni sulla matrice identica.*

Usiamo l'entrata di posto $(1,1)$ come pivot e riduciamo a zero gli elementi *sotto* il pivot

$$\begin{pmatrix} 1 & 2 & 1 \\ 0 & -5 & 4 \\ 0 & -1 & 1 \end{pmatrix} \qquad \begin{pmatrix} 1 & 0 & 0 \\ -2 & 1 & 0 \\ -1 & 0 & 1 \end{pmatrix}$$

Scambiamo la seconda con la terza riga

$$\begin{pmatrix} 1 & 2 & 1 \\ 0 & -1 & 1 \\ 0 & -5 & 4 \end{pmatrix} \qquad \begin{pmatrix} 1 & 0 & 0 \\ -1 & 0 & 1 \\ -2 & 1 & 0 \end{pmatrix}$$

Usiamo l'entrata di posto $(2,2)$ come pivot e riduciamo a zero l'elemento *sotto* il pivot

$$\begin{pmatrix} 1 & 2 & 1 \\ 0 & -1 & 1 \\ 0 & 0 & -1 \end{pmatrix} \qquad \begin{pmatrix} 1 & 0 & 0 \\ -1 & 0 & 1 \\ 3 & 1 & -5 \end{pmatrix}$$

Ora facciamo qualcosa di diverso dal solito, ossia alcune operazioni che di solito non si fanno quando si risolve un sistema lineare. Usando ancora la tecnica della riduzione, trasformiamo la matrice triangolare in matrice diagonale.

Usiamo l'entrata di posto $(3,3)$ come pivot e riduciamo a zero gli elementi *sopra* il pivot

$$\begin{pmatrix} 1 & 2 & 0 \\ 0 & -1 & 0 \\ 0 & 0 & -1 \end{pmatrix} \qquad \begin{pmatrix} 4 & 1 & -5 \\ 2 & 1 & -4 \\ 3 & 1 & -5 \end{pmatrix}$$

Usiamo l'entrata di posto $(2,2)$ come pivot e riduciamo a zero l'elemento *sopra* il pivot

$$\begin{pmatrix} 1 & 0 & 0 \\ 0 & -1 & 0 \\ 0 & 0 & -1 \end{pmatrix} \qquad \begin{pmatrix} 8 & 3 & -13 \\ 2 & 1 & -4 \\ 3 & 1 & -5 \end{pmatrix}$$

Moltiplichiamo per -1 la seconda e la terza riga

$$\begin{pmatrix} 1 & 0 & 0 \\ 0 & 1 & 0 \\ 0 & 0 & 1 \end{pmatrix} \qquad \begin{pmatrix} 8 & 3 & -13 \\ -2 & -1 & 4 \\ -3 & -1 & 5 \end{pmatrix}$$

A questo punto si vede che la matrice A è stata trasformata nella matrice identica, mentre la matrice identica è stata trasformata nella matrice A^{-1}. In conclusione si ha la seguente uguaglianza

$$A^{-1} = \begin{pmatrix} 8 & 3 & -13 \\ -2 & -1 & 4 \\ -3 & -1 & 5 \end{pmatrix}$$

Un lettore particolarmente curioso può agevolmente verificare le identità

$$AA^{-1} = A^{-1}A = I_3$$

ed essere definitivamente convinto di avere calcolato l'inversa di A.

Esempio 3.3.2. Calcoliamo l'inversa... se possibile
Consideriamo la seguente matrice quadrata di tipo 3

$$A = \begin{pmatrix} 1 & 1 & 1 \\ 2 & 2 & 4 \\ 1 & 1 & 4 \end{pmatrix}$$

Come nell'esempio precedente, vediamo di calcolare l'inversa di A, ammesso che A sia invertibile, cosa che non sappiamo.

Proviamo dunque a fare le operazioni elementari che trasformano A in matrice triangolare superiore con tutti 1 sulla diagonale, e contestualmente facciamo le stesse operazioni sulla matrice identica.

Ed eccoci al lavoro. Usiamo l'entrata di posto $(1,1)$ come pivot e riduciamo a zero gli elementi *sotto* il pivot

$$\begin{pmatrix} 1 & 1 & 1 \\ 0 & 0 & 2 \\ 0 & 0 & 3 \end{pmatrix} \qquad \begin{pmatrix} 1 & 0 & 0 \\ -2 & 1 & 0 \\ -1 & 0 & 1 \end{pmatrix}$$

Usiamo l'entrata di posto $(2,3)$ come pivot e riduciamo a zero l'elemento *sotto* il pivot

$$\begin{pmatrix} 1 & 1 & 1 \\ 0 & 0 & 2 \\ 0 & 0 & 0 \end{pmatrix} \qquad \begin{pmatrix} 1 & 0 & 0 \\ -2 & 1 & 0 \\ 2 & -\frac{3}{2} & 1 \end{pmatrix}$$

Che cosa succede a questo punto? Succede che la terza riga della matrice è nulla e quindi il metodo di Gauss si interrompe per mancanza di pivot. Malinconicamente si accorgiamo che la matrice di partenza non è invertibile. Dico malinconicamente, perché le operazioni fatte sulla matrice identica che hanno portato alla matrice di destra sono state inutili. Lavoro sprecato! Ma non c'era proprio modo di sapere *prima* che la matrice A non è invertibile? Nella Sezione 3.7 discuteremo una risposta a questa domanda.

3.4 Quanto costa il metodo di Gauss?

Facciamo un'altra digressione *genovese* sulla scia di quanto visto nella Sezione 2.3 e vediamo di capire quanto costa il metodo di Gauss, ossia calcoliamo quante operazioni elementari si devono fare per trovare la soluzione di un sistema lineare quadrato $A\mathbf{x} = \mathbf{b}$ con A invertibile di tipo n. Per semplificare un poco la questione riteniamo che lo scambio di righe abbia *costo nullo*. Dobbiamo dunque sommare i costi delle seguenti operazioni.

(1) Riduzione a uno del primo pivot e riduzione a zero degli elementi sotto il primo pivot.

(2) Riduzione a uno del secondo pivot e riduzione a zero degli elementi sotto il secondo pivot.

. . .

(n-1) Riduzione a uno del pivot $(n-1)$-esimo e riduzione a zero degli elementi sotto il pivot $(n-1)$-esimo.

(n) Riduzione a uno del pivot n-esimo.

A questo punto la matrice è triangolare superiore con elementi uguali a 1 sulla diagonale principale e dobbiamo valutare quanto costa la sostituzione. Più precisamente dobbiamo valutare quanto costano le seguenti operazioni.

(1) Sostituzione nella penultima equazione e ricavo del valore di x_{n-1}.

(2) Sostituzione nella terzultima equazione e ricavo del valore di x_{n-2}.

. . .

(n-1) Sostituzione nella prima equazione e ricavo del valore di x_1.

Calcoliamo il costo della riduzione a forma triangolare, con elementi sulla diagonale tutti uguali a 1.

(1) Riduzione a uno del primo pivot e riduzione a zero degli elementi sotto il primo pivot.
Si divide ogni entrata della prima riga per il pivot. In tutto sono n divisioni. Dopodiché il pivot è 1. A ogni riga diversa dalla prima si somma la prima moltiplicata per un opportuno coefficiente. Sono $n-1$ righe e per ognuna si fanno n moltiplicazioni e n somme. In totale sono $n(n-1)$ moltiplicazioni e $n(n-1)$ somme. A queste operazioni su A si aggiungono quelle su $\mathbf{b}$ che sono 1 divisione, $n-1$ moltiplicazioni e $n-1$ somme.

(2) Riduzione a uno del secondo pivot e riduzione a zero degli elementi sotto il secondo pivot.
Ragionando come sopra si vede che si fanno $n-1$ divisioni, $(n-1)(n-2)$ moltiplicazioni e $(n-1)(n-2)$ somme. Su $\mathbf{b}$ si fanno 1 divisione, $n-2$ moltiplicazioni e $n-2$ somme.

. . .

(n-1) Riduzione a zero degli elementi sotto il pivot $(n-1)$-esimo,
Ragionando come sopra si vede che si fanno 2 divisioni, 2 moltiplicazioni e 2 somme. Su $\mathbf{b}$ si fanno 1 divisione, 1 moltiplicazione e 1 somma.

(n) Riduzione a uno del pivot n-esimo.
Si fa una divisione. Su $\mathbf{b}$ si fa 1 divisione.

In totale la riduzione a forma triangolare con elementi sulla diagonale tutti uguali a 1 richiede:

$n + (n-1) + \cdots + 1$ divisioni su A, n divisioni su $\mathbf{b}$

$n(n-1) + (n-1)(n-2) + \cdots + 2$ moltiplicazioni su A, $(n-1) + \cdots + 1$ moltiplicazioni su $\mathbf{b}$.

$n(n-1) + (n-1)(n-2) + \cdots + 2$ somme su A, $(n-1) + \cdots + 1$ somme su $\mathbf{b}$.

Si può dimostrare che

$$n + (n-1) + \cdots + 1 = \frac{(n+1)n}{2}$$

e che

$$n(n-1) + (n-1)(n-2) + \cdots + 2 \cdot 1 = \frac{n^3 - n}{3}$$

A questo punto possiamo incominciare a tirare le somme e valutare quanto costa portare la matrice in forma triangolare superiore con 1 sulla diagonale.

Il costo è: $\frac{(n+1)n}{2}$ divisioni, $\frac{n^3-n}{3}$ moltiplicazioni, $\frac{n^3-n}{3}$ somme.

Siccome si considerano preponderanti le moltiplicazioni e le divisioni e l'addendo più rilevante è $\frac{n^3}{3}$, si dice che portare una matrice quadrata in forma triangolare con 1 sulla diagonale costa $O(\frac{n^3}{3})$, per dire che l'ordine di grandezza del costo è $\frac{n^3}{3}$.

A queste operazioni vanno aggiunte le operazioni relative a $\mathbf{b}$, che sono n divisioni, $\frac{n(n-1)}{2}$ moltiplicazioni, $\frac{n(n-1)}{2}$ somme, il cui costo totale è $O(\frac{n^2}{2})$.

Ora calcoliamo il costo della sostituzione.

(1) Sostituzione nella penultima equazione e ricavo del valore di x_{n-1}.
   Si deve fare una moltiplicazione e una somma.
(2) Sostituzione nella terzultima equazione e ricavo del valore di x_{n-2}.
   Si devono fare due moltiplicazioni e due somme.
   . . .
(n-1) Sostituzione nella prima equazione e ricavo del valore di x_1.
   Si devono fare $n-1$ moltiplicazioni e $n-1$ somme.

In totale la seconda parte richiede:

$n - 1 + (n-2) + \cdots + 1$ moltiplicazioni,

$n - 1 + (n-2) + \cdots + 1$ somme.

Come abbiamo già detto

$$n - 1 + (n-2) + \cdots + 1 = \frac{n(n-1)}{2}$$

La conclusione di tutto il ragionamento è dunque la seguente.

Il metodo di Gauss costa

$\frac{(n+1)n}{2} + n$ **divisioni,**

$\frac{n^3-n}{3} + \frac{n(n-1)}{2} + \frac{n(n-1)}{2} = \frac{n^3-n}{3} + n(n-1)$ **moltiplicazioni,**

$\frac{n^3-n}{3} + \frac{n(n-1)}{2} + \frac{n(n-1)}{2} = \frac{n^3-n}{3} + n(n-1)$ **somme.**

L'addendo più rilevante continua ad essere $\frac{n^3}{3}$ e perciò si conclude dicendo che il **metodo di Gauss costa** $O(\frac{n^3}{3})$, intendendo dire che l'ordine di grandezza del costo computazionale è $\frac{n^3}{3}$ operazioni.

Sicuramente qualche lettore si sarà chiesto che cosa voglia dire precisamente che la parte rilevante del costo è $\frac{n^3}{3}$, o che l'ordine di grandezza del costo è $\frac{n^3}{3}$. Vediamo di accontentarlo. È chiaro che poco importa quanto costa risolvere un sistema *piccolo*, ad esempio con $n = 2$ o $n = 3$, perchè in tal caso il costo è praticamente nullo per qualsiasi calcolatore. Ma avere un'idea del numero di operazioni da svolgere, o meglio da far svolgere al calcolatore, diventa essenziale quando n diventa grande. Ad esempio per $n = 100$, il numero totale delle moltiplicazioni è

$$\frac{100^3 - 100}{3} + 100 \times 99 = 343,200$$

Se facciamo i conti parziali, vediamo che $\frac{100^3-100}{3} = 333,300$, $100 \times 99 = 9900$ e che $\frac{100^3}{3} \cong 333,333$. La conseguenza è che $\frac{100^3}{3}$ è una buona approssimazione della risposta giusta. Inoltre si ha che $\frac{n^3}{3}$ approssima sempre meglio la risposta giusta quanto più grande è il numero n, ossia il tipo della matrice. Ecco perché si dice che il costo computazionale della riduzione gaussiana è $\frac{n^3}{3}$.

Lasciatemi fare una osservazione per chi ha curiosità per la matematica (mi auguro che tra i lettori ce ne sia qualcuno). Consideriamo la successione $F(n) = \frac{n^3/3}{costo(n)}$, dove $costo(n)$ è il numero di moltiplicazioni da fare per risolvere un sistema lineare quadrato con matrice di tipo n. Il matematico osserva che $\lim_{n \to \infty} F(n) = 1$ e questo fatto gli basta per concludere che le due funzioni hanno lo stesso *ordine di grandezza* e quindi per dire che il metodo di Gauss costa $O(\frac{n^3}{3})$.

Un altro aspetto importante nel calcolo è la scelta del pivot. Dal punto di vista puramente teorico l'unica cosa importante per un pivot è quella di essere *diverso da zero*. Ma abbiamo già visto nel capitolo introduttivo che *c'è modo e modo di essere diversi da zero*. A parte le battute, vedremo tra poco che cosa può succedere quando si usa una *aritmetica approssimata* e si sceglie un pivot *molto piccolo*.

Prima, però, facciamo una osservazione che riveste importanza enorme nel calcolo pratico. Quando abbiamo parlato di costo computazionale, abbiamo sempre fatto l'ipotesi che il costo di ogni singola operazione non dipenda dagli operandi, ma è evidente che tale assunzione vale soltanto se ogni numero viene codificato con una quantità finita e costante di cifre. Per potere rendere valida tale ipotesi non si può dunque operare in un ambiente puramente simbolico con numeri interi o razionali, dove non sono ammesse approssimazioni. Infatti in tal caso sarebbe chiaramente insensato ritenere che il costo per eseguire il prodotto 2×3 sia lo stesso di quello necessario per eseguire il prodotto $2323224503676442793 \times 3737625382643962983892\,17128$.

D'altra parte, come già accennato nel capitolo introduttivo, l'uso di numeri approssimati può avere conseguenze disastrose, se non si prendono adeguate precauzioni. Non entriamo in questa problematica, ma illustriamo con un esempio il fatto che la scelta del pivot nella eliminazione gaussiana richiede in ambito approssimato una cura particolare.

Esempio 3.4.1. Un piccolo pivot
Consideriamo il seguente sistema lineare

$$\begin{cases} 0.001x + y = 1 \\ x + y = 1.3 \end{cases} \tag{1}$$

Dette

$$A = \begin{pmatrix} 0.001 & 1 \\ 1 & 1 \end{pmatrix} \qquad \mathbf{b} = \begin{pmatrix} 1 \\ 1.3 \end{pmatrix} \qquad \mathbf{x} = \begin{pmatrix} x \\ y \end{pmatrix}$$

il sistema si scrive $A\mathbf{x} = \mathbf{b}$.

Supponiamo di non consentire più di tre cifre decimali dopo la virgola e quindi di usare un **arrotondamento** nel caso in cui ce ne siano più di tre. Ricordando che l'unica condizione a cui deve soddisfare un pivot è quella di essere diverso da zero, possiamo usare 0.001 come pivot e le matrici si trasformano così

$$A_2 = \begin{pmatrix} 0.001 & 1 \\ 0 & -999 \end{pmatrix} \qquad \mathbf{b}_2 = \begin{pmatrix} 1 \\ -998.7 \end{pmatrix}$$

La seconda equazione fornisce la soluzione $y = \frac{9987}{9990}$. Quanto vale $\frac{9987}{9990}$? In termini esatti, il numero è già espresso correttamente come frazione. La sua rappresentazione decimale è $0.999(699)$. Arrotondato alle tre cifre decimali il numero è 1, con un errore di $1 - 0.999(699) \cong 0.0003$, ossia dell'ordine di *tre decimillesimi*. Andiamo a sostituire $y = 1$ nella prima equazione e otteniamo l'equazione $0.001x + 1 = 1$, da cui ricaviamo $x = 0$.

Ora scambiamo le due equazioni e a procediamo usando 1 come pivot. Si ottiene

$$A = \begin{pmatrix} 1 & 1 \\ 0.001 & 1 \end{pmatrix} \qquad \mathbf{b} = \begin{pmatrix} 1.3 \\ 1 \end{pmatrix}$$

$$A_2 = \begin{pmatrix} 1 & 1 \\ 0 & 0.999 \end{pmatrix} \qquad \mathbf{b}_2 = \begin{pmatrix} 1.3 \\ 0.9987 \end{pmatrix}$$

Il numero 0.9987 viene arrotondato a 0.999 e quindi si ottiene $y = 1$, che sostituito nella prima equazione fornisce $x = 0.3$. Abbiamo quindi una notevole discrepanza di risultati. Con il pivot 0.001 abbiamo ottenuto la soluzione $(0, 1)$, con il pivot 1 abbiamo ottenuto la soluzione $(0.3, 1)$. Ma quale è la soluzione esatta? Non facendo arrotondamenti, nel secondo caso si ottiene $y = \frac{0.9987}{0.999}$, andando a sostituire nella prima equazione, si ottiene $x = 1.3 - \frac{0.9987}{0.999}$. Quindi la soluzione esatta è

$$\left(\frac{10039}{33330}, \frac{9987}{9990} \right)$$

Arrotondando i risultati a tre cifre decimali, si ottiene la soluzione $(0.301, 1)$. La conclusione è che la seconda scelta del pivot ha portato ad un risultato attendibile, mentre la prima no, e il motivo è che il pivot scelto nel primo caso è piccolo rispetto agli altri coefficienti.

3.5 Decomposizione LU

È interessante studiare una forma di decomposizione di matrici quadrate detta *decomposizione LU* o *forma LU*. Essa riveste un ruolo importante nello studio dei sistemi lineari, soprattutto, ma non solo, dal punto di vista computazionale.

Innanzitutto da dove vengono le lettere L e U, usate così come fossero nomi? Non ci vuole molta immaginazione per capire che vengono dall'inglese e che L sta per *Lower*, mentre U sta per *Upper*. Si riferiscono al fatto di poter decomporre certe matrici quadrate invertibili come prodotto di una matrice L, ossia *lower triangular* (triangolare inferiore), con una matrice U, ossia *upper triangular* (triangolare superiore). Incominciamo con l'osservare però che questa decomposizione non è sempre possibile.

Esempio 3.5.1. LU non è sempre possibile

Sia $A = \begin{pmatrix} 0 & 1 \\ 1 & 0 \end{pmatrix}$ e supponiamo che si abbia $A = LU$ con L matrice triangolare inferiore, U matrice triangolare superiore. Poniamo quindi

$$L = \begin{pmatrix} \ell_{11} & 0 \\ \ell_{21} & \ell_{22} \end{pmatrix} \qquad U = \begin{pmatrix} u_{11} & u_{12} \\ 0 & u_{22} \end{pmatrix}$$

Dall'uguaglianza $A = LU$ si otterrebbe

$$\ell_{11}u_{11} = 0, \quad \ell_{11}u_{12} = 1, \quad \ell_{21}u_{11} = 1, \quad \ell_{21}u_{12} + \ell_{22}u_{22} = 0$$

Le prime tre uguaglianze sono incompatibili, perché la seconda e la terza impongono a ℓ_{11} e u_{11} di essere diversi da zero e quindi rendono la prima non risolvibile. La conclusione è che A non ammette una decomposizione del tipo LU.

Sia ora data una matrice A quadrata e supponiamo che nel calcolo dell'inversa il pivot si possa sempre trovare *senza operare scambi di righe*.

Supponiamo che $E_1, E_2, \ldots, E_r$ siano le matrici elementari corrispondenti alle operazioni elementari che trasformano A in una matrice U triangolare superiore, ossia quelle operazioni che si fanno nella prima parte del metodo di Gauss. Si ha

$$E_r E_{r-1} \cdots E_1 A = U \qquad (*)$$

Dato che le matrici elementari E_i corrispondono o a prodotti di una riga per una costante o a somme di una riga con una *precedente* moltiplicata per una costante, un attimo di riflessione fa capire che tali matrici sono triangolari inferiori. Si osservi che ciò non è vero nell'Esempio 3.5.1, dato che in quel caso per avere il primo pivot non nullo dovremmo fare uno scambio di righe. Osserviamo che dalla formula $(*)$ si ricava

$$A = E_1^{-1} E_2^{-1} \cdots E_r^{-1} U \qquad (**)$$

I matematici assicurano che sono veri i seguenti due fatti.

(1) **L'inversa di una matrice triangolare inferiore (superiore) è una matrice triangolare inferiore (superiore).**

(2) **Il prodotto di due matrici triangolari inferiori (superiori) è una matrice triangolare inferiore (superiore).**

Allora si conclude che la matrice

$$L = E_1^{-1} E_2^{-1} \cdots E_r^{-1}$$

è triangolare inferiore, e quindi la formula $(**)$ si legge

$$A = LU$$

che è esattamente la nostra tesi. Il lettore più attento non dovrebbe fare fatica a dimostrare i due fatti precedentemente enunciati. Infatti il secondo segue proprio dalla definizione di prodotto, mentre il primo si vede seguendo il ragionamento fatto nella Sezione 3.3.

Concludiamo la sezione con qualche commento sulla potenziale utilità della decomposizione LU. Supponiamo di dover risolvere un sistema lineare $A\mathbf{x} = \mathbf{b}$ con A invertibile e di conoscere una decomposizione $A = LU$. Allora faremo meno fatica a risolvere il sistema, nel senso che costerà meno come numero di operazioni. Procederemo così.

Il sistema si scrive $LU\mathbf{x} = \mathbf{b}$. Se poniamo $U\mathbf{x} = \mathbf{y}$, il sistema originale diventa $L\mathbf{y} = \mathbf{b}$. Prima si risolve $L\mathbf{y} = \mathbf{b}$ e si ottiene $\mathbf{y} = \mathbf{b}'$. Poi si sostituisce e si ottiene $U\mathbf{x} = \mathbf{b}'$. Basta ora risolvere $U\mathbf{x} = \mathbf{b}'$ e finalmente si trova la soluzione di $A\mathbf{x} = \mathbf{b}$. Ma un momento, per risolvere il sistema originale in questo modo ne dobbiamo risolvere due. Che razza di risparmio è?

In realtà i due sistemi da risolvere hanno matrici dei coefficienti triangolari e allora, facendo una analisi delle operazioni come nella Sezione 3.4, si vede che il costo è *dell'ordine di* $\frac{n^2}{2}$ *moltiplicazioni*, in contrasto con $\frac{n^3}{3}$ del caso generale. Ed è facile convincersi del fatto che $2 \cdot \frac{n^2}{2}$ è di ordine inferiore a $\frac{n^3}{3}$.

3.6 Metodo di Gauss per sistemi generali

Non tutti i sistemi hanno tante equazioni quante incognite e anche in questo caso non sempre la matrice dei coefficienti è invertibile. È giunto quindi il momento di affrontare il problema generale di risolvere un qualunque sistema lineare. Come al solito, incominciamo studiando un esempio.

Esempio 3.6.1. Un sistema lineare non quadrato
Consideriamo il seguente sistema lineare

$$\begin{cases} x_1 + 2x_2 + 2x_3 + 7x_5 = 1 \\ -x_1 - 2x_2 - 4x_3 + x_4 - 2x_5 = 0 \\ x_1 + 2x_2 + 3x_3 + 4x_5 = 0 \end{cases} \tag{1}$$

Dette

$$A = \begin{pmatrix} 1 & 2 & 2 & 0 & 7 \\ -1 & -2 & -4 & 1 & -2 \\ 1 & 2 & 3 & 0 & 4 \end{pmatrix} \qquad \mathbf{b} = \begin{pmatrix} 1 \\ 0 \\ 0 \end{pmatrix} \qquad \mathbf{x} = \begin{pmatrix} x_1 \\ x_2 \\ x_3 \\ x_4 \\ x_5 \end{pmatrix}$$

il sistema si scrive $A\mathbf{x} = \mathbf{b}$. Naturalmente ci troviamo di fronte ad una matrice non quadrata A, così come avevamo già visto nell'Esempio 3.1.2 lasciato in sospeso nella Sezione 3.1, ma possiamo ugualmente agire su di essa con operazioni elementari, in modo da *semplificarla*. Fino a che punto?

Proviamo a fare qualche operazione elementare, cercando di essere il più possibile metodici. È importante essere metodici, perché in tal modo ci avviciniamo al modo di operare di un calcolatore, quindi, ci avviciniamo alla *costruzione di un algoritmo*.

Sappiamo di poter sostituire il sistema (1) con un sistema equivalente ottenuto sostituendo la seconda equazione con la seconda equazione più la prima. Si producono così le matrici

$$A_2 = \begin{pmatrix} 1 & 2 & 2 & 0 & 7 \\ 0 & 0 & -2 & 1 & 5 \\ 1 & 2 & 3 & 0 & 4 \end{pmatrix} \qquad \mathbf{b}_2 = \begin{pmatrix} 1 \\ 1 \\ 0 \end{pmatrix}$$

Poi sostituiamo la terza equazione con la terza equazione meno la prima, ottenendo così le matrici

$$A_3 = \begin{pmatrix} 1 & 2 & 2 & 0 & 7 \\ 0 & 0 & -2 & 1 & 5 \\ 0 & 0 & 1 & 0 & -3 \end{pmatrix} \qquad \mathbf{b}_3 = \begin{pmatrix} 1 \\ 1 \\ -1 \end{pmatrix}$$

Ora scambiamo la terza equazione con la seconda, ottenendo così le matrici

$$A_4 = \begin{pmatrix} 1 & 2 & 2 & 0 & 7 \\ 0 & 0 & 1 & 0 & -3 \\ 0 & 0 & -2 & 1 & 5 \end{pmatrix} \qquad \mathbf{b}_4 = \begin{pmatrix} 1 \\ -1 \\ 1 \end{pmatrix}$$

Sostituiamo la terza equazione con la terza equazione più due volte la seconda, ottenendo così le matrici

$$A_5 = \begin{pmatrix} 1 & 2 & 2 & 0 & 7 \\ 0 & 0 & 1 & 0 & -3 \\ 0 & 0 & 0 & 1 & -1 \end{pmatrix} \qquad b_5 = \begin{pmatrix} 1 \\ -1 \\ -1 \end{pmatrix}$$

Il sistema (1) è dunque equivalente al sistema

$$\begin{cases} x_1 + 2x_2 + 2x_3 & + 7x_5 = & 1 \\ & x_3 & - 3x_5 = & -1 \\ & x_4 - & x_5 = & -1 \end{cases} \tag{5}$$

A questo punto dobbiamo risolvere il sistema (5) e possiamo ragionare così. Se lasciamo variare liberamente x_5, ossia se trasformiamo x_5 in **parametro**, possiamo risolvere l'ultima equazione proprio come si fa con il metodo di Gauss per matrici quadrate. Poniamo $x_5 = t_1$, otteniamo $x_4 = -1 + t_1$ dalla terza equazione e $x_3 = -1 + 3t_1$ dalla seconda. Sostituiamo nella prima e otteniamo $x_1 + 2x_2 = 1 - 2(-1 + 3t_1) - 7t_1 = 3 - 13t_1$. Allora possiamo far variare liberamente x_2, trasformandolo in parametro. Poniamo $x_2 = t_2$ e otteniamo $x_1 = 3 - 13t_1 - 2t_2$.

Concludiamo dicendo che la soluzione generale del sistema (5), e quindi del sistema (1), è

$$(3 - 13t_1 - 2t_2, \ t_2, \ -1 + 3t_1, \ -1 + t_1, \ t_1) \tag{$*$}$$

Possiamo dire che ci sono infinite soluzioni dipendenti da due parametri, quindi si dice che ci sono **infinito alla due** (si scrive ∞^2) soluzioni. Per trovare una specifica soluzione basta fissare il valore dei parametri. Ad esempio per $t_1 = 1$ e $t_2 = 0$, si ottiene $(-10, 0, 2, 0, 1)$, per $t_1 = 1$ e $t_2 = 3$ si ottiene invece $(-16, 3, 2, 0, 1)$.

A questo punto è opportuno fare una osservazione che riveste particolare importanza. Arrivati all'equazione $x_1 + 2x_2 = 3 - 13t_1$, si poteva anche procedere in modo diverso. Ad esempio si poteva far variare liberamente x_1 e allora avremmo ottenuto come soluzione generale la seguente

$$\left(t_2, \ \frac{1}{2}(3 - 13t_1 - t_2), \ -1 + 3t_1, \ -1 + t_1, \ t_1\right) \tag{$**$}$$

Il lettore è invitato a riflettere sul fatto che le due espressioni $(*)$ e $(**)$ sono diverse, ma rappresentano lo stesso insieme.

L'esempio precedente illustra bene il fatto che la scelta delle **variabili libere** non è in generale forzata. Ma c'è qualcosa che non cambia ed è il loro **numero**.

Dobbiamo anche fare attenzione ai modi di dire! Se ad esempio un sistema lineare ha soluzioni dipendenti da due parametri in $\mathbb{Z}_2$, allora questo *enorme numero infinito alla due* non è altro che il più modesto numero 4. Infatti ogni parametro può solo assumere uno dei due valori $0, 1$, quindi la coppia di parametri può solo assumere i quattro valori $(0,0), (0,1), (1,0), (1,1)$. Quindi la locuzione *infinito alla qualcosa* si presta bene solo nel caso in cui il corpo numerico in questione sia infinito.

Un'altra importante considerazione è che, anche se ci sono più incognite che equazioni, questo non significa che il sistema abbia necessariamente soluzioni, come mostra il seguente esempio.

Esempio 3.6.2. Tante incognite ma nessuna soluzione
Consideriamo il seguente sistema lineare

$$\begin{cases} x_1 + 2x_2 + 2x_3 + 7x_5 = 1 \\ -x_1 - 2x_2 - 4x_3 + x_4 - 2x_5 = 0 \\ -2x_3 + x_4 + 5x_5 = 0 \end{cases} \qquad (1)$$

Dette

$$A = \begin{pmatrix} 1 & 2 & 2 & 0 & 7 \\ -1 & -2 & -4 & 1 & -2 \\ 0 & 0 & -2 & 1 & 5 \end{pmatrix} \qquad \mathbf{b} = \begin{pmatrix} 1 \\ 0 \\ 0 \end{pmatrix} \qquad \mathbf{x} = \begin{pmatrix} x_1 \\ x_2 \\ x_3 \\ x_4 \\ x_5 \end{pmatrix}$$

il sistema si scrive $A\mathbf{x} = \mathbf{b}$. Sostituiamo la seconda equazione con la seconda equazione più la prima. Si producono così le matrici

$$A_2 = \begin{pmatrix} 1 & 2 & 2 & 0 & 7 \\ 0 & 0 & -2 & 1 & 5 \\ 0 & 0 & -2 & 1 & 5 \end{pmatrix} \qquad \mathbf{b}_2 = \begin{pmatrix} 1 \\ 2 \\ 0 \end{pmatrix}$$

Poi sostituiamo la terza equazione con la terza equazione meno la seconda, ottenendo così le matrici

$$A_3 = \begin{pmatrix} 1 & 2 & 2 & 0 & 7 \\ 0 & 0 & -2 & 1 & 5 \\ 0 & 0 & 0 & 0 & 0 \end{pmatrix} \qquad \mathbf{b}_3 = \begin{pmatrix} 1 \\ 2 \\ -2 \end{pmatrix}$$

La terza equazione $0 = -2$ non ha soluzioni e di conseguenza il sistema (1), pur avendo cinque incognite e tre equazioni, non ha soluzioni.

Nella prossima sezione entra in scena un numero molto importante che si lega alle matrici quadrate. Il suo essere o non essere zero fornirà informazioni fondamentali.

3.7 Determinanti

Abbiamo visto molti aspetti della teoria delle matrici e ci siamo soffermati a lungo sulla grande importanza della nozione e del calcolo della matrice inversa. Ma abbiamo anche visto che non tutte le matrici quadrate ammettono inversa, ad esempio abbiamo visto che una matrice con una riga nulla non ammette inversa. Viene naturale chiedersi se, volendo sapere se una matrice ha inversa o no, sia necessario provare a calcolare tale inversa, oppure basti interrogare un *oracolo* che *a priori* sia in grado di dare una sicura risposta.

Dato che la scienza non può affidarsi a forze soprannaturali, ci si chiede se esiste una adeguata funzione che dia la voluta risposta. Proviamo a ragionare su che cosa potrebbe darci tale informazione. Consideriamo in partenza una generica matrice quadrata di tipo 2, quindi una matrice

$$A = \begin{pmatrix} a_{11} & a_{12} \\ a_{21} & a_{22} \end{pmatrix}$$

e consideriamo il numero

$$d = a_{11}a_{22} - a_{12}a_{21}$$

Separiamo i due casi

(1) La prima colonna di A è nulla.
(2) La prima colonna di A non è nulla.

Nel primo caso abbiamo già osservato che la matrice non è invertibile e si ha $d = 0 \cdot a_{22} - a_{12} \cdot 0 = 0$.

Nel secondo caso abbiamo due sottocasi

(2a) L'elemento $a_{11} \neq 0$.
(2b) L'elemento $a_{11} = 0$.

Nel caso (2a) possiamo usare a_{11} come pivot e con una operazione elementare trasformare la matrice in

$$A_2 = \begin{pmatrix} a_{11} & a_{12} \\ 0 & a_{22} - \frac{a_{21}}{a_{11}}a_{12} \end{pmatrix} = \begin{pmatrix} a_{11} & a_{12} \\ 0 & \frac{d}{a_{11}} \end{pmatrix}$$

Se $d \neq 0$ la matrice A_2 è invertibile perché è triangolare superiore con gli elementi sulla diagonale non nulli. Quindi anche A è invertibile. Se invece $d = 0$ la matrice A_2 non è invertibile perché ha una riga nulla, e quindi anche la matrice A non è invertibile.

Nel caso (2b) necessariamente $a_{21} \neq 0$, possiamo scambiare le righe e ottenere

$$A_2 = \begin{pmatrix} a_{21} & a_{22} \\ a_{11} & a_{12} \end{pmatrix}$$

Ora possiamo usare a_{21} come pivot e con una operazione elementare possiamo trasformare la matrice in

$$A_3 = \begin{pmatrix} a_{21} & a_{22} \\ 0 & a_{12} - \frac{a_{11}}{a_{21}}a_{22} \end{pmatrix} = \begin{pmatrix} a_{21} & a_{22} \\ 0 & -\frac{d}{a_{21}} \end{pmatrix}$$

Ora possiamo ragionare come nel caso (2a) e concludere che se $d \neq 0$ la matrice A_3 è invertibile, quindi anche la matrice A è invertibile. Se invece $d = 0$ la matrice A_3 non è invertibile perché ha una riga nulla, e quindi anche la matrice A non è invertibile. A questo punto abbiamo esaurito tutti i casi possibili e ci troviamo tra le mani un fatto inaspettato.

La matrice A è invertibile se e solo se $a_{11}a_{22} - a_{12}a_{21} \neq 0$

Ecco trovato l'oracolo cercato. Il numero $a_{11}a_{22} - a_{12}a_{21}$ ha la proprietà di testimoniare l'invertibilità della matrice. Se $a_{11}a_{22} - a_{12}a_{21} = 0$, allora la matrice A non è invertibile, se $a_{11}a_{22} - a_{12}a_{21} \neq 0$, allora la matrice A è invertibile.

Tale numero svolge un ruolo *determinante* nello studio delle matrici, dunque merita un nome; viene chiamato **determinante di A** e indicato con il simbolo **$\det(A)$**. E siccome ogni matrice quadrata di tipo 2 ha un determinante, possiamo parlare della **funzione determinante**.

Ma questa funzione in realtà che cosa misura? Quello che abbiamo visto finora è un aspetto molto importante, ma solo una parte della storia. Per ora abbiamo visto solo il significato del fatto che $\det(A)$ sia nullo o non nullo. E se è non nullo, il suo specifico valore ha un significato? E se la matrice è quadrata di tipo superiore a due, esiste un determinante? Per il momento ci accontentiamo di rispondere alla seconda domanda. La risposta è sì e nel caso di matrici quadrate di tipo 3 si ha

$$A = \begin{pmatrix} a_{11} & a_{12} & a_{13} \\ a_{21} & a_{22} & a_{23} \\ a_{31} & a_{32} & a_{33} \end{pmatrix}$$

$$\det(A) = a_{11}a_{22}a_{33} - a_{11}a_{23}a_{32} - a_{12}a_{21}a_{33} + a_{12}a_{23}a_{31} + a_{13}a_{21}a_{32} - a_{13}a_{22}a_{31}$$

Ma come si fa a ricordare una tale formula? E da dove viene? Per ora limitiamoci a fare qualche osservazione. Ad esempio si possono fare dei raccoglimenti nella formula precedente e ottenere

$$\det(A) = a_{11}(a_{22}a_{33} - a_{23}a_{32}) - a_{12}(a_{21}a_{33} - a_{23}a_{31}) + a_{13}(a_{21}a_{32} - a_{22}a_{31})$$

Questo si chiama sviluppo del determinante secondo la prima riga, nel senso che si legge come la somma a segni alternati dei prodotti degli elementi della prima riga per i *determinanti* di tre matrici di tipo 2. E la regola è semplice da ricordare, perché la matrice il cui determinante viene moltiplicato per a_{ij} è quella che si ottiene cancellando proprio la i-esima riga e la j-esima colonna.

Un'altra osservazione interessante è che $\det(A)$ si può ottenere sviluppandolo secondo qualsiasi riga o colonna. Ad esempio, raggruppando gli addendi in modo diverso si ha

$$\det(A) = a_{11}(a_{22}a_{33} - a_{23}a_{32}) - a_{21}(a_{12}a_{33} - a_{13}a_{32}) + a_{31}(a_{12}a_{23} - a_{13}a_{22})$$

Si può definire in modo analogo il determinante delle matrici quadrate di qualsiasi tipo. I matematici hanno elaborato una teoria che permette di vedere la funzione determinante come l'unica che verifica certe proprietà formali e ne riparleremo più in dettaglio nella Sezione 4.6. Per ora ci accontentiamo di sapere qualcosa di più sul determinante e sulla sua importanza di essere o non essere nullo, almeno nel caso di matrici quadrate di tipo due. Restano sempre delle domande a cui non si è data ancora risposta, come ad esempio da dove viene il determinante e che cosa rappresenta.

A questo punto si conclude il capitolo. Si conclude con delle domande? Come già detto, nella vita e quindi anche nella scienza ci sono più domande che risposte. Fortunatamente, qualche risposta sarà data già nel prossimo capitolo.

Esercizi

Esercizio 1. Risolvere l'equazione lineare

$$2x_1 + x_2 + x_3 + x_4 - x_5 = 0$$

Esercizio 2. Risolvere il sistema lineare

$$\begin{cases} 2x_1 + x_2 = 0 \\ x_1 - x_2 = 0 \end{cases}$$

@ **Esercizio 3.** Risolvere il sistema lineare

$$\begin{cases} x_1 + \frac{2}{5}x_2 + 5x_3 - \frac{12}{3}x_4 + 2x_5 - 4x_6 = 0 \\ \frac{1}{2}x_1 + 3x_2 - x_3 - 13x_4 + 12x_5 - 3x_6 = 1 \\ \frac{1}{2}x_1 - 11x_2 - 3x_3 + 13x_4 - \frac{7}{2}x_5 - 2x_6 = 8 \\ 6x_1 + \frac{2}{7}x_2 + \frac{1}{2}x_3 + 14x_4 + 7x_5 - 2x_6 = 0 \\ 13x_1 + x_2 + \frac{1}{4}x_3 - 2x_4 + 22x_5 - 13x_6 = 7 \\ 9x_1 + \frac{1}{7}x_2 + 12x_3 + 13x_4 - 7x_5 - 2x_6 = \frac{1}{2} \end{cases}$$

@ **Esercizio 4.** Sia dato il parametro $t \in \mathbb{Q}$ ed il sistema lineare parametrico

$$\begin{cases} x + \frac{2}{5}y + z = 0 \\ ty - \frac{2}{3}z = 0 \\ tx - \frac{8}{5}y + \frac{7}{3}z = 1 \end{cases}$$

nelle incognite x, y, z. Si descrivano le soluzioni al variare del parametro.

@ **Esercizio 5.** Data la famiglia di sistemi lineari (nelle incognite x, y, z, w)

$$\begin{cases} x + ay + 2z + 3w = 0 \\ -by + 3z + 3w = 0 \\ z + w = -1 \end{cases}$$

si descrivano le soluzioni al variare di $a, b \in \mathbb{Q}$.

Esercizio 6. Siano x, y, z, w incognite e sia data la famiglia di sistemi lineari

$$\begin{cases} x + 2y + z & = 0 \\ ax + y + 2z + 2w = 0 \\ -y + 3z + 3w = 0 \\ z + 3w = 0 \end{cases}$$

(a) Si descrivano le soluzioni al variare di $a \in \mathbb{Q}$.

(b) Sia A la matrice incompleta associata al dato sistema. Si trovino due matrici $B, U \in \mathrm{Mat}_3(\mathbb{R})$ tali che B sia invertibile, U sia triangolare superiore e $BU = A$.

(c) Trovare i valori di $a \in \mathbb{R}$ tali che A sia invertibile.

(d) Per i valori di a tali che A è invertibile, determinare A^{-1}.

Esercizio 7. Data la seguente matrice

$$A = \begin{pmatrix} 1 & 1 & -2 \\ \frac{1}{2} & -2 & 1 \\ 1 & 0 & \frac{2}{5} \end{pmatrix}$$

calcolare la decomposizione LU di A.

Esercizio 8. Calcolare la decomposizione LU della seguente matrice

$$\begin{pmatrix} 1 & 1 & 2 & 1 & 2 & 1 \\ 1 & 10 & -1 & 4 & -10 & 4 \\ 2 & -1 & 6 & -1 & 9 & -1 \\ 1 & 4 & -1 & 7 & -3 & 8 \\ 2 & -10 & 9 & -3 & 23 & -7 \\ 1 & 4 & -1 & 8 & -7 & 36 \end{pmatrix}$$

Esercizio 9. *(Difficile)*
Dimostrare che il numero delle soluzioni di un sistema lineare a entrate in $\mathbb{Z}_2$ non può essere 7.

Esercizio 10. *(Difficile)*

(a) Provare che la decomposizione LU di una matrice quadrata non è unica.

(b) Provare che, se si chiede ad L di avere tutti uguali ad 1 gli elementi sulla diagonale, allora la decomposizione LU quando esiste è unica.

Esercizio 11. Sia data la famiglia di matrici

$$A_a = \begin{pmatrix} 0 & 2-a & 1 \\ a-1 & 1 & 0 \\ a & a & 0 \end{pmatrix}$$

(a) Dire per quali valori di $a \in \mathbb{R}$ la matrice A_a è invertibile.

(b) Ci sono valori di $a \in \mathbb{R}$ per cui è possibile fare la decomposizione LU di A_a?

Esercizio 12. Sia A una matrice quadrata di tipo n. Provare che se in A ci sono $n^2 - n + 1$ entrate nulle, allora A non è invertibile.

Esercizio 13. In questo esercizio consideriamo matrici quadrate di tipo 2 a entrate in $\mathbb{Z}_2$.

(a) Quante sono le matrici in $\text{Mat}_2(\mathbb{Z}_2)$?

(b) Quante sono le matrici in $\text{Mat}_2(\mathbb{Z}_2)$ con determinante diverso da zero?

Esercizio 14. Trovare, se esiste, l'inversa della matrice

$$\begin{pmatrix} 1 & 2 & 3 & 4 & 5 \\ 6 & 7 & 8 & 9 & 10 \\ 11 & 12 & 13 & 14 & 15 \\ 16 & 17 & 18 & 19 & 20 \\ 21 & 22 & 23 & 24 & 25 \end{pmatrix}$$

Esercizio 15. Consideriamo la matrice generica in $\text{Mat}_2(\mathbb{R})$, ossia la matrice

$$A = \begin{pmatrix} a_{11} & a_{12} \\ a_{21} & a_{22} \end{pmatrix}$$

Chiamiamo d il determinante di A e supponiamo che sia $d \neq 0$. Verificare la seguente uguaglianza

$$A^{-1} = \frac{1}{d} \begin{pmatrix} a_{22} & -a_{12} \\ -a_{21} & a_{11} \end{pmatrix}$$

4

Sistemi di coordinate

domanda: *quanto vale un euro?*
risposta: *mancando il sistema*
di coordinate $(\mathrm{Au}, \mathrm{Ag})$,
è impossibile rispondere

Finora abbiamo parlato di entità algebriche, soprattutto di matrici e vettori. Ma all'inizio (vedi Sezione 1.2) avevamo menzionato esempi di vettori provenienti dalla fisica, come forze, velocità, accelerazioni. Sembra chiaro che abbiamo usato la parola vettore con almeno due significati diversi. Ma come possono avere lo stesso nome entità fisiche o geometriche ed entità puramente algebriche? In questo capitolo studieremo il come e il perché e scopriremo una straordinaria proprietà dell'arte matematica, quella di costruire modelli anche di oggetti matematici, e non solo di oggetti fisici o biologici o statistici. Detto in altre parole, entità matematiche, che spesso sono modelli di qualcosa d'altro, possono essere modellate a loro volta all'interno della matematica.

Questo discorso incomincia a diventare troppo tecnico e allora uso una semplice osservazione che può dare un'idea del contenuto di questo capitolo. È patrimonio culturale di *tutti* il fatto che per misurare sono necessarie le unità di misura. Dire che un palo è lungo 3 non significa nulla per nessuno, mentre è chiaro che cosa significhi dire che un palo è lungo 3 metri. Dire che una città dista 30 non significa nulla, mentre è chiaro che cosa significhi dire che una città dista 30 chilometri da un'altra città. La mancanza di unità di misura e di riferimenti impedisce la valutazione dei numeri detti in precedenza.

C'è solo una grande e assurda eccezione a questa regola. Dal momento in cui al denaro è stata tolta la convertibilità in oro e argento, nessuno può più rispondere alla domanda: quanto vale un euro (o un dollaro, o uno yen,...)? E noi viviamo in un mondo economico-finanziario privo di sistema di riferimento.

Per eliminare lo stato di stress sicuramente generato da questa osservazione invito il lettore a procedere speditamente verso la prima sezione. Ma almeno lasciatemi enunciare una frase ad effetto: in questo capitolo incominceremo a vedere come *geometrizzare l'algebra e algebrizzare la geometria.*

4.1 Scalari e vettori

Nella Sezione 1.2 avevamo visto esempi di vettori provenienti dalla fisica. Ora ritorniamo nuovamente su quel tema e prendiamo in esame le seguenti frasi tratte dal linguaggio comune.

- Il punto P del muro è alla temperatura di 15 gradi centigradi.
- Nel punto P del tavolo si muove una pallina con velocità di 15 centimetri al secondo.
- L'automobile si sposta di tre metri.

Si noterà immediatamente che solo la prima frase esprime un concetto completo, mentre le altre due sono ambigue e suscitano immediatamente le domande: in che direzione, in che verso? Completate le risposte, potremmo visualizzare le prima situazione nel modo seguente

Per la seconda situazione potremmo usare una rappresentazione del tipo

Per la terza situazione potremmo usare una rappresentazione del tipo

Il secondo e terzo caso rappresentano dunque delle grandezze che, oltre ad una quantità esprimibile con un numero, hanno bisogno anche di una direzione data dal segmento e di un verso dato dalla freccia. La temperatura viene detta **grandezza scalare**, la velocità e lo spostamento **grandezze vettoriali**.

È importante osservare come il numero, ossia la quantità scalare presente anche nelle grandezze vettoriali, può essere rappresentato dalla lunghezza del segmento. Tale segmento orientato viene detto **vettore**. Ogni vettore è dunque caratterizzato da una **direzione**, un **verso** e un **modulo** o lunghezza del segmento che lo rappresenta.

Se ora dico che l'automobile si è spostata di due metri lungo un determinato percorso in un determinato verso, sapendo dove era prima, so dove è adesso. Il fenomeno è dunque interamente descritto da un vettore.

Ma che differenza c'è tra il secondo e il terzo caso? Nel secondo caso ho precisato una posizione di partenza della pallina, mentre nel terzo caso potrei avere precisato una posizione di partenza di *un qualunque punto* dell'automobile. Senza entrare troppo nel dettaglio tecnico, diciamo che questa differenza separa il concetto di **vettore applicato** da quello di **vettore libero**. In altri termini, un vettore libero altro non è che una classe di vettori che si ottengono da uno dato *spostandolo parallelamente*. I matematici dicono che si ha una **relazione di equipollenza** nell'insieme dei vettori applicati, le cui classi sono i vettori liberi. Si tratta di una particolare **relazione di equivalenza**, concetto che sta alle fondamenta della matematica.

Ora non lasciamoci ingannare dalle parole altisonanti e non pensiamo che i matematici amino i concetti astratti e astrusi solo per snobismo. La relazione di equipollenza esprime correttamente quanto detto prima in termini più vaghi e cioè lo spostamento parallelo. Solo che in matematica è necessario essere rigorosi, soprattutto a livello di fondamenti, proprio il livello in cui ci troviamo. Altrimenti, appena superata la fase iniziale, non si riesce più a procedere correttamente e si è costretti a tornare indietro.

E se proprio non ci piacciono i vettori liberi, allora togliamo loro la libertà! Per ottenere ciò, fissiamo un punto O e allora ogni vettore libero si può rappresentare con un vettore applicato in O. E questo è il primo importante passo per trasformare la geometria in algebra e quindi permettere di usare le tecniche algebriche per risolvere problemi geometrici. Ma altri passi devono essere fatti.

4.2 Coordinate cartesiane

Abbiamo visto nel paragrafo precedente che i vettori liberi possono essere tutti bloccati e costretti ad avere lo stesso punto di applicazione.

Supponiamo ora di essere interessati a vettori liberi che si muovono in una sola direzione. Se li pensiamo applicati tutti nello stesso punto O, li costringiamo a vivere su una retta.

Se ora vogliamo rappresentare un vettore, basta dire dove è collocato il *secondo estremo A*.

Se ora miglioriamo l'attrezzatura della retta, dotandola di una **unità di misura**, potremmo misurare il modulo del vettore, ossia la lunghezza del segmento OA. Resterebbe ancora una ambiguità, infatti dire che A dista da O cinque unità di misura non dice da che parte di O si trova A. È sufficiente dotare la retta di un **verso** e chiamarlo verso positivo. La retta si dice **retta orientata** e noi abbiamo completato l'opera.

unita' di misura

Ma di quale opera stiamo parlando? Si osservi che con tutta l'attrezzatura fornita alla nostra retta, ogni vettore libero che abbia la direzione della retta viene rappresentato da un vettore applicato in O e quindi viene individuato dal suo altro estremo A. La lunghezza del segmento OA misurata con l'unità di misura è un numero reale al quale attribuiamo segno positivo se A sta dalla stessa parte della freccia che indica il verso della retta, negativo se sta dall'altra parte. Può sembrare poco quello che abbiamo fatto, ma invece si tratta di un passaggio fondamentale, che permette di rappresentare i vettori liberi con direzione data, prima come punti di una retta e poi come numeri reali.

Così nasce quello che in matematica si chiama un sistema di **coordinate cartesiane** sulla retta. Che cosa è dunque un sistema di coordinate cartesiane sulla retta? È uno strumento costituito da un punto privilegiato, chiamato O e detto **origine delle coordinate**, una **unità di misura** che permette di misurare le lunghezze di segmenti e quindi i moduli dei vettori, un **verso** che permette di decidere da che parte sta un vettore. Ad esempio, se diciamo che un vettore sulla retta è rappresentato dal numero -5, intendiamo dire che stiamo parlando del vettore applicato in O, avente come secondo estremo il punto A che dista 5 unità di misura da O e che sta dalla parte opposta del verso privilegiato dato alla retta.

unita' di misura

In questo modo siamo riusciti a descrivere tutta la classe di un vettore libero con *un solo numero reale.*

Tutto questo discorso può essere sintetizzato ancora, infatti il verso della retta e l'unità di misura si possono codificare con un vettore u_1 applicato in O, la cui lunghezza viene assunta come unità di misura. In tal caso, il vettore u_1 viene chiamato **vettore unitario** o **versore**. Il nostro sistema di coordinate sulla retta può essere dunque visualizzato così

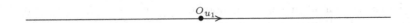

e lo chiameremo $\Sigma(O\,;u_1)$.

Il fatto che nel sistema di coordinate $\Sigma(O\,;u_1)$ un dato vettore u abbia coordinata a_1 si può descrivere mediante l'uguaglianza $u = a_1 u_1$.

Ma che cosa succede se i vettori sono nel piano? L'idea base è quella di usare *due rette orientate incidenti in un punto.*

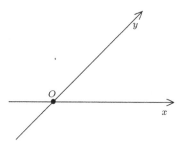

Le due rette vengono chiamate **asse** x e **asse** y o anche **asse delle ascisse** e **asse delle ordinate**. Ognuna ha il suo vettore unitario e se, per semplificarci la vita, assumeremo che le due rette siano dotate della stessa unità di misura, diremo che il sistema è **monometrico**.

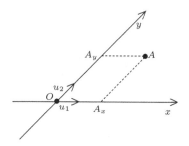

Il sistema di coordinate viene chiamato $\Sigma(O\,;u_1,u_2)$. Ragionando come nel caso della retta, ogni vettore libero si può rappresentare come vettore applicato in O e dunque è individuato dal secondo estremo A. Allora consideriamo il punto A e da esso tracciamo le due parallele agli assi, in modo da ottenere due punti A_x, A_y come in figura. Dato che il punto O e i vettori unitari u_1, u_2 dotano gli assi di sistemi di coordinate, possiamo associare numeri reali ai punti A_x e a A_y. Se tali numeri sono a_1, a_2, possiamo dire che le coordinate del vettore OA (o del punto A) sono (a_1, a_2). Spesso in tale circostanza si scrive $A(a_1, a_2)$.

Detto u il vettore OA, si può anche scrivere $u = a_1 u_1 + a_2 u_2$, anche se per il momento non è ancora chiaro il perché del simbolo $+$ (lo vedremo tra poco nella Sezione 4.3).

Il ragionamento è simile nel caso dello spazio. Qui useremo *tre rette orientate incidenti in un punto e non complanari*.

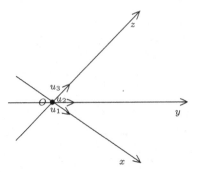

Le tre rette vengono chiamate **asse** x, **asse** y, **asse** z. Il piano individuato dagli assi x, y sarà chiamato **piano** xy, il piano individuato dagli assi x, z sarà chiamato **piano** xz, il piano individuato dagli assi y, z sarà chiamato **piano** yz. Tali piani vengono detti **piani coordinati**.

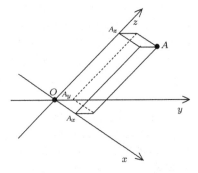

Il sistema di coordinate viene chiamato $\Sigma(O\,;u_1,u_2,u_3)$. Ragionando come prima, ogni vettore libero si può rappresentare come vettore applicato in O e dunque è individuato dal secondo estremo A. Allora consideriamo il punto A e da esso tracciamo i tre piani paralleli ai piani coordinati, in modo da ottenere tre punti A_x, A_y, A_z come in figura. Dato che il punto O e i tre vettori unitari dotano gli assi di sistemi di coordinate, possiamo associare numeri reali ai punti A_x, A_y e a A_z. Se i numeri reali sono a_1, a_2, a_3, possiamo dire che le coordinate del vettore OA (o del punto A) sono (a_1, a_2, a_3). Spesso in tale circostanza si scrive $A(a_1, a_2, a_3)$.

Come nei casi della retta e del piano, *detto u il vettore OA, si può anche scrivere $u = a_1 u_1 + a_2 u_2 + a_3 u_3$*. Vedremo meglio tra poco il perché nella Sezione 4.3.

A questo punto vale la pena fermarsi un momento e fare una riflessione importante. Nella Sezione 1.2 si era parlato di vettori, identificandoli con matrici riga o matrici colonna. Sostanzialmente si era parlato di vettori pensandoli come n-uple ordinate di numeri, si era detto che spesso vettori e matrici sono modelli matematici per situazioni e problemi reali e se ne erano forniti esempi.

Quanto visto in questa sezione si può interpretare così. Abbiamo parlato nuovamente di vettori con significato geometrico, rappresentabili con segmenti orientati sulla retta, nel piano, o nello spazio. L'uso di uno strumento chiamato sistema di coordinate permette di rappresentare tali vettori mediante punti e i punti mediante numeri reali (o coppie di numeri reali o terne di numeri reali). La corrispondenza che ad ogni vettore libero sulla retta associa un numero reale come visto prima, è detta **biunivoca** perché può essere percorsa anche al contrario, ossia si può partire da un numero e trovare un punto A sulla retta, col quale si può descrivere un vettore applicato in O e di conseguenza un vettore libero. Discorso analogo si può fare per il piano e lo spazio.

Ma allora che cosa è in definitiva un sistema di coordinate cartesiane, ad esempio nel piano? Altro non è se non uno strumento che permette di identificare vettori liberi (o vettori applicati tutti nello stesso punto) con coppie ordinate di numeri reali. Usato nel senso inverso, è uno strumento che permette di identificare coppie ordinate di numeri reali con vettori liberi nel piano.

Quindi un sistema di coordinate nel piano (e analogamente nella retta e nello spazio) permette di visualizzare geometricamente, mediante vettori, le coppie di numeri reali, proprio quelle coppie di numeri che nella Sezione 1.2 avevamo chiamato vettori. Finalmente si è sciolta una notevole ambiguità. Ora si capisce meglio il *doppio uso della parola vettore*!

Un numero, una coppia di numeri, una terna di numeri, qualunque sia la situazione o il problema che li genera, si possono visualizzare come vettori, beneficiando quindi di fatti e intuizioni della geometria. Questo è stato uno dei più grandi progressi della matematica. Ad esempio, ad ogni equazione con due incognite si può associare l'insieme delle sue soluzioni; fissato un sistema di coordinate nel piano, tale insieme corrisponde ad un insieme di punti e quindi ad una figura geometrica. Così viene realizzato un passaggio fondamentale nella geometrizzazione dell'algebra, come promesso nell'introduzione.

Arrivati qui, come al solito nascono nuove domande. Innanzitutto quali sono i benefici di questa teoria? E poi tutta questa fatica sembra sprecata, visto che con questi discorsi geometrici si arriva al più alle terne di numeri reali. E a che cosa potranno mai servirci, quando dovremo maneggiare ad esempio 13-uple, come nel caso della schedina (vedi Esempio 1.2.2)?

Cercheremo qualche risposta nel seguito, intanto fissiamo un poco di terminologia. *I numeri reali si indicano con* $\mathbb{R}$, *le coppie ordinate di numeri reali si indicano con* $\mathbb{R}^2$, *le terne con* $\mathbb{R}^3$. La visualizzazione geometrica che ci è consentita dai sistemi di coordinate si ferma qui, ma la formalizzazione algebrica non ha nessun problema a considerare dopo le terne, le quaterne, le quintuple, le sestuple e così via. Nel seguito potremo liberamente costruire e usare gli insiemi $\mathbb{R}^n$ per qualunque valore naturale di n.

4.3 La regola del parallelogrammo

In questa sezione incominciamo a raccogliere qualcuno dei benefici di cui si parlava nelle sezioni precedenti. La *geometrizzazione* dei vettori darà qualche indicazione su alcuni temi puramente algebrici visti finora.

Innanzitutto puntualizziamo un aspetto che riguarda la notazione. Dato un sistema di coordinate con origine O, se u è un vettore libero rappresentato dal vettore applicato in O e avente secondo estremo in A, d'ora in poi preferiremo scrivere

$$u = A - O$$

Lo strano modo di rappresentare il vettore con il simbolo $A - O$ sarà chiaro tra un momento. Ma prima vorrei soffermarmi sull'*audacia matematica* della scrittura. Come può essere un vettore libero uguale ad un vettore applicato? Infatti non può esserlo e la scrittura è un chiaro *abuso di notazione*. Si dovrebbe scrivere $A - O \in u$ oppure $u \ni A - O$, perché in realtà ha il seguente significato: $A - O$ *sta nella classe del vettore libero* u. Si usa il simbolo di uguaglianza ma il significato è di appartenenza. Per fare una analogia con la vita di tutti i giorni, è un po' come chiamare Venezia una persona di Venezia.

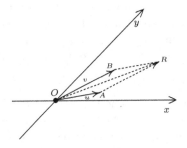

Accettato l'abuso di notazione, potremo dunque anche scrivere $u = R - B$ per dire che u è il vettore libero rappresentato dal vettore applicato in B e avente secondo estremo in R. Una prima importante considerazione viene osservando la figura qui sopra. Leggiamola nel seguente modo. È dato un sistema di coordinate cartesiane (non abbiamo rappresentato i vettori unitari per non compromettere l'aspetto grafico) e in esso sono rappresentati due vettori liberi $u = A - O$, $v = B - O$. Supponiamo che le coordinate di A, B siano rispettivamente (a_1, a_2), (b_1, b_2). Il punto R si ottiene come l'unico punto tale che $OARB$ sia un parallelogrammo.

E allora ecco che si nota subito il fatto che $u = R - B$, $v = R - A$ e di conseguenza le coordinate di R sono $(a_1 + b_1, a_2 + b_2)$.

L'evidenza algebrica e la convenienza sperimentale che ci aveva indotto a definire la somma di vettori e di matrici nel modo naturale, ossia quello di sommare le entrate termine a termine, trova qui una interpretazione geometrica. Identificate le coppie di numeri reali con vettori per mezzo di un sistema di coordinate, la somma fatta termine a termine corrisponde alla somma di vettori fatta con la cosiddetta **regola del parallelogrammo**, così come illustrato nella precedente figura.

Questo è un primo importante traguardo raggiunto. Non mi stancherò di ripetere che l'uso dei sistemi di coordinate cartesiane apre la strada all'algebrizzazione della geometria e alla geometrizzazione dell'algebra.

Un'altra osservazione segue dalle considerazioni precedenti. Tornando alla nostra figura, si è detto che $v = B - O = R - A$, il che ci ha fatto un po' riflettere sullo spregiudicato uso del simbolo di uguaglianza.

Ma se consideriamo le coordinate dei punti in gioco, si osserva che valgono le uguaglianze $(b_1, b_2) - (0, 0) = (b_1, b_2)$ e $(a_1 + b_1, a_2 + b_2) - (a_1, a_2) = (b_1, b_2)$. Ecco spiegata l'utilità del simbolo $R - A$ per rappresentare sia il vettore applicato in A e avente secondo estremo in R, sia il vettore libero ad esso associato. La regola del parallelogrammo appena vista ci garantisce che le componenti di tale vettore libero sono proprio le differenze delle coordinate di R e A.

4.4 Sistemi ortogonali, aree, determinanti

Ora consideriamo una situazione analoga a quella della sezione precedente, ma nel contesto di un sistema di coordinate cartesiane ortogonali monometrico, ossia un sistema di coordinate cartesiane tale che gli assi sono tra loro ortogonali e le unità di misura sugli assi sono le stesse.

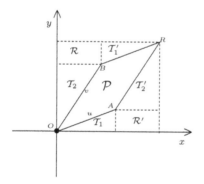

Se le coordinate di A sono (a_1, a_2) e le coordinate di B sono (b_1, b_2), come abbiamo già osservato e discusso nella sezione precedente, le coordinate del punto R sono $(a_1 + b_1, a_2 + b_2)$, quindi l'area del rettangolo individuato dai punti O e R è $(a_1 + b_1)(a_2 + b_2)$. Ora vogliamo calcolare l'area del parallelogrammo $\mathcal{P}$, ossia del parallelogrammo definito da u, v. Osserviamo immediatamente che i due rettangoli $\mathcal{R}, \mathcal{R}'$ sono uguali, così come uguali sono i due triangoli $\mathcal{T}_1, \mathcal{T}_1'$ e anche $\mathcal{T}_2, \mathcal{T}_2'$. Facciamo un po' di conti. Innanzitutto osserviamo che

$$\text{Area}(\mathcal{P}) = (a_1 + b_1)(a_2 + b_2) - 2\,\text{Area}(\mathcal{R}) - 2\,\text{Area}(\mathcal{T}_1) - 2\,\text{Area}(\mathcal{T}_2)$$

e quindi

$$\text{Area}(\mathcal{P}) = (a_1 + b_1)(a_2 + b_2) - 2a_2b_1 - a_1a_2 - b_1b_2 = a_1b_2 - a_2b_1$$

Sembra magia ma è realtà, si tratta proprio di un determinante! Infatti possiamo scrivere

$$\text{Area}(\mathcal{P}) = \det \begin{pmatrix} a_1 & b_1 \\ a_2 & b_2 \end{pmatrix}$$

Abbiamo dato una interpretazione geometrica al concetto di determinante di una matrice quadrata di tipo 2 a entrate reali. Se si leggono le due colonne come le coordinate di due vettori in un sistema di coordinate cartesiane ortogonali monometrico, allora si ha la seguente regola.

> **Il valore assoluto del determinante di una matrice quadrata di tipo 2 a entrate reali coincide con l'area del parallelogrammo definito da due vettori, le cui coordinate in un sistema di coordinate cartesiane ortogonali monometrico nel piano formano le colonne della matrice.**

Ecco fornita una risposta ad una domanda lasciata in sospeso alla fine del capitolo precedente. Come qualche attento lettore avrà già notato, è rimasta da fare una piccola osservazione per completare il discorso. L'area è per sua natura un numero non negativo, mentre il determinante può essere negativo. E infatti il valore assoluto del determinante è l'area suddetta, mentre il segno indica la orientazione dell'**angolo** formato dal primo e secondo vettore. Il segno è positivo se l'angolo viene percorso in senso antiorario, negativo se l'angolo viene percorso in senso orario. Un ulteriore chiarimento si avrà nella Sezione 6.2. In perfetta analogia si ha la seguente regola.

> **Il valore assoluto del determinante di una matrice quadrata di tipo 3 a entrate reali coincide con il volume del parallelepipedo definito da tre vettori, le cui coordinate in un sistema di coordinate cartesiane ortogonali monometrico nello spazio formano le colonne della matrice.**

4.5 Angoli, moduli, prodotti scalari

Abbiamo avuto successo con il determinante e allora vogliamo continuare sulla strada intrapresa e spingere più avanti la geometrizzazione di alcuni concetti algebrici e l'algebrizzazione di alcuni concetti geometrici.

Si tenga presente che in questa sezione lavoreremo sempre con sistemi di coordinate cartesiane ortogonali monometrici.

Una domanda naturale è la seguente: quanto vale la lunghezza di un vettore? E se il vettore si rappresenta nel nostro sistema come $u = (a, b)$ si può rappresentare la lunghezza di u mediante a e b? Questa è una domanda facile, come tutte le domande, ma fortunatamente anche la risposta è facile.

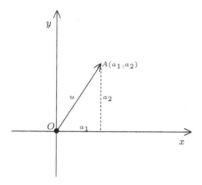

È sufficiente usare il teorema di Pitagora per concludere che la lunghezza di u è $\sqrt{a_1^2 + a_2^2}$. La lunghezza di un vettore u si indica con $|u|$, si chiama **modulo** di u e se $u = (a_1, a_2)$ si ha quindi

$$|u| = \sqrt{a_1^2 + a_2^2}$$

Analogamente nello spazio, se $u = (a_1, a_2, a_3)$ si ha

$$|u| = \sqrt{a_1^2 + a_2^2 + a_3^2}$$

È del tutto chiaro che la lunghezza di un vettore non dipende dalla scelta del vettore nella classe di un vettore libero. I matematici direbbero che la lunghezza è un *invariante per equipollenza*, un sicuro modo per spaventare i non esperti. Ma il significato è quello detto e si basa sulla considerazione empirica che, spostando un vettore parallelamente a se stesso, non cambia la sua lunghezza (Einstein permettendo!). In particolare se $u = B - A$ e se $A = (a_1, a_2)$, $B = (b_1, b_2)$, allora

$$|u| = \sqrt{(b_1 - a_1)^2 + (b_2 - a_2)^2}$$

Questa formula si può anche leggere come la formula della **distanza** dei punti A, B nel piano.

Se $u = B - A$ e se $A = (a_1, a_2, a_3)$, $B = (b_1, b_2, b_3)$, allora

$$|u| = \sqrt{(b_1 - a_1)^2 + (b_2 - a_2)^2 + (b_3 - a_3)^2}$$

che si può leggere come la formula della distanza dei punti A, B nello spazio.

Se un vettore u non è nullo allora esiste ben definito un vettore che ha la stessa direzione, verso e lunghezza unitaria. Tale vettore si chiama **versore** di u e si indica con vers(u).

Dalla definizione segue la formula

$$\text{vers}(u) = \frac{u}{|u|}$$

Siamo lanciati e non vogliamo fermarci. Un altro concetto invariante per spostamenti paralleli è quello di **angolo di due vettori**. C'è modo di calcolarlo a partire dalle coordinate?

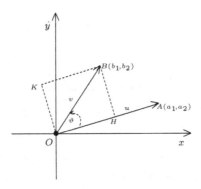

Per risolvere questo problema potrei utilizzare un concetto e alcune formule ben note ai matematici, analogamente a quanto si è fatto per i determinanti, che prima sono stati definiti e dopo hanno rivelato la loro natura geometrica. In questo caso preferisco che il lettore faccia un po' di fatica in più allo scopo di capire meglio come procede il ragionamento matematico.

Ricordiamo che il nostro problema è quello di esprimere l'angolo di due vettori mediante le loro coordinate. In particolare, dato un sistema di coordinate cartesiane ortogonali monometrico, vorremmo essere in grado di sapere se due vettori sono ortogonali, solo conoscendo le loro coordinate. Quello che segue è un tipico ragionamento matematico.

Supponiamo di avere un sistema di coordinate cartesiane ortogonali monometrico e supponiamo di avere due vettori liberi u, v nel piano (il ragionamento nello spazio è analogo). Li rappresentiamo come in figura rispettivamente con i vettori $A - O$, $B - O$. Da B conduciamo la perpendicolare alla direzione di u e otteniamo un punto di proiezione H. Determiniamo il punto K in modo che $OHBK$ sia un rettangolo. Ricordiamo che si vuole trovare una funzione φ che ad ogni coppia di vettori associa un numero reale. Che proprietà deve avere φ? La proprietà è che $\varphi(u, v)$ deve contenere informazioni sull'angolo formato da u, v, in particolare si può richiedere quanto segue.

(a) Se u, v sono ortogonali, allora $\varphi(u, v) = 0$.

Si capisce subito che la richiesta è troppo vaga. Guardando la figura precedente, osserviamo che

$$H - O = (|v| \cos(\vartheta)) \, \text{vers}(u)$$

e quindi in qualche modo si è messo in gioco il coseno dell'angolo ϑ. D'altra parte la figura mostra che vale l'uguaglianza

$$v = (H - O) + (K - O)$$

Supponiamo che la nostra funzione abbia la seguente proprietà.

(b) Se vale $v = v_1 + v_2$, allora $\varphi(u, v) = \varphi(u, v_1) + \varphi(u, v_2)$.

In tal caso potremmo dedurre l'uguaglianza

$$\varphi(u, v) = \varphi(u, H - O) + \varphi(u, K - O)$$

Ma il secondo addendo è nullo per la proprietà (a) e quindi si avrebbe

$$\varphi(u, v) = \varphi(u, H - O) = \varphi(|u| \operatorname{vers}(u), |v| \cos(\vartheta) \operatorname{vers}(u))$$

Supponiamo che la nostra funzione abbia la seguente proprietà.

(c) Se vale $u = cu'$, allora $\varphi(u, v) = c\,\varphi(u', v)$ e analogamente se vale $v = dv'$, allora $\varphi(u, v) = d\,\varphi(u, v')$.

In tal caso si avrebbe l'uguaglianza

$$\varphi(|u| \operatorname{vers}(u), |v| \cos(\vartheta) \operatorname{vers}(u)) = |u||v| \cos(\vartheta)\,\varphi(\operatorname{vers}(u), \operatorname{vers}(u))$$

Supponiamo che la nostra funzione abbia la seguente proprietà

(d) $\varphi(u, u) = |u|^2$.

Allora si avrebbe $\varphi(\operatorname{vers}(u), \operatorname{vers}(u)) = 1$ e quindi l'uguaglianza

$$\varphi(u, v) = |u||v| \cos(\vartheta)$$

A questo punto siamo nel mezzo del guado. La suddetta formula $\varphi(u, v) = |u||v| \cos(\vartheta)$ soddisfa pienamente il requisito di fornire informazioni sull'angolo di u, v, ma il problema è che noi vogliamo una funzione $\varphi(u, v)$ espressa mediante le coordinate dei due vettori. Sembra di essere al punto di partenza, e invece no. Infatti ora il problema è diventato il seguente. Esiste una funzione delle coordinate dei due vettori che verifica tutte le proprietà precedentemente richieste? Si noti la sottigliezza per cui basta provare l'esistenza per avere gratis anche la unicità, dato che, qualunque sia la formulazione, si deve avere $\varphi(u, v) = |u||v| \cos(\vartheta)$. Allora il problema è quello di esaminare attentamente i requisiti di tale funzione. Rivediamoli.

(1) Se u, v sono ortogonali, allora $\varphi(u, v) = 0$.
(2) La funzione $\varphi(u, v)$ deve essere lineare sia in u che in v.
(3) $\varphi(u, u) = |u|^2$

La condizione (2) (vedremo in seguito meglio di che cosa si tratta) assorbe le condizioni (b), (c) enunciate in precedenza. È finalmente giunto il momento di far intervenire le coordinate. Se nel nostro sistema di coordinate cartesiane ortogonali monometrico si hanno le uguaglianze $u = (a_1, a_2)$, $v = (b_1, b_2)$, allora si ottiene

$$|u+v|^2 = (a_1+b_1)^2 + (a_2+b_2)^2 = (a_1^2+a_2^2) + (b_1^2+b_2^2) + 2(a_1b_1+a_2b_2)$$

In altri termini

$$|u + v|^2 = |u|^2 + |v|^2 + 2(a_1b_1 + a_2b_2)$$

D'altra parte il teorema di Pitagora dice che $|u + v|^2 = |u|^2 + |v|^2$ se e solo se u, v sono ortogonali. Quindi la quantità $a_1b_1 + a_2b_2$ diventa immediatamente rilevante. È una funzione delle coordinate e il suo annullarsi testimonia l'ortogonalità dei due vettori, ossia verifica la proprietà (1). Proviamo a vedere se per caso abbiamo per le mani la funzione cercata. Poniamo dunque

$$\varphi(u, v) = a_1b_1 + a_2b_2$$

Ora la strada è in discesa. Tale funzione, che verifica la proprietà (1), si vede che verifica anche le proprietà (2) e (3). Vediamo ad esempio la (3). Se $u = (a_1, a_2)$ allora

$$\varphi(u, u) = a_1a_1 + a_2a_2 = a_1^2 + a_2^2 = |u|^2$$

Analogamente è di facile verifica la (2). Ecco risolto il nostro problema.

Il ragionamento ha portato ad una soluzione e ci ha fatto anche capire che non ce ne sono altre. L'importanza di tale funzione è enorme, per cui le si dà un nome particolare e un simbolo particolare. Se il lettore non ha seguito i dettagli della discussione precedente, poco male, quello che deve essere assolutamente chiaro è che abbiamo definito la funzione che, dati due vettori $u = (a_1, a_2)$, $v = (b_1, b_2)$, restituisce il numero $a_1b_1 + a_2b_2$. Tale funzione si indica con $u \cdot v$ e si dice **prodotto scalare** di u, v. Vale la formula

$$u \cdot v = a_1b_1 + a_2b_2 = |u||v| \cos(\vartheta) \qquad (*)$$

Si noti come, usando questa formula, anche $|u|$ e $|v|$ sono ricavabili da prodotti scalari, infatti

$$|u| = \sqrt{u \cdot u}$$

Nel caso spaziale si procede in modo del tutto analogo e se valgono le uguaglianze $u = (a_1, a_2, a_3)$, $v = (b_1, b_2, b_3)$, si ottiene

$$u \cdot v = a_1b_1 + a_2b_2 + a_3b_3$$

Anche in questo caso $u \cdot v$ si dice prodotto scalare di u, v e vale una formula analoga alla (∗)

$$u \cdot v = a_1 b_1 + a_2 b_2 + a_3 b_3 = |u||v| \cos(\vartheta)$$

Questa sezione ha visto all'opera un tipico ragionamento matematico. Invito il lettore, anche quello meno interessato alla matematica, a meditare su tale impianto logico-formale. Nel mondo ricco di incertezze in cui viviamo, può essere utile apprezzare la fermezza di certi aspetti logici del pensiero umano.

4.6 Prodotti scalari e determinanti in generale

Giunti a questo punto è necessario soffermarsi a fare alcune considerazioni generali su questi fondamentali concetti matematici, che sono il prodotto scalare e il determinante. Innanzitutto dobbiamo dire che entrambi sono stati interpretati geometricamente, ma naturalmente solo nel caso di vettori con due o tre componenti. Se si guarda alla definizione di prodotto scalare, si osserva subito che ci si può dimenticare le motivazioni e le interpretazioni geometriche utili per geometrizzare $\mathbb{R}^2$, $\mathbb{R}^3$ e muoversi liberamente in ogni $\mathbb{R}^n$.

Infatti se $u = (a_1, a_2, \ldots, a_n)$, $v = (b_1, b_2, \ldots, b_n)$ allora non c'è difficoltà a generalizzare la definizione già nota e a scrivere

$$u \cdot v = a_1 b_1 + a_2 b_2 + \cdots + a_n b_n$$

chiamandolo ancora prodotto scalare. Quali sono le proprietà più rilevanti del prodotto scalare?

(1) **Simmetria**, ossia $u \cdot v = v \cdot u$ per ogni u, v.
(2) **Bilinearità**, ossia linearità su entrambe le componenti
$(a_1 u_1 + a_2 u_2) \cdot v = a_1(u_1 \cdot v) + a_2(u_2 \cdot v)$
$u \cdot (b_1 v_1 + b_2 v_2) = b_1(u \cdot v_1) + b_2(u \cdot v_2)$.
(3) **Positività**, ossia $u \cdot u = |u|^2 \geq 0$ e $u \cdot u = 0$ se e solo se $u = 0$.

Inoltre c'è una fondamentale relazione che qui non dimostreremo e che si chiama **disuguaglianza di Cauchy-Schwarz**, secondo la quale

$$|u \cdot v| \leq |u||v|$$

per cui, nel caso che entrambi i vettori u, v siano non nulli vale

$$-1 \leq \frac{u \cdot v}{|u||v|} \leq 1$$

Questa relazione permette di leggere $\frac{u \cdot v}{|u||v|}$ come il *coseno di un angolo*! La fredda astrazione della disuguaglianza ci permette dunque di pensare ad angoli di vettori che vivono in spazi non fisici come $\mathbb{R}^n$, con n grande quanto ci pare. In particolare possiamo parlare di **ortogonalità di vettori in $\mathbb{R}^n$**, nel senso che diciamo ortogonali due vettori u, v se $u \cdot v = 0$ come ad esempio i due vettori $u = (1, -1, -1, 0, 3)$, $v = (-1, 0, -1, 5, 0)$ di $\mathbb{R}^5$. E non abbiamo neppure più bisogno di sistemi di coordinate, dato che il prodotto scalare è funzione delle componenti dei due vettori. Si pensi a quanta strada ci fa fare la fantasia dei matematici unita alla loro capacità logica. E la cosa più notevole è che tutta questa astrazione si riversa subito nel mondo delle applicazioni. Ad esempio la statistica moderna è permeata da questi concetti.

Un poco più difficile è la generalizzazione del concetto di determinante al caso di matrici quadrate di ogni tipo. Qui di seguito riportiamo la definizione e le principali proprietà senza troppi commenti, tranne uno importante e cioè che, come nel caso del prodotto scalare, sono le proprietà a determinare la definizione in modo univoco, un altro aspetto dell'armonia che permea le più importanti costruzioni matematiche.

Ricordiamo che una **permutazione** dei numeri naturali $\{1, 2, \ldots, n\}$ è un arrangiamento degli n numeri, quello che i matematici descriverebbero come una corrispondenza biunivoca dell'insieme $\{1, 2, \ldots, n\}$ in sè. Ad esempio tutte le permutazioni di $(1, 2, 3)$ sono

$$(1, 2, 3), \ (1, 3, 2), \ (2, 1, 3), \ (2, 3, 1), \ (3, 1, 2), \ (3, 2, 1)$$

Si può vedere che il numero delle permutazioni di $\{1, 2, \ldots, n\}$ è precisamente il numero $n \cdot (n - 1) \cdots 2 \cdot 1$, ossia il prodotto dei primi n numeri naturali, quello che viene indicato con $n!$ e viene detto **fattoriale di** n, oppure n **fattoriale**. Se π è il nome di una permutazione di $(1, 2, \ldots, n)$, allora la permutazione stessa è definita da $(\pi(1), \pi(2), \ldots, \pi(n))$. Il segno della permutazione π è per definizione $+$ o $-$, a seconda che sia pari o dispari il numero degli scambi necessario per riportare i numeri $(\pi(1), \pi(2), \ldots, \pi(n))$ al loro ordine naturale. L'operazione di riportare i numeri $(\pi(1), \pi(2), \ldots, \pi(n))$ al loro ordine naturale può essere fatta con diverse strategie di scambio, ma si può vedere che la parità del numero di scambi è invariante. Il lettore è invitato a fare alcune prove per convincersi di questo fatto. Ad esempio il segno di $(1, 3, 2)$ è $-$, perché basta lo scambio di 3 con 2 per ottenere $(1, 2, 3)$; invece il segno di $(3, 1, 2)$ è $+$, perché con due scambi si ottiene $(1, 2, 3)$.

Sia ora data una matrice quadrata $A = (a_{ij})$ di tipo n. Per ogni permutazione $\pi = (\pi(1), \pi(2), \ldots, \pi(n))$ di $\{1, 2, \ldots, n\}$ si considera il prodotto $a_{1\pi(1)} a_{2\pi(2)} \cdots a_{n\pi(n)}$, si moltiplica per $+1$ oppure -1 a seconda del segno della permutazione. In tal modo si ottiene un numero che viene chiamato **prodotto dedotto** da A. Si sommano tutti i prodotti dedotti al variare delle permutazioni di $\{1, 2, \ldots, n\}$ e si ottiene un numero $\det(A)$, che viene detto **determinante** di A. Ad esempio si verifica che il determinante di una matrice quadrata di tipo 2 e 3 è proprio quello che abbiamo definito nella Sezione 3.7.

Appare subito chiaro che con una tale definizione il costo di calcolo di un determinante potrebbe risultare proibitivo. Per calcolare il determinante di una matrice quadrata di tipo 20 ad esempio, si dovrebbero calcolare 20! prodotti dedotti. Ma $20! = 2,432,902,008,176,640,000$ ossia circa duemilacinquecento milioni di miliardi! (qui il punto esclamativo non indica un fattoriale, ma solo stupore). Anche se dal calcolo di quel determinante dipendesse la vita del pianeta, non potremmo mai eseguirlo. Ma dicevamo che la definizione stessa e un po' di ragionamento fanno scoprire notevoli proprietà della funzione determinante, con le quali faremo grandi cose. Qui di seguito ne elenchiamo alcune, le cui dimostrazioni, che qui tralasciamo, richiedono diversi gradi di abilità. Lascio al lettore il gusto di provare a dimostrarne qualcuna e spero che il risultato sia incoraggiante.

(a) **Se si scambiano due righe o due colonne della matrice A allora il determinante cambia segno e quindi se A ha due righe o due colonne uguali il determinante vale zero.**

(b) **Se una riga o una colonna di A vengono moltiplicate per una costante c, allora il determinante viene moltiplicato per c.**

(c) **Se a una riga si aggiunge un'altra riga moltiplicata per una costante il determinante non cambia. Lo stesso discorso vale per le colonne.**

(d) **Se A è una matrice triangolare superiore o inferiore, allora**

$$\det(A) = a_{11}a_{22} \cdots a_{nn}$$

In particolare $\det(I_n) = 1$

(e) **$\det(A^{\mathrm{tr}}) = \det(A)$.**

(f) **Se A, B sono due matrici quadrate di tipo n, allora**

$$\det(AB) = \det(A)\det(B)$$

Questo si chiama **teorema di Binet** e la sua dimostrazione non è facile.

(g) **Una matrice quadrata a entrate in un corpo numerico (ad esempio $\mathbb{Q}$ o $\mathbb{R}$) è invertibile se e solo se il suo determinante è diverso da zero.**

Si osservi che, come succede nella soluzione dei sistemi lineari, le proprietà suddette permettono di eseguire le operazioni che riducono in forma triangolare una matrice quadrata, *tenendo sotto controllo il valore del determinante*. Poi si può applicare la regola (d).

Osserviamo con soddisfazione che, tornando al caso della matrice quadrata di tipo 20, se andiamo a rivedere il costo di ridurla a forma triangolare, si ha che il costo totale è dell'ordine di $\frac{20^3}{3}$ moltiplicazioni, che vale circa 3000, *un bel po' meno di* 20! (in questo caso il punto esclamativo significa fattoriale e anche... soddisfazione per lo scampato pericolo). Vediamo ora un esempio concreto di applicazione delle osservazioni precedenti.

Esempio 4.6.1. Consideriamo la seguente matrice a entrate razionali

$$A = \begin{pmatrix} 1 & 2 & 1 & 5 & 1 \\ \frac{1}{2} & 2 & 1 & -1 & 2 \\ 3 & 2 & \frac{2}{3} & 1 & 1 \\ 1 & 1 & 2 & 1 & 2 \\ 2 & 2 & 3 & 3 & 4 \end{pmatrix}$$

Facciamo un po' di conti. Con sole trasformazioni elementari del tipo che non alterano il determinante si trasforma A nella matrice

$$A_2 = \begin{pmatrix} 1 & 2 & 1 & 5 & 1 \\ 0 & 1 & \frac{1}{2} & -\frac{7}{2} & \frac{3}{2} \\ 0 & -4 & -\frac{7}{3} & -14 & -2 \\ 0 & -1 & 1 & -4 & 1 \\ 0 & -2 & 1 & -7 & 2 \end{pmatrix}$$

poi nella matrice

$$A_3 = \begin{pmatrix} 1 & 2 & 1 & 5 & 1 \\ 0 & 1 & \frac{1}{2} & -\frac{7}{2} & \frac{3}{2} \\ 0 & 0 & -\frac{1}{3} & -28 & 0 \\ 0 & 0 & \frac{3}{2} & -\frac{15}{2} & \frac{5}{2} \\ 0 & 0 & 2 & -14 & 5 \end{pmatrix}$$

poi nella matrice

$$A_4 = \begin{pmatrix} 1 & 2 & 1 & 5 & 1 \\ 0 & 1 & \frac{1}{2} & -\frac{7}{2} & \frac{3}{2} \\ 0 & 0 & -\frac{1}{3} & -28 & 4 \\ 0 & 0 & 0 & -\frac{267}{2} & \frac{41}{2} \\ 0 & 0 & 0 & -182 & 29 \end{pmatrix}$$

poi nella matrice

$$A_5 = \begin{pmatrix} 1 & 2 & 1 & 5 & 1 \\ 0 & 1 & \frac{1}{2} & -\frac{7}{2} & \frac{3}{2} \\ 0 & 0 & -\frac{1}{3} & -28 & 4 \\ 0 & 0 & 0 & -\frac{267}{2} & \frac{3}{2} \\ 0 & 0 & 0 & 0 & \frac{281}{267} \end{pmatrix}$$

Usando le varie regole enunciate in precedenza, sappiamo che vale l'uguaglianza $\det(A) = \det(A_5)$. Ma A_5 è una matrice triangolare, e allora finalmente possiamo usare la regola (d). Moltiplichiamo gli elementi della diagonale e concludiamo affermando che $\det(A) = \frac{281}{6}$.

4.7 Cambi di coordinate

Torniamo per un momento al caso delle coordinate nel piano, col quale cercheremo ispirazione per situazioni più generali. La domanda che ci poniamo è la seguente. Che cosa succede quando si ha a che fare con due sistemi di coordinate? Più specificatamente, che relazione c'è tra le coordinate di uno stesso vettore rispetto ai due sistemi?

Supponiamo di avere a che fare con due sistemi $\Sigma(O\,;u_1,u_2)$, $\Sigma(P\,;v_1,v_2)$. Innanzitutto si osserva che il problema si può scomporre in due problemi più semplici, usando l'antica ma sempre efficace strategia del cosiddetto *divide et impera*. Prima si confronta $\Sigma(O\,;u_1,u_2)$ con $\Sigma(P\,;u_1,u_2)$ e poi $\Sigma(P\,;u_1,u_2)$ con $\Sigma(P\,;v_1,v_2)$. Il primo confronto si fa *traslando* il sistema di partenza, come si visualizza nella seguente figura.

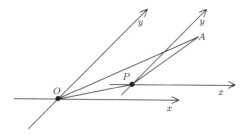

La regola del parallelogrammo fornisce

$$A - O = (A - P) + (P - O)$$

Se le coordinate di A rispetto al sistema $\Sigma(O\,;u_1,u_2)$ sono (a_1,a_2) e rispetto a $\Sigma(P\,;u_1,u_2)$ sono (b_1,b_2) e se le coordinate di P rispetto a $\Sigma(O\,;u_1,u_2)$ sono (c_1,c_2), allora si ha

$$\begin{pmatrix} a_1 \\ a_2 \end{pmatrix} = \begin{pmatrix} b_1 \\ b_2 \end{pmatrix} + \begin{pmatrix} c_1 \\ c_2 \end{pmatrix} \qquad (*)$$

Più interessante e meno evidente è il secondo confronto. Ora ci troviamo ad affrontare il problema del *cambio di base*, ossia l'origine delle coordinate è la stessa, ma cambiano le direzioni delle rette coordinate e i vettori unitari.

Per affrontare questo problema conviene sistemare un poco le notazioni, in modo da averle pronte e adeguate anche per future generalizzazioni. Una volta detto che l'origine delle coordinate P è comune, dobbiamo paragonare le coordinate rispetto a $\Sigma(P\,;u_1,u_2)$ con quelle rispetto a $\Sigma(P\,;v_1,v_2)$. Indichiamo con $F = (u_1,u_2)$ la coppia di vettori unitari del primo sistema e con $G = (v_1,v_2)$ la coppia di vettori unitari del secondo sistema.

Abbiamo già osservato che se un vettore v ha coordinate (a_1, a_2) rispetto al primo sistema, questo fatto si può interpretare scrivendo

$$v = a_1 u_1 + a_2 u_2 \qquad (1)$$

Ora viene l'idea buona. La quantità $a_1 u_1 + a_2 u_2$ si può interpretare come *prodotto righe per colonne* di F con $\binom{a_1}{a_2}$. Questo fatto induce a usare il simbolo

$$M_v^F = \begin{pmatrix} a_1 \\ a_2 \end{pmatrix}$$

che è particolarmente espressivo, in quanto ci dice che (a_1, a_2) sono le coordinate di v rispetto al sistema i cui vettori unitari costituiscono F. Il fatto di scrivere le coordinate in colonna nella matrice colonna M_v^F ci permette di leggere la formula (1) come

$$v = F \cdot M_v^F \qquad (2)$$

Che cosa succede se invece di un vettore v abbiamo una coppia $S = (v_1, v_2)$? Per ciascuno vale la formula (2) e quindi si ha

$$S = F \cdot M_S^F \qquad (3)$$

Si noti ancora una volta l'efficacia dell'utilizzo del prodotto righe per colonne. Ma il bello deve ancora venire. Infatti possiamo applicare la formula (3) alla coppia $G = (v_1, v_2)$ e ottenere così

$$G = F \cdot M_G^F \qquad (4)$$

Che cosa succede quindi se le coordinate di v rispetto a G sono (b_1, b_2)? Intanto possiamo scrivere come sopra $M_v^G = \binom{b_1}{b_2}$ e $v = G \cdot M_v^G$. Trasformiamo l'espressione $v = G \cdot M_v^G$ sostituendo la (4) e otteniamo

$$v = F \cdot M_G^F M_v^G \qquad (5)$$

Ma siccome si ha anche $v = F \cdot M_v^F$ (vedi (2)), l'unicità delle coordinate implica la seguente uguaglianza

$$M_v^F = M_G^F M_v^G \qquad (6)$$

La conclusione di questo discorso sul cambio delle coordinate si ottiene mettendo insieme le formule precedenti. Si ha dunque

$$\begin{pmatrix} a_1 \\ a_2 \end{pmatrix} = M_G^F \begin{pmatrix} b_1 \\ b_2 \end{pmatrix} + \begin{pmatrix} c_1 \\ c_2 \end{pmatrix} \qquad (7)$$

Visto che l'argomentazione precedente può essere risultata un poco ostica, vediamo subito un caso particolare. Se P, v_1, v_2 hanno rispettivamente coordinate $(1,2)$, $(-1,4)$, $(2,-11)$ rispetto a $\Sigma(O; u_1, u_2)$, allora si ha

$$M_G^F = \begin{pmatrix} -1 & 2 \\ 4 & -11 \end{pmatrix}$$

e quindi

$$M_v^F = \begin{pmatrix} -1 & 2 \\ 4 & -11 \end{pmatrix} M_v^G + \begin{pmatrix} 1 \\ 2 \end{pmatrix}$$

Dette x, y le coordinate di un generico vettore u rispetto a $\Sigma(O; u_1, u_2)$ e x', y' le coordinate di u rispetto a $\Sigma(P; v_1, v_2)$, si ha dunque la formula

$$\begin{pmatrix} x \\ y \end{pmatrix} = \begin{pmatrix} -1 & 2 \\ 4 & -11 \end{pmatrix} \begin{pmatrix} x' \\ y' \end{pmatrix} + \begin{pmatrix} 1 \\ 2 \end{pmatrix} \tag{8}$$

ossia

$$\begin{cases} x = -x' + 2y' + 1 \\ y = 4x' - 11y' + 2 \end{cases} \tag{9}$$

Il capitolo si conclude con la prossima breve ma intensa sezione. Il lettore dovrà concentrarsi per seguire un ragionamento matematico che ci permetterà di inserire in un contesto molto più ampio quanto appena visto sul cambio di coordinate.

4.8 Spazi vettoriali e basi

L'ultima sezione della prima parte svolge un ruolo *basi*lare, in quanto, oltre a completare alcune risposte a domande precedenti, pone le *basi* per molti argomenti trattati nella seconda parte.

Partiamo con la seguente domanda: come cambia il discorso fatto nella sezione precedente quando si passa dal piano al caso generale di $\mathbb{R}^n$? Ma prima di tutto che cosa significa avere un sistema di coordinate in $\mathbb{R}^n$? Ricordiamo che se un vettore v ha coordinate (a_1, a_2) in un sistema di coordinate $\Sigma(O; u_1, u_2)$ nel piano, allora si può scrivere in modo unico $v = a_1 u_1 + a_2 u_2$. L'elemento essenziale è il fatto che esistono vettori u_1, u_2 tali che ogni vettore si scrive in modo unico come *costante moltiplicata per il primo vettore più costante moltiplicata per il secondo vettore*. Vale la pena di dare un nome speciale ad una somma $a_1 u_1 + a_2 u_2 + \cdots + a_r u_r$ di vettori $u_1, u_2, \ldots, u_r$ moltiplicati per costanti $a_1, a_2, \ldots, a_r$. Si chiama **combinazione lineare** dei vettori $u_1, u_2, \ldots, u_r$. Se consideriamo gli insiemi di n-uple, ossia gli insiemi K^n con K corpo numerico, si vede che in essi possiamo fare le operazioni che consentono la costruzione di combinazioni lineari. Tali insiemi si chiamano **spazi vettoriali**. I matematici considerano molti altri tipi di spazi vettoriali, ma per quanto ci riguarda gli spazi di n-uple sono più che sufficienti.

L'equivalente delle uple di vettori unitari che definiscono sistemi di coordinate sulla retta, nel piano e nello spazio, è quindi in K^n una n-upla di vettori $F = (f_1, f_2, \ldots, f_n)$, tale che ogni vettore di K^n si scrive in modo unico come combinazione lineare dei vettori di F. Una tale n-upla viene chiamata **base** di K^n. Eccoci dunque al punto fondamentale, laddove la geometria non ci può più aiutare con i disegni, le rette, i piani, ecco che interviene l'algebra a generalizzare il concetto di sistema di coordinate mediante il concetto di base.

Ma esistono basi? Niente paura, ne esistono molte, una in particolare si mette in bella evidenza, tanto da farsi chiamare **base canonica**. Si tratta della base $E = (e_1, e_2, \ldots, e_n)$ dove

$$e_1 = (1, 0, \ldots, 0), \ e_2 = (0, 1, 0, \ldots, 0), \ldots, \ e_n = (0, \ldots, 0, 1)$$

Si osservi quanto sia facile trovare le coordinate di un vettore rispetto a E. Infatti se $u = (a_1, a_2, \ldots, a_n)$, allora si ha $u = a_1 e_1 + a_2 e_2 + \cdots + a_n e_n$, ossia **le coordinate coincidono con le componenti**.

Abbiamo detto che ci sono tante basi. Come facciamo a trovarle o a riconoscerle? Supponiamo di avere una r-upla $F = (f_1, f_2, \ldots, f_r)$ di vettori in K^n. Come abbiamo già visto nel caso di vettori del piano, possiamo scrivere le loro coordinate rispetto alla base canonica ordinatamente in una matrice di tipo (n, r). Viene naturale usare la stessa notazione introdotta nel caso dei vettori del piano e dunque avremo

$$F = E \cdot M_F^E \qquad\qquad (a)$$

Ora il ragionamento procede così. Dire che F è una base significa dire che ogni vettore di K^n si scrive in modo unico come combinazione lineare dei vettori di F. In particolare si scrivono in modo unico i vettori di E. Quindi esiste una matrice, che naturalmente chiamiamo M_E^F, tale che

$$E = F \cdot M_E^F \qquad\qquad (b)$$

Se $S = (v_1, v_2, \ldots, v_s)$ è una s-upla di vettori, si ha dunque

$$S = E \cdot M_S^E \qquad S = F \cdot M_S^F \qquad\qquad (c)$$

Sostituendo (a) nella seconda di (c) e sostituendo (b) nella prima di (c) si ha

$$S = E \cdot M_F^E M_S^F \qquad S = F \cdot M_E^F M_S^E \qquad\qquad (d)$$

Confrontando (c) con (d) e tenendo conto dell'unicità delle rappresentazioni mediante basi, si ottengono le uguaglianze di matrici

$$M_S^E = M_F^E M_S^F \qquad M_S^F = M_E^F M_S^E \qquad\qquad (e)$$

In particolare si ha

$$I_n = M_E^E = M_F^E M_E^F \qquad I_r = M_F^F = M_E^F M_F^E \qquad\qquad (f)$$

Abbiamo già detto nella Sezione 2.5 che le due relazioni (f) hanno come conseguenza il fatto che le matrici M_F^E, M_E^F sono quadrate e una l'inversa dell'altra, ossia

$$M_E^F = (M_F^E)^{-1} \qquad (g)$$

Ecco che abbiamo la condizione cercata. E usando la regola (g) della Sezione 4.6, possiamo dedurre le seguenti proprietà.

(1) **Una r-upla di vettori forma una base se e solo se è invertibile la matrice ad essi associata rispetto alla base canonica. In tal caso si ha $r = n$.**

(2) **Una n-upla di vettori forma una base se e solo se è diverso da zero il determinante della matrice ad essi associata rispetto alla base canonica.**

Ancora una volta la nozione di matrice invertibile sale prepotentemente alla ribalta. E dalla proprietà (1) deduciamo il seguente fatto molto importante.

Tutte le basi di K^n sono formate da n vettori.

Naturalmente non è vero il viceversa, ossia non è vero che tutte le n-uple di vettori di K^n sono basi. Sarebbe come pretendere che tutte le matrici quadrate siano invertibili e noi già sappiamo che ciò non è vero. Come al solito, vediamo qualche esempio allo scopo di familiarizzare con i fatti matematici appena discussi.

Esempio 4.8.1. Consideriamo la seguente coppia di vettori $S = (v_1, v_2)$ in $\mathbb{R}^2$, con $v_1 = (1,1)$, $v_2 = (2,2)$. Si ha

$$M_S^E = \begin{pmatrix} 1 & 2 \\ 1 & 2 \end{pmatrix}$$

e si osserva che M_S^E non è invertibile perché il suo determinante vale zero. Quindi S non è una base di $\mathbb{R}^2$. La spiegazione geometrica di questo fatto si trova osservando che se $(1,1)$, $(2,2)$ rappresentano le coordinate di due vettori in un piano con coordinate cartesiane, allora i due vettori sono allineati e quindi con le loro combinazioni lineari non si ottengono tutti i vettori del piano, ma solo quelli di una retta.

Esempio 4.8.2. Consideriamo la seguente terna di vettori $S = (v_1, v_2, v_3)$ in $\mathbb{R}^2$, con $v_1 = (1,2)$, $v_2 = (1,0)$, $v_3 = (0,2)$. Si ha

$$M_S^E = \begin{pmatrix} 1 & 1 & 0 \\ 2 & 0 & 2 \end{pmatrix}$$

Abbiamo già osservato che tre vettori sono troppi per costituire una base di $\mathbb{R}^2$. E infatti si osserva che $v_1 - v_2 - v_3 = 0$ e quindi $v_1 - v_2 - v_3 = 0v_1 - 0v_2 - 0v_3$ sono due rappresentazioni distinte del vettore nullo. Ciò contraddice la proprietà fondamentale che ogni base S possiede, e cioè la proprietà che ogni vettore di $\mathbb{R}^n$ si scrive in modo unico come combinazione lineare dei vettori di S.

Esempio 4.8.3. Consideriamo la seguente coppia di vettori $S = (v_1, v_2)$ in $\mathbb{R}^3$, con $v_1 = (1, 2, 3)$, $v_2 = (1, 2, 4)$. Si ha

$$M_S^E = \begin{pmatrix} 1 & 1 \\ 2 & 2 \\ 3 & 4 \end{pmatrix}$$

e si osserva che M_S^E non è invertibile, non essendo quadrata. In questo caso i vettori di S sono troppo pochi e non si può pretendere che con le combinazioni lineari di due vettori si ottengano tutti i vettori di $\mathbb{R}^3$. La visione geometrica di questo fatto è la seguente. Le combinazioni lineari di due vettori non paralleli nello spazio forniscono tutti i vettori di un piano e quindi non riempiono lo spazio.

Ad un approfondimento di questi temi è dedicata, nella Parte II, la Sezione 6.3, ma intanto incominciamo subito a trarre qualche beneficio. Sia E la base canonica di K^n, sia $F = (f_1, \ldots, f_n)$ una base di K^n e $v = (a_1, \ldots, a_n)$ un vettore di K^n. Già sappiamo che v si può scrivere in modo unico come combinazione lineare dei vettori di E e si ha $M_v^E = (a_1 \ \cdots \ a_n)^{\mathrm{tr}}$. Inoltre il vettore v si può scrivere in modo unico come combinazione lineare dei vettori di F, ossia esistono univocamente determinati dei numeri $b_1, \ldots, b_n \in K$ tali che $v = b_1 f_1 + \cdots + b_n f_n$. In altri termini, esistono univocamente determinati dei numeri $b_1, \ldots, b_n \in K$ tali che $M_v^F = (b_1 \cdots b_n)^{\mathrm{tr}}$. Si hanno dunque le seguenti identità

$$v = E \cdot M_v^E \qquad v = F \cdot M_v^F$$

A questo punto siamo in grado di rispondere alla seguente domanda. Quale relazione c'è tra le coordinate di v rispetto a E e quelle rispetto a F? Si noti che questa domanda è la naturale generalizzazione della domanda sul cambio di coordinate che ci eravamo posti nella Sezione 4.7. La risposta è piuttosto semplice. Infatti si ha

$$F \cdot M_v^F = E \cdot M_v^E = F \cdot M_E^F M_v^E = F \cdot (M_F^E)^{-1} M_v^E$$

dove la seconda uguaglianza segue dalla formula (b) e la terza dalla formula (g) viste in precedenza. E ancora una volta possiamo invocare l'unicità della rappresentazione e dedurre la seguente formula che risponde compiutamente alla nostra domanda

$$M_v^F = (M_F^E)^{-1} M_v^E \tag{h}$$

Concludiamo la sezione, e quindi il capitolo e la Parte I, con un esempio che mette in luce l'importanza della formula (h).

Esempio 4.8.4. Siano dati i seguenti vettori $v = (-2, 1, 6)$, $v_1 = (1, 1, 1)$, $v_2 = (0, 1, 0)$, $v_3 = (1, 0, 2)$ in $\mathbb{R}^3$ e sia $F = (v_1, v_2, v_3)$. Si ha

$$M_F^E = \begin{pmatrix} 1 & 0 & 1 \\ 1 & 1 & 0 \\ 1 & 0 & 2 \end{pmatrix}$$

La formula (h) dice che vale $M_v^F = (M_F^E)^{-1} M_v^E$. È quindi sufficiente calcolare la matrice $(M_F^E)^{-1}$. Si ottiene

$$(M_F^E)^{-1} = \begin{pmatrix} 2 & 0 & -1 \\ -2 & 1 & 1 \\ -1 & 0 & 1 \end{pmatrix}$$

Quindi si ha

$$M_v^F = \begin{pmatrix} 2 & 0 & -1 \\ -2 & 1 & 1 \\ -1 & 0 & 1 \end{pmatrix} \begin{pmatrix} -2 \\ 1 \\ 6 \end{pmatrix} = \begin{pmatrix} -10 \\ 11 \\ 8 \end{pmatrix}$$

E infatti è agevole verificare che $v = -10v_1 + 11v_2 + 8v_3$.

Per il momento ci accontentiamo di queste considerazioni e di questa serie di esempi. Come detto in precedenza, ad un approfondimento di questi temi è dedicata la Sezione 6.3. Qualcuno obietterà che l'andamento del libro non è lineare. È già stato osservato che il mondo in cui viviamo non è lineare, non lo sono neppure... i libri di algebra lineare.

Esercizi

Esercizio 1. Si considerino i vettori $v_1 = (1,0,0)$, $v_2 = (-1,-1,2)$, $v_3 = (0,0,1)$ di $\mathbb{R}^3$ e la terna $F = (v_1, v_2, v_3)$. Sia

$$A = \begin{pmatrix} 1 & 1 & -2 \\ 2 & -2 & 1 \\ 1 & 0 & 0 \end{pmatrix}$$

(a) Verificare che F è una base di $\mathbb{R}^3$.
(b) Sapendo che $A = M_F^G$, determinare G.

Esercizio 2. Sia dato un sistema di coordinate ortogonali monometrico nel piano e si considerino i vettori $u = (2,2)$, $v = (-1,-2)$.

(a) Calcolare il coseno dell'angolo formato da u e vers(v).
(b) Trovare tre vettori che hanno lo stesso modulo di v.
(c) Descrivere l'insieme dei vettori perpendicolari a u.

Esercizio 3. Si considerino i vettori $v_1 = (1,2,0)$, $v_2 = (1,-1,1)$, $v_3 = (0,1,2)$, $u = (1,1,1)$ di $\mathbb{R}^3$ e la terna $F = (v_1, v_2, v_3)$.
(a) Verificare che F è una base di $\mathbb{R}^3$.
(b) Calcolare il volume del parallelepipedo definito da v_1, v_2, v_3.
(c) Verificare l'uguaglianza $u = E \cdot M_F^E M_u^F$.

Esercizio 4. Si consideri la seguente matrice

$$A = \begin{pmatrix} 1 & 1 & 0 \\ 3 & -1 & -2 \\ 0 & 0 & \frac{1}{2} \end{pmatrix}$$

Esiste una base F di $\mathbb{R}^3$ tale che $A = M_E^F$?

Esercizio 5. Sia dato un sistema di coordinate ortogonali monometrico nello spazio e i vettori $u_1 = (1,2,0)$, $u_2 = (2,4,1)$, $u_3 = (4,9,1)$ di $\mathbb{R}^3$.
(a) Calcolare il volume del parallelepipedo definito dai tre vettori.
(b) Trovare tutti i vettori che sono perpendicolari sia a u_1 che a u_2.
(c) Trovare un vettore v che abbia le due seguenti proprietà:

$$|v| = |u_2| \qquad u_1 \cdot u_2 < u_1 \cdot v$$

Esercizio 6. Utilizzando le proprietà dei determinanti, provare che se A è una matrice invertibile, allora vale la formula $\det(A^{-1}) = (\det(A))^{-1}$.

Esercizio 7. Sia n un numero naturale positivo.

(a) Siano $u, v \in \mathbb{R}^n$ due vettori a componenti razionali. È vero che il loro prodotto scalare è un numero razionale?

(b) È vero che se un vettore non nullo $u \in \mathbb{R}^n$ ha componenti razionali, anche il suo versore ha componenti razionali?

Esercizio 8. Siano date le due matrici

$$A = \begin{pmatrix} 1 & 3 & \frac{1}{2} \end{pmatrix}^{\mathrm{tr}} \qquad B = \begin{pmatrix} 1 & -1 & 4 \end{pmatrix}$$

Verificare che $\det(A \cdot B) = 0$ e darne una motivazione geometrica.

Esercizio 9. Sia dato un sistema di coordinate ortogonali monometrico nello spazio e i cinque punti $A_1 = (3, 0, 0)$, $A_2 = (1, 3, 3)$, $A_3 = (0, 0, 2)$, $A_4 = (0, 7, 0)$, $A_5 = (1, 1, 1)$.

(a) Quali sono i due punti più vicini tra loro?

(b) Se la formula della distanza fosse $|b_1 - a_1| + |b_2 - a_2| + |b_3 - a_3|$, invece di $\sqrt{(b_1 - a_1)^2 + (b_2 - a_2)^2 + (b_3 - a_3)^2}$, si avrebbe la stessa risposta alla domanda precedente?

@ **Esercizio 10.** Si costruisca una matrice A di tipo 5 a entrate casuali. Per fare ciò si suggerisce ovviamente di utilizzare un sistema di algebra computazionale, ad esempio CoCoA, con cui la matrice M si può costruire così:

```
L:=[[Randomized(X) | X In 1..5] | X In 1..5]; M:=Mat(L);
```

(a) Calcolare il determinante di A e osservare che è diverso da zero.

(b) Ripetere l'esperimento e osservare che succede sempre la stessa cosa.

(c) Dare una spiegazione al fatto che una matrice quadrata a entrate casuali è invertibile.

Osservazione: *Se un lettore trova un determinante uguale a zero con la procedura suddetta, i casi sono due: o ha sbagliato qualcosa nel suo interfacciamento con il calcolatore, o è dotato di poteri paranormali.*

* *

Qui termina la Parte I. Se un lettore per caso stesse meditando sull'idea di fermarsi qui, vorrei provare a dissuaderlo. Il seguito è certamente di lettura un poco più difficile, ma credo proprio che ne valga la pena. La forza dell'**algebra lineare**, che fino ad ora è stata contenuta, comincerà nella seconda parte a svelarsi più compiutamente.

I parte, II arriva

(piccola anticipazione della **Parte II**)

Parte II

5

Forme quadratiche

In questo capitolo studieremo un altro aspetto della straordinaria capacità delle matrici di adattarsi a situazioni molto diverse.

Così come i sistemi di equazioni lineari si possono usare come modello matematico per una moltitudine di problemi, i sistemi polinomiali, ossia quelli che si ottengono uguagliando a zero un numero finito di polinomi multivariati, sono ancora più importanti e permettono la modellazione di una quantità molto maggiore di problemi.

Tanto per citare un esempio per così dire di tipo autoreferenziale, ricordiamo che la specifica matematica con cui sono progettati e realizzati i caratteri di scrittura di questo stesso testo, si ottiene usando curve descritte analiticamente da equazioni polinomiali di grado non più di tre. Non ci addentreremo in questa tematica, ma penso sia utile dare un cenno all'importanza di descrivere con equazioni, entità che poi sullo schermo o sulla carta appaiono come oggetti grafici.

Ad esempio, la circonferenza di centro $P(1,2)$ e raggio 3, riferita ad un sistema di coordinate ortogonali monometrico nel piano, ha equazione

$$(x-1)^2 + (y-2)^2 - 9 = 0$$

È chiaro che la tracciatura del disegno di tale circonferenza richiede la colorazione di un grande numero di pixel. Ma come trasmettereste alla stampante, o al vostro collaboratore al quale mandate messaggi di posta elettronica, l'informazione per tracciare la circonferenza? Un modo elementare è quello di trasmettere l'elenco di tutti i pixel da colorare.

Ad esempio, se la pagina è *lunga* 6000 pixel e *larga* 4000 pixel e se vogliamo solo trasmettere una figura in bianco e nero, basterà trasmettere una matrice A di tipo 6000×4000 i cui pixel bianchi sono codificati come 0 e quelli neri come 1. E questo vale qualsiasi sia il tipo di figura, ma naturalmente l'informazione della circonferenza nera su sfondo bianco si può compattare moltissimo, usando modi molto più furbi. Quali? Un modo è quello di trasmettere i tre numeri $1, 2, 3$. Chi riceve i dati ha tutto quanto gli serve per costruire l'intera figura. I primi due numeri rappresentano le coordinate del centro e il terzo numero il raggio. Invece che i milioni di entrate della matrice A bastano tre numeri! Ma non è finita qui. Supponiamo di volere fare un ingrandimento della nostra stampa. Usando la descrizione matematica *è sufficiente cambiare un parametro* e cioè il raggio della circonferenza.

Questo esempio, seppur fortemente semplificato, dovrebbe dare un'idea di come la matematica possa essere essenziale supporto alla tecnologia. Purtroppo il trattamento degli oggetti matematici descritti da sistemi di equazioni polinomiali è molto più complicato di quello relativo ai sistemi lineari. Ma c'è un caso molto importante, per il quale l'algebra lineare con il suo bagaglio di nozioni, in particolare con la forza delle matrici, ritorna prepotentemente alla ribalta. È il caso delle equazioni di secondo grado.

5.1 Equazioni di secondo grado

Immagino che *tutti* i lettori sappiano che cosa sia una equazione di secondo grado, o almeno credano di saperlo. Vediamo se è vero, ad esempio cercando di rappresentare una generica equazione di secondo grado in tre variabili. La risposta è $f(x, y, z) = 0$ con

$$f(x, y, z) = a_1 x^2 + a_2 y^2 + a_3 z^2 + a_4 xy + a_5 xz + a_6 yz + a_7 x + a_8 y + a_9 z + a_{10}$$

Osserviamo attentamente il polinomio $f(x, y, z)$ e incominciamo col dire che la sua parte *preponderante* è la parte omogenea di secondo grado, ossia

$$a_1 x^2 + a_2 y^2 + a_3 z^2 + a_4 xy + a_5 xz + a_6 yz$$

In che senso preponderante? Facendo un ragionamento simile a quello fatto nella Sezione 3.4, si pensa al polinomio come funzione e allora la parte lineare

$$a_7 x + a_8 y + a_9 z + a_{10}$$

diventa trascurabile quando x, y e z diventano grandi.
Un'altra osservazione è che, se aggiungiamo una nuova variabile w, possiamo *omogeneizzare* il polinomio e scrivere

$$a_1 x^2 + a_2 y^2 + a_3 z^2 + a_4 xy + a_5 xz + a_6 yz + a_7 xw + a_8 yw + a_9 zw + a_{10} w^2$$

Tornare indietro al polinomio originale richiede soltanto l'esecuzione della operazione di sostituzione $w = 1$. Non ci soffermiamo ora sulle sottigliezze matematiche relative a queste considerazioni, ma quanto detto è sufficiente a far capire che, per analizzare equazioni di secondo grado, l'oggetto matematico più importante da studiare è il **polinomio omogeneo** di secondo grado, detto anche **forma quadratica**. Che cosa è dunque una forma quadratica? I matematici la definiscono correttamente come un polinomio che è *somma di monomi di secondo grado*. Nel caso di due variabili x, y, una forma quadratica è dunque una espressione del tipo

$$ax^2 + bxy + cy^2$$

E che cosa ha di tanto importante? E che cosa c'entra l'algebra lineare? Intanto incominciamo con l'osservare che possiamo anche parlare di **forme lineari**. Una forma lineare, dovendo essere somma di monomi di grado 1, non è altro che un polinomio di primo grado con termine costante nullo, quindi una espressione del tipo

$$\alpha x + \beta y$$

che noi abbiamo incontrato e studiato nella prima parte.

Facciamo ora una piccola osservazione. Se $\alpha x + \beta y$ è una forma lineare, allora il suo quadrato è $(\alpha x + \beta y)^2 = \alpha^2 x^2 + 2\alpha\beta xy + \beta^2 y^2$ e quindi si tratta di una forma quadratica. Se per un momento venisse da pensare che le forme quadratiche sono tutte quadrati di forme lineari, sarebbe opportuno cancellare subito tale pensiero. Chi ha studiato un poco di geometria sa che ciò non è vero, perché ci sono coniche che non sono rette doppie, anzi la *maggior parte* delle coniche non sono rette doppie. Per chi non ha studiato geometria l'osservazione precedente può non significare nulla e allora si affidi ai ricordi della scuola secondaria, dove qualunque studente di fronte ad un esempio come $x^2 + xy + y^2$ capirebbe subito che non si tratta di un quadrato.

Quindi resta aperta la domanda: dove sta la parentela con l'algebra lineare? Ed ecco che i matematici notano la seguente relazione

$$ax^2 + bxy + cy^2 = (\,x \quad y\,) \begin{pmatrix} a & \frac{b}{2} \\ \frac{b}{2} & c \end{pmatrix} \begin{pmatrix} x \\ y \end{pmatrix}$$

a prima vista inaspettata ed esteticamente anche brutta. Se chiamiamo $2b$ il coefficiente di xy allora la relazione si scrive

$$ax^2 + 2bxy + cy^2 = (\,x \quad y\,) \begin{pmatrix} a & b \\ b & c \end{pmatrix} \begin{pmatrix} x \\ y \end{pmatrix} \qquad (*)$$

un poco più bella a vedersi. A qualche lettore può venire però da osservare che in questo modo forse si è salvata l'estetica della matrice, ma si è limitata la validità della formula. Forse chi ha scritto la seconda formula pensa che tutti i numeri siano multipli di due? Non sappiamo *tutti* che ad esempio in $\mathbb{Z}$ non esiste la metà di 3? Il fatto è che ogni numero si può scrivere come il doppio della sua metà, *a patto che la metà esista*, e noi ci garantiremmo questa proprietà se considerassimo i coefficienti in un corpo numerico di caratteristica diversa da 2 (il che garantisce *l'esistenza di* $\frac{1}{2}$). Non si preoccupi il lettore se non ha ben capito la frase precedente. Basti sapere che ad esempio $\mathbb{Q}$ e $\mathbb{R}$ vanno benissimo e ci permettono di tralasciare queste sottigliezze matematiche.

Noi, per stare tranquilli e per altri motivi che vedremo dopo, *in questo capitolo prenderemo i coefficienti sempre nel corpo $\mathbb{R}$ dei numeri reali.*

Veniamo dunque alla nostra espressione $(*)$. Dato che x, y sono i nomi dati alle incognite, tutta l'informazione della forma quadratica è contenuta nella matrice $A = \begin{pmatrix} a & b \\ b & c \end{pmatrix}$, che si nota subito essere *simmetrica* (vedi Sezione 2.2). Eccoci ancora una volta a contatto con le matrici e si noti l'analogia con quanto detto a proposito delle matrici associate ai sistemi lineari. Anche per questi, se ricordate, tutta l'informazione è concentrata in una particolare matrice. E c'è di più. L'osservazione precedente fatta per forme quadratiche in due variabili si generalizza. Se si hanno n variabili $x_1, x_2, \ldots, x_n$ e si scrive la forma quadratica generica

$$Q = a_{11}x_1^2 + 2a_{12}x_1x_2 + \cdots + a_{nn}x_n^2$$

si ha ancora l'uguaglianza

$$Q = \begin{pmatrix} x_1 & x_2 & \cdots & x_n \end{pmatrix} \begin{pmatrix} a_{11} & a_{12} & \cdots a_{1n} \\ a_{12} & a_{22} & \cdots a_{2n} \\ \cdots & \cdots & \cdots \\ a_{1n} & a_{2n} & \cdots a_{nn} \end{pmatrix} \begin{pmatrix} x_1 \\ x_2 \\ \vdots \\ x_n \end{pmatrix} \tag{1}$$

La matrice simmetrica ottenuta in questo modo si chiama **matrice della forma quadratica**. Vediamo un esempio.

Esempio 5.1.1. La forma quadratica

$$Q = 2x^2 - \frac{1}{3}xy + 2yz - z^2$$

si può scrivere

$$Q = \begin{pmatrix} x & y & z \end{pmatrix} \begin{pmatrix} 2 & -\frac{1}{6} & 0 \\ -\frac{1}{6} & 0 & 1 \\ 0 & 1 & -1 \end{pmatrix} \begin{pmatrix} x \\ y \\ z \end{pmatrix}$$

come si verifica direttamente eseguendo i prodotti.

Ora prepariamoci ad un altro cambio di scena. Se $(x_1, x_2, \ldots, x_n)$ si pensa come un vettore generico, allora sappiamo che le sue componenti sono anche le coordinate rispetto alla base canonica.

Questa osservazione si può interpretare pensando che la scrittura (1) sia riferita alla base canonica $E = (e_1, e_2, \ldots, e_n)$ e ciò suggerisce di chiamare M_Q^E la matrice simmetrica suddetta. Perché M_Q^E? Qualcuno osserverà che tale simbolo è pesante, e infatti lo è, ma, come spesso accade, si paga un prezzo superiore per avere qualcosa in più. In questo caso si paga con la pesantezza del simbolo la sua chiarezza espressiva, nel senso che M_Q^E si *autodescrive* come la *matrice della forma quadratica Q riferita alla base canonica E.*

A che cosa serve tale descrizione? Detto $v = (x_1, x_2, \ldots, x_n)$, la forma quadratica viene dunque scritta nel seguente modo

$$Q = (M_v^E)^{\text{tr}} \, M_Q^E \, M_v^E \tag{2}$$

E dove sta il vantaggio di leggere la forma quadratica in tale modo, che a prima vista sembra solo più astruso? Consideriamo un'altra base $F = (v_1, v_2, \ldots, v_n)$ di $\mathbb{R}^n$. Abbiamo visto nella Sezione 4.8 che la circostanza di essere una base si traduce nel fatto che la matrice M_F^E è invertibile e abbiamo anche visto che $M_v^E = M_F^E \, M_v^F$. Se sostituiamo nella uguaglianza (2), otteniamo

$$Q = (M_F^E \, M_v^F)^{\text{tr}} \, M_Q^E \, M_F^E M_v^F = (M_v^F)^{\text{tr}} (M_F^E)^{\text{tr}} \, M_Q^E \, M_F^E \, M_v^F \tag{3}$$

Ed ecco la sorpresa. La formula precedente esprime il fatto che se la matrice della forma quadratica Q riferita a E è M_Q^E, la matrice della stessa forma quadratica riferita a F è $(M_F^E)^{\text{tr}} \, M_Q^E \, M_F^E$. Abbiamo dunque a disposizione la seguente formula

$$M_Q^F = (M_F^E)^{\text{tr}} \, M_Q^E \, M_F^E \tag{4}$$

A questo punto non è ancora affatto chiaro come si possa utilizzare una formula siffatta e, prima di procedere con lo studio, vediamo almeno di capire quale sarà l'idea di base. Per il momento accontentiamoci di sapere che, avendo a disposizione una formula come la (4), si può sperare di trovare una opportuna base F tale che la matrice $(M_F^E)^{\text{tr}} \, M_Q^E \, M_F^E$ sia *più facile* della matrice M_Q^E. Studiando le matrici associate a sistemi lineari, abbiamo già imparato che *più facile* significa *più ricca di zeri* e infatti se la matrice $(M_F^E)^{\text{tr}} \, M_Q^E \, M_F^E$ è più ricca di zeri, la forma quadratica è anche più ricca di zeri e dunque più facile da descrivere.

Per il momento tutto questo discorso è necessariamente un po' vago e quindi è giunta l'ora di vedere un esempio.

Esempio 5.1.2. Facciamo sparire il termine misto
Consideriamo la forma quadratica $Q = 3x^2 - 4xy + 3y^2$ nelle due variabili x, y. Siano $v_1 = (\frac{\sqrt{2}}{2}, \frac{\sqrt{2}}{2})$, $v_2 = (-\frac{\sqrt{2}}{2}, \frac{\sqrt{2}}{2})$ e sia $F = (v_1, v_2)$.
Si ha $M_F^E = \begin{pmatrix} \frac{\sqrt{2}}{2} & -\frac{\sqrt{2}}{2} \\ \frac{\sqrt{2}}{2} & \frac{\sqrt{2}}{2} \end{pmatrix}$ e poiché $\det(M_F^E) = 1$ deduciamo che la matrice è invertibile e dunque F è una base di $\mathbb{R}^2$. Come risulta scritta la forma quadratica Q rispetto alla base F? La formula (4) fornisce la risposta e dunque si ha

$$M_Q^F = \begin{pmatrix} \frac{\sqrt{2}}{2} & \frac{\sqrt{2}}{2} \\ -\frac{\sqrt{2}}{2} & \frac{\sqrt{2}}{2} \end{pmatrix} \begin{pmatrix} 3 & -2 \\ -2 & 3 \end{pmatrix} \begin{pmatrix} \frac{\sqrt{2}}{2} & -\frac{\sqrt{2}}{2} \\ \frac{\sqrt{2}}{2} & \frac{\sqrt{2}}{2} \end{pmatrix} = \begin{pmatrix} 1 & 0 \\ 0 & 5 \end{pmatrix}$$

Questo significa che, se il ragionamento è stato ben fatto e le nuove coordinate del vettore v si chiamano x', y', la forma quadratica si scrive $x'^2 + 5y'^2$. Verifichiamolo.

Si ha

$$\begin{pmatrix} x \\ y \end{pmatrix} = M_v^E = M_F^E M_v^F = \begin{pmatrix} \frac{\sqrt{2}}{2} & -\frac{\sqrt{2}}{2} \\ \frac{\sqrt{2}}{2} & \frac{\sqrt{2}}{2} \end{pmatrix} \begin{pmatrix} x' \\ y' \end{pmatrix}$$

Di conseguenza si ha

$$x = \frac{\sqrt{2}}{2}(x' - y') \qquad y = \frac{\sqrt{2}}{2}(x' + y')$$

Proviamo a sostituire nella espressione $Q = 3x^2 - 4xy + 3y^2$ e otteniamo

$$Q = 3(\frac{\sqrt{2}}{2}(x'-y'))^2 - 4(\frac{\sqrt{2}}{2}(x'-y'))(\frac{\sqrt{2}}{2}(x'+y')) + 3(\frac{\sqrt{2}}{2}(x'+y'))^2 = x'^2 + 5y'^2$$

Effettivamente il coefficiente di $x'y'$ è zero e dunque *il termine misto è sparito*. Come si vede, l'uso sapiente delle matrici ci ha permesso di trovare un nuovo sistema di coordinate rispetto al quale la forma quadratica ha un aspetto più semplice. Infatti prima compariva il termine misto xy e ora il termine misto $x'y'$ non compare più.

Questo esempio, per quanto interessante possa sembrare, non è ancora soddisfacente. Infatti *tutti* i lettori avranno notato che la scelta della nuova base non si capisce come sia stata fatta. Quale oracolo ci ha detto che dovevamo proprio scegliere i vettori $v_1 = (\frac{\sqrt{2}}{2}, \frac{\sqrt{2}}{2})$, $v_2 = (-\frac{\sqrt{2}}{2}, \frac{\sqrt{2}}{2})$?

Per sapere come va a finire dobbiamo pazientare un po' e percorrere una strada abbastanza lunga. Certamente non si può procedere per tentativi, abbiamo bisogno di un metodo. Ma prima di concludere questa sezione è opportuno fare una ulteriore osservazione, che è racchiusa nel seguente esempio.

Esempio 5.1.3. Matrice identica e modulo

Che cosa succede se $M_Q^E = I_n$? È presto detto, infatti se $v = (x_1, x_2, \ldots, x_n)$ è il vettore generico, si hanno le seguenti uguaglianze

$$Q = (x_1 \quad x_2 \quad \cdots \quad x_n) \, I_n \begin{pmatrix} x_1 \\ x_2 \\ \vdots \\ x_n \end{pmatrix} = x_1^2 + x_2^2 + \cdots + x_n^2 = |v|^2$$

Quindi abbiamo facilmente scoperto che se la matrice della forma quadratica è quella identica, allora la forma stessa altro non è che il *quadrato del modulo*. Questa particolare forma quadratica dunque è intrinsecamente legata con il concetto di *lunghezza di un vettore* e quindi con quello di *distanza*. Ancora una volta geometria e algebra si intrecciano e l'una motiva l'altra.

5.2 Operazioni elementari su matrici simmetriche

La sezione precedente ha portato alla luce un profondo legame tra forme quadratiche e matrici simmetriche. È ora il caso di approfondirlo. Sia dunque A una matrice simmetrica reale di tipo n. Abbiamo visto che A si può pensare come la matrice di una forma quadratica nelle n variabili $x_1, \ldots, x_n$, riferita alla base canonica $E = (e_1, \ldots, e_n)$ di $\mathbb{R}^n$. Abbiamo anche notato che il cambio da E ad un'altra base F *modifica* A trasformandola nella matrice $P^{tr} A P$, dove $P = M_F^E$. Se l'obiettivo è quello di *semplificare* A, dobbiamo attrezzarci a sapere usare bene operazioni del tipo $P^{tr} A P$ con P invertibile.

Ricordate la riduzione gaussiana? Tale procedura permetteva di manipolare una matrice A, fino a farla diventare triangolare superiore, mediante operazioni elementari sulle righe. Mettendo insieme tali operazioni, ossia moltiplicando le corrispondenti matrici elementari, si otteneva $PA = U$ con P invertibile perché prodotto di matrici elementari e U triangolare superiore.

Possiamo fare la stessa cosa nel nuovo caso? Certamente no, perché così facendo distruggiamo la simmetria. Abbiamo bisogno di un'altra strategia che porti non a PA ma a $P^{tr} A P$. L'osservazione di fondo è che se si fa una operazione elementare sulle righe e la *stessa operazione elementare sulle colonne*, non si rompe la simmetria. Infatti, se una operazione elementare sulle righe ha un certo effetto, l'effetto *simmetrico* si ottiene con la corrispondente operazione elementare sulle colonne. Come facciamo ad essere sicuri che questa idea sia corretta? I matematici impongono di fare delle dimostrazioni rigorose, ma intanto dobbiamo sapere che cosa dimostrare.

Si osservi che se M, N sono due matrici tali che si possa fare il prodotto MN, allora

$$(MN)^{tr} = N^{tr} M^{tr} \tag{1}$$

Si osservi inoltre che per ogni matrice A vale l'uguaglianza

$$(A^{tr})^{tr} = A \tag{2}$$

È anche vero il seguente fatto

$$\textbf{A è simmetrica se e solo se}\quad A = A^{tr} \tag{3}$$

Infine, se A è invertibile si ha l'uguaglianza

$$(A^{tr})^{-1} = (A^{-1})^{tr} \tag{4}$$

Le dimostrazioni di questi fatti non vengono riportate, ma suggeriamo di provarci, perché sono tutte veramente facili.

Come conseguenza abbiamo il fatto che se A è una matrice simmetrica e B una matrice quadrata dello stesso tipo di A, allora la matrice $B^{tr} A B$ è simmetrica. Infatti basta usare le regole $(1), (2)$ per ottenere le uguaglianze

$$(B^{tr} A B)^{tr} = B^{tr} A^{tr} (B^{tr})^{tr} = B^{tr} A B$$

e concludere usando la regola (3).

Consapevoli che con operazioni del tipo $B^{\mathrm{tr}} A B$ non si perde la simmetria di A, torniamo alla strategia di fare operazioni elementari su righe e colonne. Cerchiamo di capirla usando esempi.

Esempio 5.2.1. Sia $A = \left(\begin{smallmatrix} 1 & 2 \\ 2 & 3 \end{smallmatrix}\right)$. Possiamo usare $a_{11} = 1$ come pivot e fare un passo di riduzione gaussiana sottraendo alla seconda riga la prima moltiplicata per 2. Sappiamo che ciò significa moltiplicare a sinistra per la matrice elementare $E_1 = \left(\begin{smallmatrix} 1 & 0 \\ -2 & 1 \end{smallmatrix}\right)$. Si ottiene $B = E_1 A = \left(\begin{smallmatrix} 1 & 2 \\ 0 & -1 \end{smallmatrix}\right)$, che non è più simmetrica. Allora consideriamo $(E_1)^{\mathrm{tr}} = \left(\begin{smallmatrix} 1 & -2 \\ 0 & 1 \end{smallmatrix}\right)$ e la moltiplichiamo a destra per B ottenendo $B(E_1)^{\mathrm{tr}} = \left(\begin{smallmatrix} 1 & 0 \\ 0 & -1 \end{smallmatrix}\right)$. Ecco ottenuta una matrice simmetrica ricca di zeri. In conclusione, ponendo $P = (E_1)^{\mathrm{tr}}$, si ha

$$P = \begin{pmatrix} 1 & -2 \\ 0 & 1 \end{pmatrix} \qquad P^{\mathrm{tr}} A P = \begin{pmatrix} 1 & 0 \\ 0 & -1 \end{pmatrix}$$

Se A si pensa come la matrice della forma quadratica $x^2 + 4xy + 3y^2$, allora rispetto alla nuova base $F = (v_1, v_2)$, dove $v_1 = e_1$, $v_2 = (-2, 1)$, la stessa forma si scrive $x'^2 - y'^2$.

Capito questo, siamo a buon punto. Ora sappiamo che possiamo procedere come col metodo di Gauss fintanto che sulla diagonale principale al posto giusto c'è un pivot non nullo. Ma ovviamente questo non basta. Può capitare che al posto giusto sulla diagonale principale ci sia zero. Che fare? Nel caso del metodo di Gauss scambiavamo due righe opportune. Possiamo fare la stessa cosa nella nostra situazione? Da quanto detto prima, uno scambio di righe deve essere accompagnato dal corrispondente scambio di colonne. Vediamo se funziona.

Esempio 5.2.2. Sia $A = \left(\begin{smallmatrix} 0 & 1 \\ 1 & 2 \end{smallmatrix}\right)$. Dato che $a_{11} = 0$ proviamo a scambiare le righe e anche le colonne. Per fare ciò basta porre $E_1 = \left(\begin{smallmatrix} 0 & 1 \\ 1 & 0 \end{smallmatrix}\right)$ e ottenere

$$(E_1)^{\mathrm{tr}} A E_1 = \begin{pmatrix} 2 & 1 \\ 1 & 0 \end{pmatrix}$$

Questa matrice ha il pivot non nullo al posto giusto e dunque si può procedere come nell'esempio precedente. Si ottiene

$$\begin{pmatrix} 1 & 0 \\ -\frac{1}{2} & 1 \end{pmatrix} \begin{pmatrix} 2 & 1 \\ 1 & 0 \end{pmatrix} \begin{pmatrix} 1 & -\frac{1}{2} \\ 0 & 1 \end{pmatrix} = \begin{pmatrix} 2 & 1 \\ 0 & -\frac{1}{2} \end{pmatrix} \begin{pmatrix} 1 & -\frac{1}{2} \\ 0 & 1 \end{pmatrix} = \begin{pmatrix} 2 & 0 \\ 0 & -\frac{1}{2} \end{pmatrix}$$

Ponendo dunque $P^{\mathrm{tr}} = \left(\begin{smallmatrix} 1 & 0 \\ -\frac{1}{2} & 1 \end{smallmatrix}\right) \left(\begin{smallmatrix} 0 & 1 \\ 1 & 0 \end{smallmatrix}\right) = \left(\begin{smallmatrix} 0 & 1 \\ 1 & -\frac{1}{2} \end{smallmatrix}\right)$, si ottiene

$$P^{\mathrm{tr}} A P = \begin{pmatrix} 2 & 0 \\ 0 & -\frac{1}{2} \end{pmatrix}$$

Tutto fatto? No, resta ancora un caso in cui il discorso precedente non funziona. Vediamolo.

Esempio 5.2.3. Sia $A = \begin{pmatrix} 0 & a \\ a & 0 \end{pmatrix}$ con $a \neq 0$. Si osservi che se facciamo uno scambio sia di righe che di colonne non otteniamo nulla. Infatti

$$\begin{pmatrix} 0 & 1 \\ 1 & 0 \end{pmatrix} \begin{pmatrix} 0 & a \\ a & 0 \end{pmatrix} \begin{pmatrix} 0 & 1 \\ 1 & 0 \end{pmatrix} = \begin{pmatrix} 0 & a \\ a & 0 \end{pmatrix}$$

Ma c'è rimedio. Se consideriamo la matrice $P = \begin{pmatrix} 1 & -1 \\ 1 & 1 \end{pmatrix}$, otteniamo

$$P^{\mathrm{tr}} A P = \begin{pmatrix} 1 & 1 \\ -1 & 1 \end{pmatrix} \begin{pmatrix} 0 & a \\ a & 0 \end{pmatrix} \begin{pmatrix} 1 & -1 \\ 1 & 1 \end{pmatrix} = \begin{pmatrix} 2a & 0 \\ 0 & -2a \end{pmatrix}$$

Finalmente abbiamo a disposizione tutti gli strumenti che ci servono, dunque mettiamoci al lavoro. Proviamo a manipolare un esempio un poco più consistente.

Esempio 5.2.4. Consideriamo la seguente matrice simmetrica reale

$$A = \begin{pmatrix} 2 & -8 & -3 & -3 \\ -8 & 29 & \frac{79}{6} & \frac{71}{6} \\ -3 & \frac{79}{6} & \frac{437}{108} & \frac{601}{108} \\ -3 & \frac{71}{6} & \frac{601}{108} & \frac{485}{108} \end{pmatrix}$$

Usiamo $a_{11} = 2$ come pivot per ottenere zeri sulla prima riga e colonna. Si ha

$$(E_1)^{\mathrm{tr}} = \begin{pmatrix} 1 & 0 & 0 & 0 \\ 4 & 1 & 0 & 0 \\ \frac{3}{2} & 0 & 1 & 0 \\ \frac{3}{2} & 0 & 0 & 1 \end{pmatrix} \qquad (E_1)^{\mathrm{tr}} A E_1 = \begin{pmatrix} 2 & 0 & 0 & 0 \\ 0 & -3 & \frac{7}{6} & -\frac{1}{6} \\ 0 & \frac{7}{6} & -\frac{49}{108} & \frac{115}{108} \\ 0 & -\frac{1}{6} & \frac{115}{108} & -\frac{1}{108} \end{pmatrix}$$

Ora usiamo l'entrata -3 di posto $(2,2)$ come pivot. Otteniamo

$$(E_2)^{\mathrm{tr}} = \begin{pmatrix} 1 & 0 & 0 & 0 \\ 0 & 1 & 0 & 0 \\ 0 & \frac{7}{18} & 1 & 0 \\ 0 & -\frac{1}{18} & 0 & 1 \end{pmatrix} \qquad (E_2)^{\mathrm{tr}} (E_1)^{\mathrm{tr}} A E_1 E_2 = \begin{pmatrix} 2 & 0 & 0 & 0 \\ 0 & -3 & 0 & 0 \\ 0 & 0 & 0 & 1 \\ 0 & 0 & 1 & 0 \end{pmatrix}$$

Quest'ultima matrice va trattata con il metodo visto nell'esempio precedente. Dunque si ha

$$(E_3)^{\mathrm{tr}} = \begin{pmatrix} 1 & 0 & 0 & 0 \\ 0 & 1 & 0 & 0 \\ 0 & 0 & 1 & 1 \\ 0 & 0 & -1 & 1 \end{pmatrix} \qquad (E_3)^{\mathrm{tr}}(E_2)^{\mathrm{tr}}(E_1)^{\mathrm{tr}} A E_1 E_2 E_3 = \begin{pmatrix} 2 & 0 & 0 & 0 \\ 0 & -3 & 0 & 0 \\ 0 & 0 & 2 & 0 \\ 0 & 0 & 0 & -2 \end{pmatrix}$$

Ora poniamo

$$P = E_1 E_2 E_3 = \begin{pmatrix} 1 & 4 & \frac{13}{3} & -\frac{16}{9} \\ 0 & 1 & \frac{1}{3} & -\frac{4}{9} \\ 0 & 0 & 1 & -1 \\ 0 & 0 & 1 & 1 \end{pmatrix}$$

e abbiamo finalmente

$$P^{\mathrm{tr}} A P = \begin{pmatrix} 2 & 0 & 0 & 0 \\ 0 & -3 & 0 & 0 \\ 0 & 0 & 2 & 0 \\ 0 & 0 & 0 & -2 \end{pmatrix}$$

La conclusione di questi ragionamenti è la seguente. *Consideriamo le operazioni elementari sulle righe e le corrispondenti operazioni elementari sulle colonne di una matrice simmetrica reale. A queste aggiungiamo un tipo di operazione elementare basata sull'Esempio 5.2.3. Usando queste operazioni elementari, la matrice di una qualsiasi forma quadratica si trasforma in una matrice diagonale.* Nel linguaggio delle forme quadratiche possiamo fare la seguente affermazione.

Ogni forma quadratica reale si può rappresentare mediante una matrice diagonale.

Se la matrice della forma quadratica è A e le matrici elementari riguardanti le operazioni sulle colonne sono $E_1, E_2, \ldots, E_r$ allora la matrice

$$B = (E_r)^{\mathrm{tr}} \cdots (E_2)^{\mathrm{tr}} (E_1)^{\mathrm{tr}} A E_1 E_2 \cdots E_r$$

è diagonale. Posto $P = E_1 E_2 \cdots E_r$ si ha

$$B = P^{\mathrm{tr}} A P$$

con P invertibile e B diagonale.

A questo punto è importante conoscere la seguente terminologia. Si chiama **congruenza** la relazione tra matrici reali simmetriche A, B dello stesso tipo, data dall'esistenza di P invertibile con $B = P^{\mathrm{tr}} A P$, e i matematici amano osservare che si tratta di una relazione di equivalenza. L'affermazione precedente, che ogni forma quadratica reale si può rappresentare mediante una matrice diagonale, può dunque essere espressa in linguaggio puramente matriciale con la seguente proposizione.

Ogni matrice simmetrica reale è congruente con una matrice diagonale.

Ancora un piccolo sforzo e arriviamo ad un punto molto importante. Abbiamo visto che se Q è una forma quadratica reale in n variabili, allora esiste una base F di $\mathbb{R}^n$ tale che M_Q^F è diagonale. Con opportuni scambi simultanei di righe e colonne, si può dunque supporre che sulla diagonale ci siano prima numeri positivi, poi numeri negativi, poi nulli. A qualche lettore non risulta del tutto chiaro questo fatto? Vediamo subito un esempio.

Esempio 5.2.5. Consideriamo la seguente matrice simmetrica

$$A = \begin{pmatrix} 0 & -2 & 1 \\ -2 & -4 & 0 \\ 1 & 0 & 1 \end{pmatrix} \in \mathrm{Mat}_3(\mathbb{R})$$

e la corrispondente forma quadratica reale $Q = -4x_1\,x_2 + 2x_1\,x_3 - 4x_2^2 + x_3^2$. Operiamo uno scambio simultaneo delle prime due righe e colonne mediante la seguente operazione elementare

$$A_1 = E_1^{\mathrm{tr}}\,AE_1 = \begin{pmatrix} -4 & -2 & 0 \\ -2 & 0 & 1 \\ 0 & 1 & 1 \end{pmatrix} \qquad \text{dove} \qquad E_1 = \begin{pmatrix} 0 & 1 & 0 \\ 1 & 0 & 0 \\ 0 & 0 & 1 \end{pmatrix}$$

Facciamo un'altra operazione elementare

$$A_2 = E_2^{\mathrm{tr}}\,A_1 E_2 = \begin{pmatrix} -4 & 0 & 0 \\ 0 & 1 & 1 \\ 0 & 1 & 1 \end{pmatrix} \qquad \text{dove} \qquad E_2 = \begin{pmatrix} 1 & -\frac{1}{2} & 0 \\ 0 & 1 & 0 \\ 0 & 0 & 1 \end{pmatrix}$$

Facciamo ancora una operazione elementare

$$A_3 = E_3^{\mathrm{tr}}\,A_2 E_3 = \begin{pmatrix} -4 & 0 & 0 \\ 0 & 1 & 0 \\ 0 & 0 & 0 \end{pmatrix} \qquad \text{dove} \qquad E_3 = \begin{pmatrix} 1 & 0 & 0 \\ 0 & 1 & -1 \\ 0 & 0 & 1 \end{pmatrix}$$

Finalmente abbiamo ottenuto una matrice diagonale A_3, ma preferiremmo avere sulla diagonale prima gli elementi positivi, poi quelli negativi, poi quelli nulli. Nel nostro caso basta fare uno scambio simultaneo delle prime due righe e colonne. Facciamolo

$$A_4 = E_4^{\mathrm{tr}}\,A_3 E_4 = \begin{pmatrix} 1 & 0 & 0 \\ 0 & -4 & 0 \\ 0 & 0 & 0 \end{pmatrix} \qquad \text{dove} \qquad E_4 = \begin{pmatrix} 0 & 1 & 0 \\ 1 & 0 & 0 \\ 0 & 0 & 1 \end{pmatrix}$$

Si ha dunque

$$(E_1 E_2 E_3 E_4)^{\mathrm{tr}}\,A\,(E_1 E_2 E_3 E_4) = \begin{pmatrix} 1 & 0 & 0 \\ 0 & -4 & 0 \\ 0 & 0 & 0 \end{pmatrix}$$

Ma i matematici non sono ancora del tutto soddisfatti. Infatti essi notano che *ogni numero reale positivo a è un quadrato*, più precisamente è il quadrato di quel numero che si chiama *radice quadrata aritmetica* di a, e che viene indicato con $\sqrt{a}$. Di conseguenza, se $a > 0$ si ha $a = (\sqrt{a})^2$ e $-a = -(\sqrt{a})^2$. Ad esempio si hanno le uguaglianze $\sqrt{4} = 2$, $4 = 2^2$, $-4 = -2^2$ e analogamente si hanno le uguaglianze $3 = (\sqrt{3})^2$, $-3 = -(\sqrt{3})^2$.

Come viene utilizzata questa osservazione? Torniamo per un momento all'esempio precedente e osserviamo che

$$\begin{pmatrix} 1 & 0 & 0 \\ 0 & -\frac{1}{2} & 0 \\ 0 & 0 & 1 \end{pmatrix} \begin{pmatrix} 1 & 0 & 0 \\ 0 & -4 & 0 \\ 0 & 0 & 0 \end{pmatrix} \begin{pmatrix} 1 & 0 & 0 \\ 0 & -\frac{1}{2} & 0 \\ 0 & 0 & 1 \end{pmatrix} = \begin{pmatrix} 1 & 0 & 0 \\ 0 & -1 & 0 \\ 0 & 0 & 0 \end{pmatrix}$$

Se poniamo

$$E_5 = \begin{pmatrix} 1 & 0 & 0 \\ 0 & -\frac{1}{2} & 0 \\ 0 & 0 & 1 \end{pmatrix} \qquad B = \begin{pmatrix} 1 & 0 & 0 \\ 0 & -1 & 0 \\ 0 & 0 & 0 \end{pmatrix}$$

$$P = E_1 E_2 E_3 E_4 E_5 = \begin{pmatrix} 1 & 0 & -1 \\ -\frac{1}{2} & -\frac{1}{2} & \frac{1}{2} \\ 0 & 0 & 1 \end{pmatrix}$$

si ha quindi l'uguaglianza

$$P^{\mathrm{tr}} A P = B$$

Si osservi che B non solo è diagonale, ma ha anche la particolarità che le entrate sulla diagonale sono numeri nell'insieme $\{1, 0, -1\}$ e per di più messi in ordine, nel senso che troviamo prima una sequenza di numeri 1, poi una sequenza di numeri -1 e infine una sequenza di numeri 0. Una matrice con tali caratteristiche viene detta **matrice in forma canonica**. Se si pone $P = M_F^E$, si ottiene $F = (v_1, v_2, v_3)$ dove $v_1 = (1, -\frac{1}{2}, 0)$, $v_2 = (0, -\frac{1}{2}, 0)$, $v_3 = (-1, \frac{1}{2}, 1)$. Dato che $\det(P) = -\frac{1}{2}$, la matrice P è invertibile e dunque F è base di $\mathbb{R}^3$. Posto $(x_1, x_2, x_3)^{\mathrm{tr}} = M_v^E$, $(y_1, y_2, y_3)^{\mathrm{tr}} = M_v^F$ si ha

$$(x_1, x_2, x_3)^{\mathrm{tr}} = M_v^E = M_F^E M_v^F = P (y_1, y_2, y_3)^{\mathrm{tr}}$$

e dunque

$$\begin{pmatrix} x_1 \\ x_2 \\ x_3 \end{pmatrix} = \begin{pmatrix} 1 & 0 & -1 \\ -\frac{1}{2} & -\frac{1}{2} & \frac{1}{2} \\ 0 & 0 & 1 \end{pmatrix} \begin{pmatrix} y_1 \\ y_2 \\ y_3 \end{pmatrix} = \begin{pmatrix} y_1 - y_3 \\ -\frac{1}{2}y_1 - \frac{1}{2}y_2 + \frac{1}{2}y_3 \\ y_3 \end{pmatrix}$$

Proviamo a sostituire nella espressione $Q = -4x_1 x_2 + 2x_1 x_3 - 4x_2^2 + x_3^2$ e otteniamo l'uguaglianza

$$4(y_1 - y_3)(-\tfrac{1}{2}y_1 - \tfrac{1}{2}y_2 + \tfrac{1}{2}y_3) + 2(y_1 - y_3)y_3 - 4(-\tfrac{1}{2}y_1 - \tfrac{1}{2}y_2 + \tfrac{1}{2}y_3)^2 + y_3^2 = y_1^2 - y_2^2$$

Come previsto dai calcoli fatti prima, si ha $M_Q^F = B$. Coerentemente con la dicitura precedente, si dice che $Q = y_1^2 - y_2^2$ è la **forma canonica della forma quadratica** Q. Arrivati a questo punto, non dovrebbe stupire il fatto che quanto illustrato in precedenza ha carattere generale, quindi vale il seguente fatto.

Ogni matrice simmetrica reale è congruente con una matrice in forma canonica.

Equivalentemente, si ha il seguente fatto.

Ogni forma quadratica reale può essere messa in forma canonica.

Il senso è che esiste una base F di $\mathbb{R}^n$ tale che la forma espressa nelle coordinate rispetto a F si scrive nel seguente modo

$$y_1^2 + \cdots + y_r^2 - y_{r+1}^2 - \cdots - y_{r+s}^2 \quad \text{con} \quad r + s \leq n$$

5.3 Forme quadratiche, funzioni, positività

Ora che abbiamo visto come trasformare la matrice di rappresentazione di ogni forma quadratica in una matrice diagonale o addirittura in una matrice in forma canonica, abbiamo la possibilità di studiare alcune importanti proprietà. In particolare siamo interessati a studiare il comportamento di una forma quadratica reale Q *pensata come funzione da* $\mathbb{R}^n$ *a* $\mathbb{R}$. Questo è un aspetto nuovo che non abbiamo ancora considerato, quindi è opportuno fare un momento di pausa e riflettere sulla novità. Prendiamo ad esempio il polinomio $f = x^2 - yz^3 + x - 1$. Se al posto di x, y, z mettiamo dei numeri reali, eseguendo le operazioni indicate otteniamo un numero reale. Ad esempio se $x = 2$, $y = \frac{1}{2}$, $z = -5$, e $v = (2, \frac{1}{2}, -5)$, otteniamo $f(v) = \frac{135}{2}$. Questo significa che il polinomio f può agire come funzione che prende valori in $\mathbb{R}^3$ e restituisce valori in $\mathbb{R}$. I matematici dicono sinteticamente che il polinomio f si può interpretare come funzione da $\mathbb{R}^3$ a $\mathbb{R}$ e scrivono $f : \mathbb{R}^3 \longrightarrow \mathbb{R}$.

Al lettore attento non sarà sfuggito il fatto che il ragionamento precedente si può applicare a qualsiasi polinomio, in particolare alle forme quadratiche, che, come abbiamo detto, sono particolari polinomi di secondo grado. Quindi se $Q = a_{11}x_1^2 + 2a_{12}x_1x_2 + \cdots a_{nn}x_n^2$ è una forma quadratica in n variabili, essa si può interpretare come funzione $Q : \mathbb{R}^n \longrightarrow \mathbb{R}$. Vediamo di esplorare questo aspetto. Una prima osservazione è che se v è il vettore nullo, allora $Q(v) = 0$. Ma se v è non nullo, possiamo dire qualcosa su $Q(v)$? Possiamo ad esempio sapere se $Q(v) \geq 0$ o $Q(v) \leq 0$? Evidentemente se prendiamo un singolo vettore v basta calcolare $Q(v)$. Ma se volessimo informazioni più generali? Ad esempio, se volessimo sapere se $Q(v) > 0$ per ogni $v \neq 0$, come potremmo fare? Certamente non possiamo fare infinite valutazioni e quindi abbiamo bisogno di qualche altra informazione.

Prima di procedere facciamo una piccola digressione di natura squisitamente tecnica. Al matematico piace mettere in evidenza il fatto che, per parlare di positività di una forma quadratica, la forma stessa deve essere definita su un **corpo ordinato**. Ad esempio non se ne può parlare se il corpo è $\mathbb{C}$, ossia il corpo dei numeri complessi o se è $\mathbb{Z}_2$, già considerato e apprezzato nella Sezione 2.5. D'altra parte noi abbiamo deciso all'inizio di questa sezione di lavorare sul corpo $\mathbb{R}$ e quindi non abbiamo problemi, nel senso che ogni numero reale non nullo o è positivo o è negativo. Come al solito, per mettere meglio a fuoco la situazione vediamo alcuni esempi.

Esempio 5.3.1. Consideriamo le variabili x_1, x_2, x_3, e sia $v = (x_1, x_2, x_3)$ il vettore generico di $\mathbb{R}^3$. La forma quadratica

$$Q(v) = x_1^2 + x_2^2 + 3x_3^2 \tag{1}$$

ha la proprietà che $Q(v) > 0$ per ogni vettore $v \neq 0$. Infatti il quadrato di ogni numero reale non nullo è positivo e quindi, quando si sostituiscono le tre coordinate del vettore, i tre addendi assumono tutti valori non negativi. D'altra parte almeno uno dei tre addendi è positivo, dato che il vettore è diverso da quello nullo e quindi ha almeno una coordinata non nulla.

La forma quadratica

$$Q(v) = 3x_1^2 + 8x_3^2 \tag{2}$$

ha la proprietà che $Q(v) \geq 0$ per ogni vettore $v \neq 0$. Ma, a differenza della precedente, assume valore nullo anche su vettori non nulli, come ad esempio il vettore $v = (0, 1, 0)$.

La forma quadratica

$$Q(v) = 3x_1^2 - 8x_3^2 \tag{3}$$

assume sia valori positivi che valori negativi. Ad esempio si hanno i seguenti valori: $Q(1, 0, 0) = 3$, $Q(0, 0, 1) = -8$.

Il lettore avrà notato che gli esempi precedenti sono facilmente studiabili perché le forme quadratiche considerate hanno associata una matrice diagonale. Matrice diagonale significa che i coefficienti dei termini misti, ossia quelli del tipo $x_i x_j$ con $i \neq j$, sono nulli o, come si dice in forma più colloquiale, i termini misti non ci sono. Ma ad esempio per la forma quadratica

$$Q(v) = 2x_1^2 + 2x_1 x_2 + 2x_2^2 + 2x_2 x_3 + 3x_3^2 \tag{4}$$

che cosa si può dire?

A questo punto è il caso di fare una pensata furba. Se oltre alla base canonica E consideriamo un'altra base F, sappiamo che ogni vettore v si può rappresentare sia mediante E che F e sappiamo anche che valgono le formule

$$Q(v) = (M_v^E)^{\mathrm{tr}} M_Q^E M_v^E \qquad Q(v) = (M_v^F)^{\mathrm{tr}} M_Q^F M_v^F$$

Inoltre abbiamo a disposizione la formula (4) della Sezione 5.1

$$M_Q^F = (M_F^E)^{\mathrm{tr}} \, M_Q^E M_F^E$$

Di conseguenza, quando rappresentiamo la forma quadratica Q con M_Q^E o con M_Q^F, abbiamo rappresentazioni completamente diverse *della stessa forma*. D'altra parte dovrebbe essere chiaro il fatto che una proprietà intrinseca della forma *non dipende dalla sua rappresentazione*. I problemi di positività che ci siamo posti indagano un aspetto intrinseco della forma, in quanto riguardano la forma pensata come funzione. Non dipendono da come la forma viene rappresentata e, di conseguenza, per studiarli possiamo usare *qualsiasi matrice M_Q^F*. Abbiamo visto prima con esempi che l'assenza di termini misti facilita la soluzione e quindi una strategia vincente è quella di cercare una base F tale che M_Q^F sia diagonale, cosa che peraltro sappiamo già fare.

Fissiamo un poco di terminologia. Una forma quadratica che assume valori positivi per ogni vettore non nullo si dice **definita positiva**. Se invece assume valori non negativi si dice **semidefinita positiva**. Infine se assume valori sia positivi che negativi si dice che la forma non è definita. Naturalmente la terminologia si trasporta alle matrici simmetriche reali, dato che ogni matrice siffatta può essere pensata come M_Q^E e quindi definisce una forma quadratica. Ad esempio diremo che la matrice $A = \begin{pmatrix} 0 & 0 \\ 0 & 1 \end{pmatrix}$ è semidefinita positiva. Infatti A si può interpretare come M_Q^E, dove $Q = x_2^2$ è una forma quadratica in due variabili che assume valori non negativi per ogni vettore di $\mathbb{R}^2$, ma assume valore nullo anche su vettori non nulli, come ad esempio $(1, 0)$.

Avevamo lasciata in sospeso una domanda. Che cosa possiamo dire della forma (4)? Con un poco di spirito di osservazione si nota che

$$2x_1^2 + 2x_1x_2 + 2x_2^2 + 2x_2x_3 + 3x_3^2 = x_1^2 + (x_1 + x_2)^2 + (x_2 + x_3)^2 + 2x_3^2$$

dunque la forma è almeno semidefinita positiva, in quanto somma di quadrati. D'altra parte $Q(v) = 0$ implica $x_1 = x_1 + x_2 = x_1 + x_3 = x_3 = 0$, da cui si deduce che $x_1 = x_2 = x_3 = 0$ e dunque v è il vettore nullo. In questo caso siamo riusciti con un piccolo artificio di calcolo a vedere che Q è definita positiva, ma naturalmente, in generale, non possiamo sperare di procedere con artifici. Fortunatamente però abbiamo a disposizione un metodo che ci permette di dare risposte in generale.

Infatti se Q è una forma quadratica, abbiamo visto nella sezione precedente che, con un opportuno cambio di base, Q si rappresenta con matrice diagonale. Dunque esiste una base F tale che, se diciamo $y_1, y_2, \ldots, y_n$ le coordinate del vettore generico rispetto a F, la forma Q si scrive così

$$Q(v) = b_{11}y_1^2 + b_{22}y_2^2 + \cdots + b_{nn}y_n^2$$

A questo punto è chiaro che la positività della forma dipende dal segno dei coefficienti b_{ij}.

Se i coefficienti b_{ij} sono tutti positivi, la forma è definita positiva; se sono tutti non negativi e qualcuno è nullo allora la forma è semidefinita positiva; se ci sono coefficienti con segni diversi, allora la forma non è definita.

Fine della questione? È proprio necessario rappresentare la forma con matrice diagonale per studiarne la positività? Facciamo un piccolo esperimento.

Esempio 5.3.2. Sia $A = \begin{pmatrix} a & b \\ b & c \end{pmatrix}$, sia $Q = ax_1^2 + 2bx_1x_2 + cx_2^2$ la corrispondente forma quadratica e supponiamo che sia $a \neq 0$. Con un passo elementare si ottiene

$$B = E^{\mathrm{tr}} AE = \begin{pmatrix} a & 0 \\ 0 & c - \frac{b^2}{a} \end{pmatrix} \quad \text{dove} \quad E = \begin{pmatrix} 1 & -\frac{b}{a} \\ 0 & 1 \end{pmatrix}$$

Si osservino i seguenti fatti: non è cambiata l'entrata di posto $(1,1)$; non è cambiato il determinante, che vale $ac - b^2$; detto $\delta = c - \frac{b^2}{a} = \frac{\det(A)}{a}$, la forma rispetto alla nuova base si scrive $ay_1^2 + \delta y_2^2 = ay_1^2 + \frac{\det(A)}{a} y_2^2$. Per quanto detto prima, sappiamo che la forma quadratica è definita positiva se $a > 0$ e $\delta > 0$ e perciò se $a > 0$ e $\det(A) > 0$.

Quindi, per matrici di tipo 2 con $a_{11} \neq 0$, la positività si certifica osservando l'entrata di posto $(1,1)$ e calcolando il determinante. E in generale? Intanto il lettore potrebbe divertirsi a verificare che se $a_{11} = 0$, la matrice non può essere definita positiva. Se non pensa di divertirsi in questo modo può consolarsi con quanto segue.

Si chiama minore di tipo (o ordine) r di una matrice, il determinante di una sottomatrice di tipo r. Si chiama minore principale i-esimo di una matrice, il determinante della sottomatrice formata dalle entrate di posto (r,s) con $1 \leq r \leq i$, $1 \leq s \leq i$.

Usando ragionamenti come nell'esempio precedente, si riesce a provare il cosiddetto **criterio di Sylvester**, il quale afferma il seguente fatto.

Una forma quadratica rappresentata da una matrice simmetrica A è definita positiva se e solo se i suoi minori principali sono tutti positivi.

Ad esempio la forma quadratica associata alla matrice $A = \begin{pmatrix} 1 & 2 \\ 2 & 7 \end{pmatrix}$ è definita positiva perché $a_{11} = 1 > 0$ e $\det(A) = 3 > 0$, mentre quella associata alla matrice $A = \begin{pmatrix} 0 & 1 \\ 1 & 7 \end{pmatrix}$ non è definita positiva perché $a_{11} = 0$.

Per finire la sezione, una *chicca matematica*. Dal criterio di Sylvester si deduce il fatto che *la positività dei minori principali della matrice di una forma quadratica non dipende dalla base scelta per rappresentarla*. Questo è un fatto non banale.

5.4 Decomposizione di Cholesky

Nella sezione precedente ci siamo preoccupati di *studiare* la positività di forme quadratiche. Ma se invece il problema fosse quello di *costruire* forme quadratiche definite positive (o semidefinite positive), come potremmo affrontarlo? Una soluzione è già disponibile e l'abbiamo vista nella sezione precedente; è quella di scrivere una forma quadratica con matrice diagonale avente gli elementi sulla diagonale tutti positivi (o tutti non negativi).

Ma c'è anche un altro modo che si rivela subito essere molto interessante e fornisce matrici definite positive e semidefinite positive anche non diagonali. Vediamolo. Supponiamo di avere una matrice A qualsiasi, anche non quadrata. Consideriamo la sua trasposta A^{tr} e proviamo a fare il prodotto $A^{\mathrm{tr}}A$. Intanto osserviamo che se A è di tipo (r, c), allora A^{tr} è di tipo (c, r) e dunque il prodotto $A^{\mathrm{tr}}A$ si può eseguire e fornisce come risultato una matrice quadrata di tipo c. Inoltre osserviamo che, detta B la matrice $A^{\mathrm{tr}}A$, si ha

$$B^{\mathrm{tr}} = (A^{\mathrm{tr}}A)^{\mathrm{tr}} = A^{\mathrm{tr}}(A^{\mathrm{tr}})^{\mathrm{tr}} = A^{\mathrm{tr}}A = B$$

dunque B è simmetrica di tipo c e perciò la possiamo pensare come matrice di una forma quadratica Q in c variabili. Ora viene la scoperta interessante. Se $v = EM_v^E$ è un generico vettore di $\mathbb{R}^c$, si ha

$$Q(v) = (M_v^E)^{\mathrm{tr}} B M_v^E = (M_v^E)^{\mathrm{tr}} A^{\mathrm{tr}}A\, M_v^E = (A M_v^E)^{\mathrm{tr}}(A M_v^E)$$

Se poniamo

$$AM_v^E = \begin{pmatrix} y_1 \\ y_2 \\ \vdots \\ y_r \end{pmatrix} \tag{$*$}$$

si ha

$$Q(v) = \begin{pmatrix} y_1 & y_2 & \cdots & y_r \end{pmatrix} \begin{pmatrix} y_1 \\ y_2 \\ \vdots \\ y_r \end{pmatrix} = y_1^2 + y_2^2 + \cdots + y_r^2$$

A questo punto possiamo già affermare che la forma è semidefinita positiva. Possiamo anche dire che è definita positiva? In pratica dobbiamo vedere se è vero che $Q(v) = 0$ implica $v = 0$. Ma l'uguaglianza $Q(v) = 0$ equivale all'uguaglianza $y_1^2 + y_2^2 + \cdots + y_r^2 = 0$, che equivale all'annullamento di y_i per ogni $i = 1, \ldots, r$. Quindi si tratta di capire se avere $y_i = 0$ per ogni $i = 1, \ldots, r$ implica $v = 0$. Dalla formula $(*)$ si ricava che avere $y_i = 0$ per ogni $i = 1, \ldots, r$ è precisamente come avere $AM_v^E = 0$ e ciò *non implica in generale* $M_v^E = 0$. Ma lo implica ad esempio se A è invertibile.

Questo non è l'unico caso (come vedremo nella Sezione 6.3), ma comunque ci basta per affermare il seguente importante fatto

Se A è una matrice invertibile, allora $A^{\mathrm{tr}}A$ è definita positiva.

Esempio 5.4.1. Se $A = \left(\begin{smallmatrix} 1 & 1 & 0 \\ 2 & 1 & 3 \end{smallmatrix}\right)$, si ha

$$A^{\mathrm{tr}}A = \begin{pmatrix} 5 & 3 & 6 \\ 3 & 2 & 3 \\ 6 & 3 & 9 \end{pmatrix}$$

Per quanto detto prima, $A^{\mathrm{tr}}A$ è semidefinita positiva. Vediamo che non è definita positiva in due modi diversi.

(1) Portiamo $A^{\mathrm{tr}}A$ in forma diagonale. Si ottiene la matrice

$$D = \begin{pmatrix} 5 & 0 & 0 \\ 0 & \frac{1}{5} & 0 \\ 0 & 0 & 0 \end{pmatrix}$$

che non è definita positiva, dato che sulla diagonale c'è un elemento nullo. D'altra parte D è la matrice della stessa forma quadratica Q definita da $M_Q^E = A^{\mathrm{tr}}A$. Quindi la forma Q non è definita positiva e quindi $A^{\mathrm{tr}}A$ non è definita positiva.

(2) Cerchiamo una soluzione non nulla del sistema lineare $A\mathbf{x} = 0$. Ad esempio $(3, -3, -1)$ è una tale soluzione. Detto $v = (3, -3, -1)$, si ha quindi $AM_v^E = 0$ e di conseguenza $Q(v) = (AM_v^E)^{\mathrm{tr}}(AM_v^E) = 0$.

La cosa curiosa e matematicamente rilevante è che vale una specie di viceversa di quanto visto prima e cioè che, se A è la matrice di una forma definita positiva, allora esiste una **matrice triangolare superiore con diagonale positiva** U tale che $A = U^{\mathrm{tr}}U$. Tale decomposizione della matrice A si chiama **decomposizione di Cholesky** di A. Come è ormai abitudine, vediamo un esempio.

Esempio 5.4.2. Consideriamo la matrice simmetrica

$$A = \begin{pmatrix} 1 & 3 & 1 \\ 3 & 15 & 1 \\ 1 & 1 & 2 \end{pmatrix}$$

Dato che $a_{11} = 1$, il minore principale di tipo 2 vale 6, e il determinante vale 2, deduciamo dal criterio di Sylvester che A è definita positiva. Allora proviamo a fare la decomposizione di Cholesky. Si osservi che abbiamo bisogno di trovare una matrice triangolare superiore U con diagonale positiva, tale che valga l'uguaglianza $A = U^{\mathrm{tr}}U$. Poniamo

$$U = \begin{pmatrix} a & b & c \\ 0 & d & e \\ 0 & 0 & f \end{pmatrix} \quad \text{e allora} \quad U^{\mathrm{tr}}U = \begin{pmatrix} a^2 & ab & ac \\ ab & b^2 + d^2 & bc + de \\ ac & bc + de & c^2 + e^2 + f^2 \end{pmatrix}$$

Uguagliando ad A e tenendo conto della condizione di positività, si ottengono le seguenti uguaglianze: $a = 1$, $b = 3$, $c = 1$, $d = \sqrt{6}$, $e = -\frac{2}{\sqrt{6}}$, $f = \frac{1}{\sqrt{3}}$.

Ed effettivamente, se si pone

$$U = \begin{pmatrix} 1 & 3 & 1 \\ 0 & \sqrt{6} & -\frac{2}{\sqrt{6}} \\ 0 & 0 & \frac{1}{\sqrt{3}} \end{pmatrix}$$

si verifica che valgono le uguaglianze

$$A = \begin{pmatrix} 1 & 3 & 1 \\ 3 & 15 & 1 \\ 1 & 1 & 2 \end{pmatrix} = \begin{pmatrix} 1 & 0 & 0 \\ 3 & \sqrt{6} & 0 \\ 1 & -\frac{2}{\sqrt{6}} & \frac{1}{\sqrt{3}} \end{pmatrix} \begin{pmatrix} 1 & 3 & 1 \\ 0 & \sqrt{6} & -\frac{2}{\sqrt{6}} \\ 0 & 0 & \frac{1}{\sqrt{3}} \end{pmatrix} = U^{\mathrm{tr}} U$$

E se la matrice non è definita positiva? Se il lettore ha posto attenzione alla discussione precedente, non dovrebbe avere difficoltà a seguire il seguente ragionamento. Se vale l'uguaglianza $A = U^{\mathrm{tr}} U$ con U triangolare superiore con diagonale positiva, allora A è semidefinita positiva. Inoltre U è invertibile e abbiamo da poco visto che se U è invertibile, allora $U^{\mathrm{tr}} U$ è necessariamente definita positiva. La conclusione è che se A non è definita positiva non può avere decomposizione di Cholesky. Vediamo un esempio.

Esempio 5.4.3. Sia $A = \begin{pmatrix} 1 & 1 \\ 1 & 0 \end{pmatrix}$, poniamo $U = \begin{pmatrix} a & b \\ 0 & c \end{pmatrix}$ e imponiamo $A = U^{\mathrm{tr}} U$. Facendo i conti si ottiene $a^2 = 1$, $ab = 1$, $b^2 + c^2 = 0$, da cui si deducono le uguaglianze $a = 1$, $b = 1$ e anche $1 + c^2 = 0$ che non è risolubile nei numeri reali. Qualche lettore più informato potrebbe correttamente osservare che il sistema è risolubile nei numeri complessi. Non se ne rallegri troppo, visto che il corpo complesso non è un corpo ordinato e quindi non è adatto a parlare di positività, come già osservato all'inizio della Sezione 5.3.

Per concludere questa sezione, vediamo un paio di *cose matematiche*. La prima osservazione è che anche se le entrate della matrice definita positiva sono razionali, la decomposizione di Cholesky può introdurre radici di numeri razionali e quindi, come nell'esempio precedente, la decomposizione si può fare, ma a patto di ammettere entrate reali. Ricordiamoci che in questa sezione abbiamo assunto di lavorare con i numeri reali e quindi abbiamo escluso questo tipo di problemi.

La seconda osservazione è la seguente. Forse a qualcuno viene la curiosità di vedere come si fa a sapere che, se A è definita positiva, allora si può fare la decomposizione di Cholesky. In altre parole immagino che a qualcuno venga voglia di vedere una *dimostrazione* di questo fatto. Come già detto più volte, questo è compito del matematico. Se il lettore non ha tale curiosità matematica può tralasciare la parte finale della sezione. Ma a questo punto forse un poco di curiosità dovrebbe averla.

Mettiamoci dunque in *modo matematico* e dimostriamo che ogni matrice definita positiva A ammette decomposizione di Cholesky.

Se A è una matrice definita positiva, i suoi minori principali sono positivi. Dato che trasformazioni elementari non alterano i minori principali (questo fatto non è ovvio), dopo ogni operazione elementare su righe e colonne ci si ritrova con un pivot non nullo. Quindi si può procedere con trasformazioni elementari senza scambi di righe e colonne e arrivare alla forma diagonale. Allora si ha la formula $D = P^{\mathrm{tr}} A P$ con D diagonale e tutti elementi positivi sulla diagonale. La matrice P è prodotto di matrici triangolari superiori con tutti uno sulla diagonale e dunque è triangolare superiore con tutti uno sulla diagonale. Anche la sua inversa è triangolare superiore con tutti uno sulla diagonale e dunque si ha $A = (P^{-1})^{\mathrm{tr}} D\ P^{-1}$. Osserviamo che gli elementi della diagonale di D sono positivi e quindi sono quadrati. Se indichiamo con $\sqrt{D}$ la matrice diagonale che ha sulla diagonale le radici aritmetiche dei corrispondenti elementi della diagonale di D, otteniamo $A = (P^{-1})^{\mathrm{tr}} \sqrt{D}^{\mathrm{tr}} \sqrt{D} P^{-1}$. Posto $U = \sqrt{D} P^{-1}$ si arriva alla conclusione che $A = U^{\mathrm{tr}} U$ e si vede che U ha le proprietà richieste.

Come vedete *dimostrare* non è compito facile e viene giustamente lasciato ai matematici, ma è importante che il lettore comprenda la necessità che qualcuno si occupi di questo compito, altrimenti continueremmo ad accumulare esempi, ma non saremmo mai sicuri di poter fare affermazioni generali.

Esercizi

Esercizio 1. Dire quali tra le seguenti espressioni sono forme quadratiche.

(a) $x^2 - 1$

(b) xyz

(c) $x^3 - y^3 + xy - (x - y)^3 - 3xy(x - y) - y^2$

Esercizio 2. Per quali valori di a la forma quadratica $x^2 - axy - a^2y^2$ è il quadrato di una forma lineare?

Esercizio 3. Sia data la seguente matrice simmetrica

$$A = \begin{pmatrix} -4 & 2 \\ 2 & 5 \end{pmatrix}$$

(a) Con operazioni elementari su righe e colonne trasformare A in una matrice diagonale B.

(b) Descrivere le nuove coordinate rispetto alle quali la forma quadratica Q associata ad A ha come matrice B e fare la verifica.

(c) Dedurre che Q non è definita positiva e trovare due vettori u, v di $\mathbb{R}^2$ tali che $Q(u) > 0$ e $Q(v) < 0$.

(d) Esistono vettori non nulli $u \in \mathbb{R}^2$ tali che $Q(u) = 0$?

Esercizio 4. *(Difficile)*

Sia Q la forma quadratica su $\mathbb{Z}_2$ definita da

$$M_Q^E = \begin{pmatrix} 0 & 1 \\ 1 & 0 \end{pmatrix}$$

Dimostrare che non esiste nessuna base F di $(\mathbb{Z}_2)^2$ tale che M_Q^F sia diagonale.

Esercizio 5. Sia Q la forma quadratica definita da

$$M_Q^E = \begin{pmatrix} 0 & -1 & 4 \\ -1 & 0 & -2 \\ 4 & -2 & 7 \end{pmatrix}$$

siano $f_1 = (1, 1, 1)$, $f_2 = (1, 0, 2)$, $f_3 = (0, 2, -1)$ e sia $F = (u_1, u_2, u_3)$.

(a) Verificare che F è base di $\mathbb{R}^3$.

(b) Calcolare M_Q^F.

Esercizio 6. Sia data la seguente matrice simmetrica

$$A = \begin{pmatrix} 8 & -4 & 4 \\ -4 & 6 & 18 \\ 4 & 18 & 102 \end{pmatrix}$$

(a) Dire se A è definita positiva, semidefinita positiva o non definita.

(b) Con operazioni elementari su righe e colonne trasformare A in una matrice diagonale B.

(c) Determinare tutti i vettori $u \in \mathbb{R}^3$ tali che $Q(u) = 0$.

Esercizio 7. Sia data la seguente matrice

$$A = \begin{pmatrix} 1 & 2 & 3 \\ 2 & 4 & 6 \\ 4 & 8 & 12 \end{pmatrix}$$

(a) Portare in forma canonica la forma quadratica Q associata a $B = A^{\mathrm{tr}}A$, e mostrare le matrici di cambiamento di base.

(b) È vero che Q è il quadrato di una forma lineare?

Esercizio 8. Si consideri l'insieme S delle matrici simmetriche reali di tipo 3, o, come direbbero i matematici, si consideri il sottoinsieme $S \subset \mathrm{Mat}_3(\mathbb{R})$ delle matrici simmetriche.

(a) Quante e quali sono in S le matrici in forma canonica?

(b) Quante e quali sono in S le matrici in forma canonica semidefinite positive?

Esercizio 9. Sia $A \in \mathrm{Mat}_n(\mathbb{R})$ una matrice simmetrica reale.

(a) È vero che se A è definita positiva, allora $a_{ii} > 0$ per $i = 1, \dots, n$?

(b) È vero anche il viceversa?

Esercizio 10. Sia data la matrice

$$A = \begin{pmatrix} 1 & 2 \\ 2 & 4 \\ 4 & 0 \end{pmatrix}$$

(a) Fare la decomposizione di Cholesky di $A^{\mathrm{tr}}A$.

(b) È possibile fare la decomposizione di Cholesky di AA^{tr}?

ⓐ **Esercizio 11.** Portare in forma canonica la seguente matrice simmetrica

$$A = \begin{pmatrix} 2 & 3 & 4 & 2 & 2 \\ 3 & 1 & 7 & 1 & 6 \\ 4 & 7 & 10 & 4 & 6 \\ 2 & 1 & 4 & 1 & 3 \\ 2 & 6 & 6 & 3 & 3 \end{pmatrix}$$

6

Ortogonalità e ortonormalità

dove sta esattamente l'ortocentro?
quale è la dimensione di un orto normale?
(dal volume LE DOMANDE DELL'ORTICOLTORE
di autore anonimo)

Siamo abituati a percepire i sistemi di coordinate ortogonali come i più interessanti e i più utili. Questa abitudine ci viene in genere dallo studio dei grafici di funzioni nel piano e nello spazio. Ma vale la stessa cosa anche in $\mathbb{R}^n$? In questo capitolo cercheremo sia di motivare il perché di tale percezione, sia di rispondere a tale domanda.

Il punto di partenza sta proprio dove abbiamo lasciato le forme quadratiche definite positive nel capitolo precedente. Tra di loro ce n'è una speciale, quella per cui $M_Q^E = I$. Che cosa ha di speciale? Ricordiamo quanto già detto nell'Esempio 5.1.3 e cioè che per tale forma quadratica vale la relazione $Q(v) = (M_v^E)^{\mathrm{tr}} I M_v^E = v \cdot v = |v|^2$. Quindi essa è collegata al concetto di lunghezza di un vettore e perciò al concetto di distanza. Ma c'è molto di più, in realtà si può estendere parecchio questo collegamento tra forme quadratiche e prodotti scalari. Non ci addentreremo nei meandri di una teoria un poco più sofisticata; al lettore basti sapere che le forme quadratiche sono intrinsecamente legate, mediante il concetto di *forma polare*, alle cosiddette *forme bilineari*, nell'ambito delle quali sta il prodotto scalare.

In questo capitolo parleremo a lungo di ortogonalità e di proiezioni ortogonali. Ma siccome lavoreremo negli spazi $\mathbb{R}^n$ avremo bisogno di nuovi strumenti algebrici. Dovremo necessariamente soffermarci sui concetti di *dipendenza lineare*, *rango* di una matrice, *sottospazi vettoriali* e loro *dimensioni*. Tratteremo di *matrici ortogonali e ortonormali* e vedremo come costruire matrici ortonormali a partire da matrici di rango massimo, ottenendo la cosiddetta procedura di *ortonormalizzazione di Gram-Schmidt* e le *decomposizioni QR*. C'è molto lavoro da fare.

6.1 Uple ortonormali e matrici ortonormali

Abbiamo già visto nella Sezione 4.6 che il prodotto scalare è lo strumento algebrico che ci permette di parlare di ortogonalità anche in $\mathbb{R}^n$. Supponiamo di avere a disposizione una s-upla $S = (w_1, w_2, \ldots, w_s)$ di vettori in $\mathbb{R}^n$. Se volessimo un modo furbo per immagazzinare i prodotti scalari dei vettori di S, come potremmo fare? Non è difficile, infatti possiamo considerare la matrice M_S^E, ricordare che le colonne di M_S^E contengono le coordinate dei vettori di S e che le righe di $(M_S^E)^{\mathrm{tr}}$ coincidono con le colonne di M_S^E. Quindi, se $w_i = (a_1, a_2, \ldots, a_n)$, $w_j = (b_1, b_2, \ldots, b_n)$, l'entrata di posto (i, j) della matrice $(M_S^E)^{\mathrm{tr}} M_S^E$ è precisamente $a_1 b_1 + a_2 b_2 + \cdots + a_n b_n$. Questo numero altro non è che il prodotto scalare $w_i \cdot w_j$. Possiamo quindi affermare che *l'entrata di posto (i, j) della matrice $(M_S^E)^{\mathrm{tr}} M_S^E$ è $w_i \cdot w_j$* e possiamo anche dire che $(M_S^E)^{\mathrm{tr}} M_S^E$ *è la matrice dei prodotti scalari dei vettori di S.*

Una prima conseguenza di questo fatto è che i vettori di una s-upla S sono a due a due ortogonali se e solo se $(M_S^E)^{\mathrm{tr}} M_S^E$ è una matrice diagonale, sono versori a due a due ortogonali se e solo se $(M_S^E)^{\mathrm{tr}} M_S^E = I_s$. Nel primo caso diciamo che S è una s-upla **ortogonale** di vettori e che la matrice M_S^E è una **matrice ortogonale**. Nel secondo caso diciamo che S è una s-upla **ortonormale** di vettori e che la matrice M_S^E è una **matrice ortonormale**. Si noti che nel secondo caso i vettori, essendo versori, sono automaticamente non nulli. In particolare, se S è una base parleremo di **base ortogonale** nel primo caso e di **base ortonormale** nel secondo. Vediamo un esempio.

Esempio 6.1.1. Siano $w_1 = (1, 2, 1)$, $w_2 = (1, -1, 1)$ e sia $S = (w_1, w_2)$. Allora S è una coppia ortogonale ma non ortonormale. Equivalentemente, la matrice

$$M_S^E = \begin{pmatrix} 1 & 1 \\ 2 & -1 \\ 1 & 1 \end{pmatrix}$$

è una matrice ortogonale ma non ortonormale. Infatti

$$(M_S^E)^{\mathrm{tr}} (M_S^E) = \begin{pmatrix} 1 & 2 & 1 \\ 1 & -1 & 1 \end{pmatrix} \begin{pmatrix} 1 & 1 \\ 2 & -1 \\ 1 & 1 \end{pmatrix} = \begin{pmatrix} 6 & 0 \\ 0 & 3 \end{pmatrix}$$

è matrice diagonale ma non identica.

E siamo arrivati ad un punto centrale. Che cosa caratterizza una matrice di tipo M_S^E con S base ortonormale? Come abbiamo visto, se $A = M_S^E$ con S base ortonormale, allora $A^{\mathrm{tr}} A = I$. Ma sappiamo anche che A è invertibile e quindi si ottiene la relazione

$$A^{\mathrm{tr}} = A^{-1}$$

In altre parole, *la sua trasposta coincide con la sua inversa!* I lettori più attenti avranno notato che, avendo a disposizione la relazione $A^{\mathrm{tr}} A = I$, per concludere che $A^{\mathrm{tr}} = A^{-1}$ basta sapere che A è quadrata (vedi Sezione 2.5). La conseguenza interessante di questa osservazione è la seguente

Ogni n-upla ortonormale di vettori di $\mathbb{R}^n$ è base di $\mathbb{R}^n$.

Esempio 6.1.2. Consideriamo la seguente matrice

$$A = \begin{pmatrix} 1 & 0 & 0 \\ 0 & \frac{1}{\sqrt{2}} & -\frac{1}{\sqrt{2}} \\ 0 & \frac{1}{\sqrt{2}} & \frac{1}{\sqrt{2}} \end{pmatrix}$$

Si tratta di una matrice ortonormale, infatti si vede che $A^{\mathrm{tr}} A = I$, o, equivalentemente che i tre vettori, le cui coordinate rispetto alla base canonica formano le colonne di A, sono versori a due a due ortogonali. Di conseguenza, la terna di vettori le cui coordinate costituiscono le colonne di A è base ortonormale di $\mathbb{R}^3$.

Concludiamo la sezione con una osservazione. Nel caso di matrici quadrate ortonormali l'operazione *molto costosa* di calcolare l'inversa si riduce all'operazione *poco costosa* di calcolare la trasposta. Ecco svelata una prima motivazione del perché le matrici ortonormali sono considerate così importanti.

6.2 Rotazioni

> *l'altra luna faccia la rivoluzione*
> *e mostri l'una e l'altra faccia*
>
> (dal volume ROTAZIONI E RIVOLUZIONI
> di autore anonimo)

Concentriamoci un momento sulle matrici ortonormali e proviamo a classificare quelle di tipo 2. Che cosa significa classificare degli oggetti? In àmbito matematico, non diversamente da altri àmbiti, significa raggruppare gli oggetti in base a determinate caratteristiche. Naturalmente la frase è ancora troppo vaga e allora cerchiamo di procedere con qualche considerazione sulle matrici ortonormali reali di tipo 2 e poi ritorneremo sul significato della parola classificare. Una tale matrice si può scrivere così

$$O = \begin{pmatrix} a & b \\ c & d \end{pmatrix}$$

con la condizione di ortogonalità

$$ab + cd = 0 \tag{1}$$

e quelle di normalità

$$a^2 + c^2 = 1 \qquad b^2 + d^2 = 1 \qquad (2)$$

Osserviamo che due numeri reali a, c tali che $a^2 + c^2 = 1$ sono necessariamente il coseno e il seno di uno stesso angolo ϑ. Dunque possiamo assumere che $a = \cos(\vartheta)$ e $c = \sin(\vartheta)$. La stessa cosa vale per b e d. Quindi
possiamo assumere che $b = \cos(\varphi)$ e $d = \sin(\varphi)$. D'altra parte l'ortogonalità dei due vettori espressa da (1) implica l'ortogonalità degli angoli ϑ e φ.
Dunque $\varphi = \vartheta + \frac{\pi}{2}$ oppure $\varphi = \vartheta - \frac{\pi}{2}$ e quindi $\cos(\varphi) = -\sin(\vartheta)$ oppure $\cos(\varphi) = \sin(\vartheta)$ e $\sin(\varphi) = \cos(\vartheta)$ oppure $\sin(\varphi) = -\cos(\vartheta)$. In conclusione
si ha

$$O = \begin{pmatrix} \cos(\vartheta) & -\sin(\vartheta) \\ \sin(\vartheta) & \cos(\vartheta) \end{pmatrix} \qquad \text{oppure} \qquad O = \begin{pmatrix} \cos(\vartheta) & \sin(\vartheta) \\ \sin(\vartheta) & -\cos(\vartheta) \end{pmatrix} \qquad (3)$$

Si osservi che la prima matrice ha determinante 1, mentre la seconda ha
determinante -1. Ecco davanti a voi una *classificazione*. Infatti abbiamo una
descrizione della famiglia delle matrici ortonormali di tipo 2 mediante due
sottofamiglie. L'*etichetta* che individua ogni membro delle due sottofamiglie
è il valore di ϑ.

Possiamo dare un significato geometrico alle due sottofamiglie? A questa
domanda la risposta è abbastanza semplice, ma richiede una considerazione
preliminare. Ricordate quale è il significato del determinante di una matrice
di tipo 2? Tale problema è stato studiato in dettaglio nella Sezione 4.4, dove
avevamo concluso dicendo che *il determinante della matrice è, in valore assoluto, l'area del parallelogrammo definito da quei due vettori* le cui coordinate
rispetto ad un sistema cartesiano ortogonale monometrico sono le colonne della matrice. Nel nostro caso, trattandosi di due versori (vedi la formula (2))
tra loro ortogonali (vedi la formula (1)), il parallelogrammo in questione è un
quadrato di lato 1, che quindi ha area 1.

Ora riflettiamo un momento su quel particolare inciso *in valore assoluto*. Che cosa significa? Ricordiamoci che se si scambiano tra di loro le colonne di una matrice quadrata, il determinante cambia segno (vedi regola (a) della Sezione 4.6). Dunque non possiamo pretendere che il determinante sia sempre un'area. Ma in realtà il determinante *contiene un'informazione in più*. Il suo valore assoluto è l'area, il segno dipende dal senso di
percorrenza dell'angolo formato dai due vettori corrispondenti alle colonne.
Se il senso è antiorario, il segno è positivo, se è orario, il segno è negativo.
Perché? Descrivendo le matrici mediante le formule (3), come abbiamo fatto
prima, vediamo di chiarire questa regola dei segni. Se il vettore corrispon-
dente alla prima colonna è $(\cos(\vartheta), \sin(\vartheta))$, il vettore $(-\sin(\vartheta), \cos(\vartheta))$ coincide con $(\cos(\vartheta + \frac{\pi}{2}), \sin(\vartheta + \frac{\pi}{2}))$, mentre il vettore $(\sin(\vartheta), -\cos(\vartheta))$ coincide
con $(\cos(\vartheta - \frac{\pi}{2}), \sin(\vartheta - \frac{\pi}{2}))$. Visto che gli angoli si sommano convenzionalmente
in senso antiorario, la conclusione precedente è chiara.

Dopo tutte queste considerazioni, sarebbe opportuno che il lettore avesse
capito bene perché questa sezione si chiama *rotazioni*.

6.3 Sottospazi, lineare indipendenza, rango, dimensione

Se è vero che le basi ortonormali sono così importanti, come già accennato nelle sezioni precedenti, allora vale certamente la pena cercarle e possibilmente costruirle. Prima di affrontare questa nuova sfida è bene che ci attrezziamo un poco con qualche ulteriore strumento matematico.

Ricordiamo che $F = (f_1, \ldots, f_n)$ è una base di $\mathbb{R}^n$ se e solo se M_F^E è invertibile e ricordiamo che essere base significa sostanzialmente due cose, cioè essere una n-upla di vettori tale che ogni vettore di $\mathbb{R}^n$ si scrive come loro combinazione lineare e avere la proprietà che tale scrittura è unica.

Supponiamo ora di avere una s-upla di vettori $G = (g_1, \ldots, g_s)$ con $s < n$. Sappiamo già che G non può essere base di $\mathbb{R}^n$, perché in G non ci sono abbastanza vettori. Ma non potrebbe essere base di uno spazio più piccolo o, più modestamente, generare uno spazio più piccolo? Qui scatta l'idea buona, ossia quella di considerare lo *spazio $V(G)$ costituito da tutti i vettori che sono combinazione lineare di $g_1, \ldots, g_s$*. I matematici lo chiamano **sottospazio vettoriale di $\mathbb{R}^n$ generato da G**, mentre $\mathbb{R}^n$ viene chiamato **spazio vettoriale delle n-uple di numeri reali**. Se inoltre è anche vero che ogni vettore di $V(G)$ si scrive come combinazione lineare dei vettori di G in modo unico, allora si dice che G è una s-upla di **vettori linearmente indipendenti** oppure che G **è base di** $V(G)$. Se per di più G è una s-upla ortogonale (ortonormale), diciamo che G è **base ortogonale (ortonormale) di** $V(G)$. Vediamo di familiarizzare con la nuova terminologia studiando un esempio di natura geometrica.

Esempio 6.3.1. Siano $g_1 = (1, 1, 1)$, $g_2 = (-1, 2, 0)$, $g_3 = (1, 4, 2)$ tre vettori in $\mathbb{R}^3$ e sia $G = (g_1, g_2, g_3)$. Consideriamo la matrice M_G^E e il sistema lineare omogeneo ad essa associato

$$\begin{cases} x_1 - x_2 + x_3 = 0 \\ x_1 + 2x_2 + 4x_3 = 0 \\ x_1 \quad\quad + 2x_3 = 0 \end{cases}$$

Se risolviamo il sistema, troviamo infinite soluzioni, tra le quali ad esempio $(2, 1, -1)$, il che significa che le colonne di M_G^E sono *linearmente dipendenti* o, equivalentemente, che i tre vettori di G sono linearmente dipendenti. Infatti la soluzione suddetta induce la relazione $2g_1 + g_2 - g_3 = 0$ e si vede che il vettore nullo, che certamente si può scrivere come $0\,g_1 + 0\,g_2 + 0\,g_3$, si può dunque scrivere in più modi come combinazione lineare dei vettori di G.

Consideriamo lo spazio $V(G)$ di tutte le combinazioni lineari dei vettori di G. La relazione $2g_1 + g_2 - g_3 = 0$ si può anche leggere $g_3 = 2g_1 + g_2$. Dunque il vettore g_3 è combinazione lineare di g_1, g_2 e dunque se chiamiamo G' la coppia (g_1, g_2), si ha che $V(G) = V(G')$. Risolvendo il sistema lineare omogeneo associato a $M_{G'}^E$, si vede che ha solo la soluzione nulla e dunque i vettori di G' sono linearmente indipendenti e quindi G' è base del sottospazio vettoriale $V(G) = V(G')$.

Ora supponiamo di avere un sistema di coordinate cartesiane nello spazio e interpretiamo g_1, g_2, g_3, come vettori (o punti) nel modo descritto nella Sezione 4.2. Geometricamente parlando, possiamo dunque affermare che i due vettori non paralleli g_1, g_2 generano un piano π passante per l'origine delle coordinate e che il terzo vettore g_3 sta su π. Inoltre i due vettori g_1, g_2 insieme con l'origine O costituiscono un sistema di coordinate $\Sigma(O; g_1, g_2)$ su π.

Studiando esempi come il precedente, i matematici si sono accorti che ciò che accade in quel caso non è un fenomeno isolato. Più precisamente, hanno dimostrato che per poter certificare il fatto che G è una r-upla di vettori linearmente indipendenti, basta che si scriva in modo unico il vettore nullo, il quale certamente si scrive $0\,g_1 + 0\,g_2 + \cdots + 0\,g_s$. Quindi, se consideriamo la matrice M_G^E ed il sistema lineare omogeneo ad essa associato $M_G^E \mathbf{x} = 0$, dire che G è costituita da vettori linearmente indipendenti è come dire che tale sistema ha solo la soluzione nulla. Questo fatto si può esprimere anche dicendo che *le colonne della matrice M_G^E sono linearmente indipendenti*.

Data quindi una s-upla qualsiasi di vettori, ci si può chiedere quale è il massimo numero di vettori della s-upla che siano linearmente indipendenti. Parallelamente, data una matrice qualsiasi, ci si può chiedere quale è il massimo numero di sue colonne linearmente indipendenti.

I matematici sono a volte noiosi, ma indubbiamente sono spesso acuti osservatori e hanno saputo fornire una interessante e completa risposta a questa domanda. Hanno provato i seguenti fatti.

(1) Il massimo numero di colonne linearmente indipendenti di una matrice coincide con il massimo numero di righe linearmente indipendenti.

(2) Tale numero coincide con il massimo tipo di sottomatrici quadrate a determinante non nullo.

(3) Tale numero non cambia se moltiplichiamo la matrice per una matrice invertibile.

Ricordando quanto detto nella Sezione 5.3, e cioè che si chiama minore di tipo (o ordine) r il determinante di una sottomatrice di tipo r, la regola (2) si può riscrivere così.

(2') Tale numero coincide con il massimo tipo (o ordine) dei minori non nulli.

Si capisce l'importanza di tale numero che quindi merita un nome: si chiama **rango** o **caratteristica** di A e si indica con $\mathrm{rk}(A)$. Vediamo un semplice esempio.

Esempio 6.3.2. Consideriamo la matrice

$$A = \begin{pmatrix} 1 & 2 & 3 \\ -1 & 1 & 0 \\ -1 & 5 & 4 \end{pmatrix}$$

Dato che la terza colonna è la somma delle prime due, i tre vettori colonna non sono indipendenti. Un altro modo di vedere questo fatto è osservare che $\det(A) = 0$. Dato che la sottomatrice formata dalle prime due righe e due colonne ha determinante non nullo, possiamo concludere che $\text{rk}(A) = 2$ e quindi che il massimo numero sia di colonne che di righe linearmente indipendenti estraibili da A, è precisamente 2.

È chiaro dalle proprietà precedentemente enunciate che $\text{rk}(A)$ non può superare né il numero delle righe né il numero delle colonne di A. Sinteticamente si può fare l'affermazione seguente.

Il massimo rango di una matrice A è il minimo tra il numero delle righe e quello delle colonne.

Una matrice avente come rango il minimo tra il numero delle righe e quello delle colonne si può perciò dire di **rango massimo**. In particolare, la matrice dell'esempio precedente non è di rango massimo, mentre lo è la matrice $\begin{pmatrix} 1 & 0 & 2 \\ 0 & 0 & 1 \end{pmatrix}$.

Nella Sezione 4.8 si era visto il fatto che tutte le basi di $\mathbb{R}^n$ sono costituite da n vettori. A tale numero n è molto appropriato dare il nome di **dimensione di $\mathbb{R}^n$**, visto che nei casi $n = 1$, $n = 2$, $n = 3$ corrisponde all'idea intuitiva che noi abbiamo di dimensione. Ma come si estende questo concetto ai sottospazi vettoriali? Nell'esempio precedente abbiamo visto che lo spazio $V(G)$ è un piano e dunque sarebbe logico attribuirgli dimensione 2. Non casualmente il numero di vettori in una sua base G' è proprio 2. Dico non casualmente, perché si dimostra che non solo tutte le basi di $\mathbb{R}^n$ hanno lo stesso numero n di elementi, ma anche che tutti i sottospazi vettoriali V di $\mathbb{R}^n$ (e più in generale di K^n) godono della medesima proprietà, ossia tutte le loro basi hanno lo stesso numero di elementi. Tale numero viene del tutto naturale chiamarlo **dimensione di V** e denotarlo $\dim(V)$. Dato che il rango di ogni matrice $A \in \text{Mat}_{r,c}(\mathbb{R})$ coincide con il numero massimo di colonne linearmente indipendenti di A, possiamo dedurre i seguenti fatti.

(1) **La dimensione del sottospazio V di $\mathbb{R}^n$ generato dalle colonne di A coincide con $\text{rk}(A)$.**
(2) **Una base di V si ottiene estraendo il massimo numero di colonne linearmente indipendenti.**

Chiariamo questi concetti con un altro esempio.

Esempio 6.3.3. Siano dati i seguenti vettori in $\mathbb{R}^5$.

$g_1 = (1, 0, 1, 0, 1)$, $g_2 = (-1, -2, -3, 1, 1)$, $g_3 = (5, 8, 13, -4, -3)$,
$g_4 = (8, 14, 6, 1, -8)$, $g_5 = (-17, -42, -11, -3, 31)$.

Sia $G = (g_1, g_2, g_3, g_4, g_5)$ e consideriamo il sottospazio vettoriale $V(G)$ di $\mathbb{R}^5$. Osserviamo che M_G^E è una matrice quadrata di tipo 5. Infatti si ha

$$M_G^E = \begin{pmatrix} 1 & -1 & 5 & 8 & -17 \\ 0 & -2 & 8 & 14 & -42 \\ 1 & -3 & 13 & 6 & -11 \\ 0 & 1 & -4 & 1 & -3 \\ 1 & 1 & -3 & -8 & 31 \end{pmatrix}$$

Se facciamo alcune operazioni elementari sulle righe, seguendo la strategia della riduzione gaussiana, otteniamo la matrice

$$A = \begin{pmatrix} 1 & -1 & 5 & 8 & -17 \\ 0 & -2 & 8 & 14 & -42 \\ 0 & 0 & 0 & -16 & 48 \\ 0 & 0 & 0 & 0 & 0 \\ 0 & 0 & 0 & 0 & 0 \end{pmatrix}$$

Avendo A due righe nulle, il suo rango non può superare tre. D'altra parte si osserva che la sottomatrice formata dalle prime tre righe e dalla prima, seconda e quarta colonna è triangolare superiore con determinante diverso da zero. Usando le regole (1), (2), (3) sul rango di una matrice, concludiamo quindi che $\mathrm{rk}(A) = 3$, che $\mathrm{rk}(A) = \mathrm{rk}(M_G^E)$ e quindi che $\dim(V(G)) = 3$. Osserviamo infine che (g_1, g_2, g_4) è base di $V(G)$, mentre ad esempio (g_1, g_2, g_3) non lo è, dato che i tre vettori sono linearmente dipendenti.

Concludiamo la sezione con un argomento al quale i matematici danno giustamente grande rilievo. Più precisamente, vediamo una classe di sottospazi vettoriali di cui torneremo a parlare quando nella Sezione 8.2 prenderemo in considerazione gli autospazi. Il punto essenziale del discorso è che gli *spazi di soluzioni di sistemi lineari omogenei* sono sottospazi vettoriali. Vediamo.

Sia dato un corpo numerico K (ad esempio $\mathbb{R}$), un sistema lineare omogeneo con n incognite e coefficienti in K. Consideriamo l'insieme V delle soluzioni del sistema con coordinate in K e allora sono veri i seguenti fatti.

(1) **L'insieme V è un sottospazio vettoriale di K^n.**

(2) **Fatta la riduzione gaussiana, se alle variabili libere si attribuiscono valori $(1, 0, \ldots, 0)$, $(0, 1, \ldots, 0)$, $\ldots$, $(0, 0, \ldots, 1)$, le soluzioni che si ottengono formano una base di V.**

Vediamo di chiarire questi concetti con un esempio.

Esempio 6.3.4. Consideriamo il seguente sistema lineare omogeneo S a coefficienti reali

$$\begin{cases} x_1 - x_2 + 2x_3 - x_4 = 0 \\ x_1 - x_2 + 3x_3 - 4x_4 = 0 \end{cases}$$

Con due passi di riduzione si ottiene il seguente sistema equivalente

$$\begin{cases} x_1 - x_2 + 5x_4 = 0 \\ x_3 - 3x_4 = 0 \end{cases}$$

Considerando libere le variabili x_2, x_4, la soluzione generale in $\mathbb{R}^4$ di S è dunque $(a - 5b, a, 3b, b)$ al variare di $a, b \in \mathbb{R}$. Posto $a = 1$, $b = 0$, si ottiene il vettore $u_1 = (1, 1, 0, 0)$. Posto $a = 0$, $b = 1$, si ottiene il vettore $u_2 = (-5, 0, 3, 1)$.

In base alle proprietà (1) e (2), possiamo concludere che l'insieme V delle soluzioni reali del sistema lineare omogeneo S è un sottospazio vettoriale di $\mathbb{R}^4$ e che una sua base è (u_1, u_2).

6.4 Basi ortonormali e Gram-Schmidt

Quando si è trattato di usare sistemi di coordinate nel piano, abbiamo preferito quelli definiti da una coppia di vettori non nulli ortogonali e della stessa lunghezza, ossia quei sistemi di coordinate che abbiamo chiamato ortogonali e monometrici. Ma se abbiamo un sistema di coordinate qualunque, possiamo costruirne un altro con tali caratteristiche? Osserviamo la figura seguente.

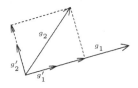

Se siamo partiti con (g_1, g_2) e abbiamo a disposizione una unità di misura, possiamo considerare il versore g_1' di g_1 e poi scomporre g_2 come somma di due vettori, uno parallelo a g_1 e uno ortogonale a g_1, Detto g_2' il versore del secondo, si vede che (g_1', g_2') sono versori ortogonali e quindi, insieme con l'origine, definiscono un sistema di coordinate ortogonale e monometrico. Possiamo sperare di generalizzare a $\mathbb{R}^n$ questo discorso intuitivo? Sperare si può sempre; per fortuna in questo caso la speranza si trasforma in realtà. Vediamo come.

Partiamo da una interessante considerazione. Supponiamo di avere a disposizione una s-upla $G = (g_1, \ldots, g_s)$ di vettori in $\mathbb{R}^n$ linearmente indipendenti, che sia anche ortonormale e dunque sia base ortonormale di $V(G)$. Sia dato un vettore $v \in V(G)$. Sappiamo che $v = GM_v^G = a_1g_1 + \cdots a_sg_s$, ma d'altra parte se consideriamo i prodotti scalari $v \cdot g_i$ e utilizziamo l'ortonormalità di G, otteniamo anche le relazioni $v \cdot g_i = (a_1g_1 + \cdots a_sg_s) \cdot g_i = a_i$. Quindi

$$v = (v \cdot g_1)g_1 + \cdots (v \cdot g_s)g_s \qquad \text{ossia} \qquad M_v^G = (v \cdot g_1 \quad \cdots \quad v \cdot g_s)^{\text{tr}} \qquad (*)$$

Vediamo un esempio.

Esempio 6.4.1. Sia data la coppia di vettori $G = (g_1, g_2)$ dello spazio $\mathbb{R}^4$, dove $g_1 = (1, 1, 0, -1)$, $g_2 = (-1, 0, 0, -1)$. Si ha $g_1 \cdot g_2 = 0$, dunque sono ortogonali. Se consideriamo i loro versori, otteniamo una coppia ortonormale e quindi una base ortonormale di $V(G)$. Detti $g_1' = \text{vers}(g_1) = \frac{1}{\sqrt{3}}(1, 1, 0, -1) = (\frac{1}{\sqrt{3}}, \frac{1}{\sqrt{3}}, 0, -\frac{1}{\sqrt{3}})$ e $g_2' = \text{vers}(g_2) = \frac{1}{\sqrt{2}}(-1, 0, 0, -1) = (-\frac{1}{\sqrt{2}}, 0, 0, -\frac{1}{\sqrt{2}})$, si vede che $G' = (g_1', g_2')$ è base ortonormale di $V(G) = V(G')$.

Ora prendiamo in considerazione il vettore $v = g_1 + 2g_2 = (-1, 1, 0, -3)$ di $V(G)$. Dato che $v \cdot g_1' = \sqrt{3}$, $v \cdot g_2' = 2\sqrt{2}$, si ha $(v \cdot g_1')g_1' + (v \cdot g_2')g_2' = \sqrt{3}(\frac{1}{\sqrt{3}}, \frac{1}{\sqrt{3}}, 0, -\frac{1}{\sqrt{3}}) + 2\sqrt{2}(-\frac{1}{\sqrt{2}}, 0, 0, -\frac{1}{\sqrt{2}}) = (1, 1, 0, -1) + (-2, 0, 0, -2) = (-1, 1, 0, -3) = v$, come previsto dalla formula $(*)$.

Se il lettore ha fatto attenzione, si sarà accorto del fatto che la formula $(*)$ non ha bisogno di sapere a priori che i vettori sono linearmente indipendenti, perché l'ortonormalità implica l'indipendenza.

Ogni s-upla ortonormale è costituita necessariamente da vettori linearmente indipendenti e di conseguenza $s \leq n$.

Naturalmente la formula $(*)$ vale per i vettori di $V(G)$, ma ora viene la domanda che stimola l'idea buona. Supponiamo che la s-upla G sia ortonormale. Che cosa succede se ad un qualunque vettore v di $\mathbb{R}^n$ ne associamo un altro ottenuto mediante la combinazione lineare $(v \cdot g_1)g_1 + \cdots (v \cdot g_s)g_s$? Intanto diamo un nome a tale vettore: lo chiamiamo $p_{V(G)}(v)$. Quindi possiamo dire che, per ogni $v \in \mathbb{R}^n$, si ha

$$p_{V(G)}(v) = (v \cdot g_1)g_1 + (v \cdot g_2)g_2 + \cdots + (v \cdot g_s)g_s$$

Se G è una s-upla ortogonale di vettori linearmente indipendenti, allora non è difficile vedere che, per ogni $v \in \mathbb{R}^n$, il vettore $p_{V(G)}(v)$ si ottiene così

$$p_{V(G)}(v) = \frac{1}{|g_1|^2}(v \cdot g_1)g_1 + \frac{1}{|g_2|^2}(v \cdot g_2)g_2 + \cdots + \frac{1}{|g_s|^2}(v \cdot g_s)g_s$$

Data l'importanza del vettore $p_{V(G)}(v)$ lo chiameremo **proiezione ortogonale di v su $V(G)$**. Perché è importante? I matematici hanno dimostrato che detto $w = v - p_{V(G)}(v)$ si ha $w \cdot g_i = 0$ per ogni $i = 1, \ldots, s$ e che quindi w è ortogonale a tutti i vettori di $V(G)$. Hanno anche dimostrato che il vettore $p_{V(G)}(v)$ è tra tutti i vettori di $V(G)$ l'**unico a distanza minima da** v. Una conseguenza importantissima di questo fatto è che il vettore $p_{V(G)}(v)$ non dipende da G, ma si può calcolare usando al posto di G una qualunque base ortonormale di $V(G)$. In conclusione, mediante la costruzione di $p_{V(G)}(v)$ si è realizzata la generalizzazione delle considerazioni geometriche fatte usando la figura all'inizio della sezione.

Se tra i lettori ci fosse qualcuno curioso di sapere come si dimostrano le due affermazioni precedenti, vediamo di accontentarlo.

Chiamiamo brevemente $u = p_{V(G)}(v)$ e proviamo che

$$v - u \text{ è ortogonale a tutti i vettori di } V(G) \tag{1}$$

Per la linearità del prodotto scalare basta provare che

$$(v - u) \cdot g_i = 0 \text{ per ogni } i = 1, \ldots, s \tag{2}$$

E infatti $(v - u) \cdot g_i = v \cdot g_i - \sum_{j=1}^{s}(v \cdot g_j)(g_j \cdot g_i)$. Nella somma gli addendi sono tutti nulli tranne l'i-esimo che vale $v \cdot g_i$ e la (2) è provata, e quindi la (1) è provata. Come prima conseguenza abbiamo che

$$\text{se } u' \in V(G) \text{ allora } v \cdot u' = u \cdot u' \tag{3}$$

Infatti si ha $v = (v - u) + u$ e la conclusione segue dalla linearità del prodotto scalare e dalla (1). In particolare si ha

$$v \cdot u = |u|^2 \tag{4}$$

Ora vogliamo provare la nostra tesi e cioè che se $u' \in V(G)$ allora

$$|v - u|^2 \leq |v - u'|^2 \quad \text{e vale} \quad < \quad \text{se } u' \neq u$$

Vediamo come si fa. Provare che $|v - u|^2 \leq |v - u'|^2$ è come provare che

$$|v|^2 - 2\,v \cdot u + |u|^2 \leq |v|^2 - 2\,v \cdot u' + |u'|^2 \tag{5}$$

Usando la (3) e la (4) ci si riconduce a provare

$$-2|u|^2 + |u|^2 \leq -2\,u \cdot u' + |u'|^2 \tag{6}$$

ossia

$$0 \leq |u|^2 - 2\,u \cdot u' + |u'|^2 = |u - u'|^2 \tag{7}$$

La (7) è vera e inoltre effettivamente è vero il fatto che $0 < |u - u'|^2$ se $u' \neq u$. La dimostrazione è così conclusa.

Vediamo un esempio esplicito.

Esempio 6.4.2. Siano dati $g_1 = (1, -1, 0)$, $g_2 = (1, 1, 1)$. I due vettori sono ortogonali, ma non sono versori. Allora, detta $G = (g_1, g_2)$, si ha che G è base ortogonale di $V(G)$. Sia ora $v = (2, 1, -7)$ e calcoliamo la proiezione ortogonale di v su V. Si ottiene

$$p_{V(G)}(v) = \frac{1}{|g_1|^2}(v \cdot g_1)g_1 + \frac{1}{|g_2|^2}(v \cdot g_2)g_2 = \frac{1}{2}(1, -1, 0) + \frac{1}{3}(-4)(1, 1, 1)$$
$$= (\frac{1}{2}, -\frac{1}{2}, 0) - \frac{4}{3}(1, 1, 1) = (-\frac{5}{6}, -\frac{11}{6}, -\frac{4}{3})$$

A questo punto siamo pronti per introdurre una procedura che, partendo da una s-upla G di vettori linearmente indipendenti, fornisce una base ortonormale di $V(G)$. Questa procedura si chiama **ortonormalizzazione di Gram-Schmidt**.

La partenza è dunque una s-upla $G = (g_1, \ldots, g_s)$ di vettori linearmente indipendenti. Il vettore g_1 non è nullo e dunque si può considerare il vettore

$$g_1' = \text{vers}(g_1)$$

e il vettore

$$g_2' = \text{vers}\left(g_2 - p_{V(g_1')}(g_2)\right) = \text{vers}\left(g_2 - (g_2 \cdot g_1')g_1'\right)$$

Si verifica che $g_1' \cdot g_2' = 0$. Inoltre g_1', g_2' sono due versori e, per come li abbiamo costruiti, si ha $V(g_1, g_2) = V(g_1', g_2')$. Si può continuare così fino all'ultimo vettore, quando si considera

$$g_s' = \text{vers}\left(g_s - p_{V(g_1', \ldots, g_{s-1}')}(g_s)\right) = \text{vers}\left(g_s - (g_s \cdot g_1')g_1' - \cdots - (g_s \cdot g_{s-1}')g_{s-1}'\right)$$

In tal modo si ottiene una nuova base $G' = (g_1', \ldots, g_s')$ di $V(G)$, che è ortonormale per costruzione. Vediamo un esempio.

Esempio 6.4.3. Sia $G = (g_1, g_2)$ dove $g_1 = (1, 1, 0)$, $g_2 = (1, 2, 1)$. I due vettori sono linearmente indipendenti e quindi formano una base di $V(G)$. Ma certamente non si tratta di una base ortonormale. Applichiamo il procedimento di Gram-Schmidt. Costruiamo il vettore

$$g_1' = \text{vers}(g_1) = \frac{1}{\sqrt{2}}(1, 1, 0) = (\frac{\sqrt{2}}{2}, \frac{\sqrt{2}}{2}, 0)$$

Ora costruiamo il vettore

$$g_2 - (g_2 \cdot g_1')g_1' = (1, 2, 1) - \frac{1}{\sqrt{2}}3\frac{1}{\sqrt{2}}(1, 1, 0) = (1, 2, 1) - \frac{3}{2}(1, 1, 0) = (-\frac{1}{2}, \frac{1}{2}, 1)$$

e il suo versore $g_2' = \frac{\sqrt{6}}{3}(-\frac{1}{2}, \frac{1}{2}, 1) = (-\frac{\sqrt{6}}{6}, \frac{\sqrt{6}}{6}, \frac{\sqrt{6}}{3})$. La coppia $G' = (g_1', g_2')$ è base ortonormale di $V(G)$.

6.5 Decomposizione QR

La procedura di ortonormalizzazione descritta nella sezione precedente ha una conseguenza importante anche dal punto di vista delle matrici in gioco. Infatti consideriamo la matrice $M = M_G^E$ che per l'ipotesi fatta su G, e cioè che sia una s-upla di vettori linearmente indipendenti, ha rango s. Inoltre consideriamo la matrice $Q = M_{G'}^E$ e osserviamo che si tratta di una matrice ortonormale per costruzione. In che relazione stanno M e Q? Noi sappiamo già che $M = M_G^E$, $Q = M_{G'}^E$ e quindi $M = Q \, M_G^{G'}$.

Se guardiamo la formula $g'_s = \text{vers}\left(g_s - (g_s \cdot g'_1)g'_1 - \cdots - (g_s \cdot g'_{s-1})g'_{s-1}\right)$, vediamo che ogni vettore di G' è combinazione lineare di vettori con indice uguale o minore. Ad esempio $g'_2 = \text{vers}\left(g_2 - (g_2 \cdot g'_1)g_1\right)$ è combinazione lineare di g_2 e di g_1. Basta pensarci un attimo e si capisce subito che la conseguenza di questa osservazione è che la matrice $M_{G'}^G$ è triangolare superiore. Inoltre sulla diagonale ci sono inversi di moduli di vettori non nulli e quindi numeri positivi. La matrice $M_G^{G'}$, che è l'inversa di $M_{G'}^G$, ha le stesse proprietà (vedi la formula (1) della Sezione 3.5). In conclusione, posto $R = M_G^{G'}$, possiamo dire che la matrice M si può mettere nella forma

$$M = QR$$

quella che viene appunto detta **decomposizione QR o forma QR**, che altro non è se non l'aspetto matriciale della procedura di Gram-Schmidt. Arriviamo alla seguente proposizione.

Ogni matrice M di tipo (n, s) e rango s si può scrivere come QR, con Q ortonormale e R triangolare superiore con diagonale positiva.

Non allarmiamoci troppo al pensiero di dovere calcolare una inversa. Infatti si tratta dell'inversa di una matrice triangolare, e questa operazione risulta particolarmente facile, come segue dalle considerazioni fatte nella Sezione 3.3, e come si può vedere nel seguente esempio.

Esempio 6.5.1. Riprendiamo l'Esempio 6.4.3. Si parte con la matrice

$$M = \begin{pmatrix} 1 & 1 \\ 1 & 2 \\ 0 & 1 \end{pmatrix}$$

Ricordiamo che $g'_1 = \frac{1}{\sqrt{2}}g_1$ e quindi $g_1 = \sqrt{2}g'_1$. Inoltre $g'_2 = \frac{\sqrt{6}}{3}\left(g_2 - \frac{3\sqrt{2}}{2}g'_1\right)$ e quindi $g_2 = \frac{3\sqrt{2}}{2}g'_1 + \frac{\sqrt{6}}{2}g'_2$. In conclusione si ha $M = QR$, dove

$$Q = \begin{pmatrix} \frac{\sqrt{2}}{2} & -\frac{\sqrt{6}}{6} \\ \frac{\sqrt{2}}{2} & \frac{\sqrt{6}}{6} \\ 0 & \frac{\sqrt{6}}{3} \end{pmatrix} \qquad R = \begin{pmatrix} \sqrt{2} & \frac{3\sqrt{2}}{2} \\ 0 & \frac{\sqrt{6}}{2} \end{pmatrix}$$

Il metodo illustrato prima non è l'unico per arrivare alla decomposizione QR. Data l'importanza del risultato, i matematici si sono sbizzarriti a cercare anche altre strade. E per concludere degnamente la sezione, vediamo un inaspettato **metodo alternativo di decomposizione** QR, che utilizza la decomposizione di Cholesky.

Ripartiamo dunque, come prima, da una s-upla $G = (g_1, \ldots, g_s)$ di vettori linearmente indipendenti e consideriamo la matrice $A = M_G^E$. Sappiamo già che $A^{\mathrm{tr}} A$ è semidefinita positiva e ora vedremo che è definita positiva. Ricordiamoci che basta verificare che $A M_v^E = 0$ implica $M_v^E = 0$, la qual cosa equivale proprio al fatto che i vettori di G sono linearmente indipendenti. Quindi abbiamo appurato che $A^{\mathrm{tr}} A$ è definita positiva e dunque possiamo farne una decomposizione di Choleski. Si ottiene

$$A^{\mathrm{tr}} A = U^{\mathrm{tr}} U$$

con U triangolare superiore con diagonale positiva. Se poniamo $V = U^{-1}$, si ha che V è anche triangolare superiore con diagonale positiva (vedi Sezione 3.5) e si ottiene

$$V^{\mathrm{tr}} A^{\mathrm{tr}} A V = I$$

Ponendo $Q = AV$, la formula precedente dice che $Q^{\mathrm{tr}} Q = I$ e dunque Q è ortonormale. Quindi

$$A = QU$$

è la decomposizione cercata.

Esercizi

Esercizio 1. Sia data la seguente matrice

$$A = \begin{pmatrix} 1 & 2 & 3 \\ 4 & 5 & 6 \\ 7 & 8 & 9 \end{pmatrix}$$

(a) Calcolare il rango di A in due modi diversi: come numero massimo di righe linearmente indipendenti e come numero massimo di colonne linearmente indipendenti.

(b) Calcolare $B = A^T A$ e dire se è possibile fare la decomposizione di Choleski della matrice B.

Esercizio 2. Si consideri l'insieme S delle matrici che si ottengono dalla matrice identica I_3 permutando le sue colonne in tutti i modi possibili.

(a) Quante sono le matrici in S? (possibili risposte: 12, 3, 6, 4)

(b) Sono tutte ortogonali?

(c) Il prodotto di due matrici in S è ancora in S?

Esercizio 3. Sia G la coppia di vettori $((1,1,0),(-1,1,1))$ di $\mathbb{R}^3$ e chiamiamo $V = V(G)$ lo spazio da essi generato.

(a) Dire se G è base ortonormale di V.

(b) Determinare tutti i vettori di $\mathbb{R}^3$ che hanno su V la stessa proiezione ortogonale di $(1,1,1)$.

(c) Detta $A = M_G^E$, determinare la forma QR di A.

Esercizio 4. Si consideri l'insieme E di tutte le matrici ortonormali in $\mathrm{Mat}_3(\mathbb{R})$ aventi prima colonna $(0\ 1\ 0)^{\mathrm{tr}}$.

(a) Descrivere tre distinte matrici in E.

(b) Ci sono in E matrici simmetriche?

(c) Ci sono in E matrici con determinante 1?

Esercizio 5. Siano dati i vettori $v_1 = (1,0,3)$, $v_2 = (2,1,0)$, $v_3 = (3,1,3)$, $v = (3,3,3)$ in $\mathbb{R}^3$ e sia $G = (v_1, v_2, v_3)$.

(a) Determinare $p_{V(G)}(v)$, la proiezione ortogonale di v su $V(G)$.

(b) Determinare un vettore $u \in \mathbb{R}^3$, $u \neq v$ tale che $p_{V(G)}(v) = p_{V(G)}(u)$.

(c) La differenza $u - v$ è ortogonale al vettore $(1, 1, -3)$?

Esercizio 6. Siano dati i vettori $e_1 = (1,0,0)$, $e_3 = (0,0,1)$, $u_a = (1,a,2)$ in $\mathbb{R}^3$. Dire per quali valori di $a \in \mathbb{R}$ le proiezioni ortogonali di e_1 e di e_3 su $V(u_a)$ coincidono.

Esercizio 7. Abbiamo visto in questo capitolo che se $g_1, \ldots, g_s \in \mathbb{R}^n$ sono tali che $G = (g_1, \ldots, g_s)$ è una base ortonormale di $V(G)$ e se $v \in \mathbb{R}^n$, allora la proiezione ortogonale del vettore v su $V(G)$ è data dalla formula $p_{V(G)}(v) = (v \cdot g_1)g_1 + (v \cdot g_2)g_2 + \cdots + (v \cdot g_s)g_s$. Provare che se G è una base ortogonale di $V(G)$ allora si ha

$$p_{V(G)}(v) = \frac{1}{|g_2|^2}(v \cdot g_1)g_1 + \frac{1}{|g_2|^2}(v \cdot g_2)g_2 + \cdots + \frac{1}{|g_s|^2}(v \cdot g_s)g_s$$

Esercizio 8. Siano n, r numeri naturali. Detta I la matrice identica di tipo n, sia $Q \in \mathrm{Mat}_{n,r}(\mathbb{R})$ una matrice ortonormale e sia $A = I - 2QQ^{\mathrm{tr}}$. Provare i seguenti fatti.

(a) La matrice A è simmetrica.
(b) La matrice A è ortogonale.
(c) Vale l'uguaglianza $A^2 = I$.

Esercizio 9. Considerare le tre proprietà dell'esercizio precedente e provare che ogni coppia di tali proprietà implica la terza.

Esercizio 10. Fare la decomposizione QR della seguente matrice

$$A = \begin{pmatrix} 2 & 3 & 4 & 2 & 2 \\ 0 & 1 & 7 & 1 & 6 \\ 0 & 0 & 10 & 4 & 6 \\ 0 & 0 & 0 & 1 & 3 \\ 0 & 0 & 0 & 0 & 3 \end{pmatrix}$$

Esercizio 11. Sia dato il seguente sistema lineare omogeneo a coefficienti in $\mathbb{R}$

$$\begin{cases} x_1 - x_2 + x_3 - 4x_4 - 4x_5 = 0 \\ x_1 - 5x_2 + x_3 - 14x_4 - 11x_5 = 0 \end{cases}$$

e sia V il sottospazio vettoriale di $\mathbb{R}^5$ delle sue soluzioni.

(a) Calcolare una base di V.
(b) Calcolare la dimensione di V.

ⓐ **Esercizio 12.** Sia dato il seguente sistema lineare omogeneo a coefficienti in $\mathbb{R}$

$$\begin{cases} 3x_1 - x_2 + x_3 - 4x_4 - 4x_5 = 0 \\ 2x_1 - 5x_2 + 2x_3 - 14x_4 - 11x_5 = 0 \\ -5x_1 + 3x_2 + x_3 - 7x_4 + 8x_5 = 0 \end{cases}$$

e sia V il sottospazio vettoriale di $\mathbb{R}^5$ delle sue soluzioni.

(a) Calcolare una base di V.
(b) Calcolare la dimensione di V.

7

Proiettori, pseudoinverse, minimi quadrati

i cristalli sono lenti a volte immobili
e il vetro è spesso ma non sempre;
l'idea è sottile ma non c'entra

(dalle RIFLESSIONI DI FRANCESCO
di Francesco)

L'orticoltore direbbe che ci stiamo rapidamente avvicinando alla stagione dei raccolti e noi, per non deluderlo, in questa sezione incominceremo a fruire delle semine fatte a suo tempo. In particolare scopriremo come risolvere, nei vari modi in cui si presenta, un problema molto importante che va sotto il nome di *problema dei minimi quadrati*. Ma dovremo munirci di strumenti importanti quali le *trasformazioni lineari*.

In matematica si scopre molto presto che accanto agli *oggetti lineari* sono fondamentali le trasformazioni lineari, quelle che a volte vengono chiamate *omomorfismi di spazi vettoriali*, nome strano e anche un poco minaccioso. A questo punto volevo dire che c'è in arrivo una sorpresa, ma in realtà forse non si stupirà più nessuno se dico che per contenere le informazioni delle trasformazioni lineari si usano le matrici. E così la scena si può illuminare con i *proiettori*, speciali matrici che permettono di descrivere le proiezioni ortogonali anche su spazi molto più astratti di quello fisico.

E che cosa si può fare quando una matrice non possiede inversa? Niente paura, si introduce il concetto di *pseudoinversa*. Ma perchè questa domanda? E perchè questi strani nomi? Non perdiamoci d'animo, con tali attrezzi il suddetto problema dei minimi quadrati sarà alla nostra portata. Il lettore scoprirà in seguito che cosa significa la locuzione problema dei minimi quadrati. Non si tratta di quadratini minuscoli...

7.1 Matrici e trasformazioni lineari

È quasi giunto il momento di ripensare al discorso della proiezione su sotto-spazi fatto nel capitolo precedente per attuare la procedura di Gram-Schmidt e valutarne meglio le conseguenze. Ma prima è necessario fare una importante digressione. Avevamo visto nella Sezione 6.4 che, data una s-upla di vetto-ri $G = (v_1, \ldots, v_s)$ che sia base ortonormale di $V(G)$, ad ogni vettore v in $\mathbb{R}^n$ può essere associato $p_{V(G)}(v)$, che è la sua proiezione ortogonale su $V(G)$. Se questa operazione è fatta per ogni vettore, si ha una funzione

$$p_{V(G)} : \mathbb{R}^n \longrightarrow \mathbb{R}^n$$

Che tipo di funzione è? Per rispondere a questa domanda, facciamo qualche esperimento, in particolare riconsideriamo l'Esempio 6.4.2 e calcoliamo i tre vettori $p_{V(G)}(e_1)$, $p_{V(G)}(e_2)$, $p_{V(G)}(e_3)$. Si ha

$$p_{V(G)}(e_1) = \tfrac{1}{|g_1|^2}(e_1 \cdot g_1)g_1 + \tfrac{1}{|g_2|^2}(e_1 \cdot g_2)g_2 = \tfrac{1}{2}(1, -1, 0) + \tfrac{1}{3}(1, 1, 1)$$
$$= (\tfrac{1}{2}, -\tfrac{1}{2}, 0) + (\tfrac{1}{3}, \tfrac{1}{3}, \tfrac{1}{3}) = (\tfrac{5}{6}, -\tfrac{1}{6}, \tfrac{1}{3})$$

$$p_{V(G)}(e_2) = \tfrac{1}{|g_1|^2}(e_2 \cdot g_1)g_1 + \tfrac{1}{|g_2|^2}(e_2 \cdot g_2)g_2 = -\tfrac{1}{2}(1, -1, 0) + \tfrac{1}{3}(1, 1, 1)$$
$$= (-\tfrac{1}{2}, \tfrac{1}{2}, 0) + (\tfrac{1}{3}, \tfrac{1}{3}, \tfrac{1}{3}) = (-\tfrac{1}{6}, \tfrac{5}{6}, \tfrac{1}{3})$$

$$p_{V(G)}(e_3) = \tfrac{1}{|g_1|^2}(e_3 \cdot g_1)g_1 + \tfrac{1}{|g_2|^2}(e_3 \cdot g_2)g_2 = 0 + \tfrac{1}{3}(1, 1, 1)$$
$$= (\tfrac{1}{3}, \tfrac{1}{3}, \tfrac{1}{3})$$

Ricordiamo che nell'Esempio 6.4.2 avevamo calcolato la proiezione del vet-tore $v = (2, 1, -7)$ sul sottospazio vettoriale $V = V(G)$ di $\mathbb{R}^3$. Osserviamo che $v = 2e_1 + e_2 - 7e_3$ e calcoliamo $2p_{V(G)}(e_1) + p_{V(G)}(e_2) - 7p_{V(G)}(e_3)$, ossia la combinazione lineare delle proiezioni dei vettori della base canonica, fatta con gli *stessi coefficienti* con cui il vettore v si esprime come combinazione lineare dei vettori della base canonica. Si ottiene

$$2p_{V(G)}(e_1) + p_{V(G)}(e_2) - 7p_{V(G)}(e_3) = 2(\tfrac{5}{6}, -\tfrac{1}{6}, \tfrac{1}{3}) + (-\tfrac{1}{6}, \tfrac{5}{6}, \tfrac{1}{3}) - 7(\tfrac{1}{3}, \tfrac{1}{3}, \tfrac{1}{3})$$
$$= (-\tfrac{5}{6}, -\tfrac{11}{6}, -\tfrac{4}{3})$$

Ma questo è proprio il vettore $p_{V(G)}(v)$ calcolato nell'Esempio 6.4.2)! Ricapi-toliamo. Abbiamo sotto i nostri occhi un esempio nel quale vale la proprietà che per il vettore $v = a_1 e_1 + a_2 e_2 + a_3 e_3$ si ha

$$p_{V(G)}(v) = a_1 p_{V(G)}(e_1) + a_2 p_{V(G)}(e_2) + a_3 p_{V(G)}(e_3)$$

In realtà, a ben guardare come è definita $p_{V(G)}$, ci si rende conto che tale proprietà non riguarda il solo vettore v ma è condivisa da tutti i vettori di $\mathbb{R}^3$. E se non si è pigri e si osserva con cura il fenomeno, ci si rende conto che si tratta di una proprietà di tutte le funzioni del tipo $p_{V(G)}$. Se volessimo usare un linguaggio più colloquiale, potremmo dire che le funzioni $p_{V(G)}$ *rispettano le combinazioni lineari.*

Ora il lettore già conosce come vanno avanti le cose in matematica. Quindi non si dovrebbe stupire se dico che a questo punto sorge spontanea la domanda: ci sono altre funzioni che *rispettano* le combinazioni lineari? Se la domanda non gli è venuta proprio spontanea, niente paura, basti sapere che ai matematici è venuta, la risposta è risultata di estrema importanza e presto vedremo il perché. Intanto è opportuno che ci si eserciti con esperimenti molto facili e si scopra che un esempio di funzione da $\mathbb{R}^n$ a $\mathbb{R}^n$ che certamente gode di *quella proprietà* è la funzione identica. Ancora un esempio di funzione di tale tipo è la funzione che associa ad ogni vettore il suo opposto. Una funzione che invece *non ha quella proprietà* è la funzione da $\mathbb{R}^2$ a $\mathbb{R}^2$ che associa al vettore (a_1, a_2) il vettore (a_1^2, a_2^2). Infatti $(2,2)$ si trasforma in $(4,4)$, mentre vale l'uguaglianza $(2,2) = 2e_1 + 2e_2$ ed e_1 si trasforma in e_1, e_2 si trasforma in e_2. Questo significa che, se valesse la proprietà suddetta, si dovrebbe avere l'uguaglianza $2e_1 + 2e_2 = (4,4)$, il che evidentemente non accade.

In sostanza, la proprietà che accomuna tutte le suddette funzioni tranne l'ultima si può descrivere nel modo seguente. Sia φ una funzione; per ogni relazione del tipo $v = a_1 v_1 + \cdots, a_r v_r$ tra vettori a cui è possibile applicare φ, si ha $\varphi(v) = a_1 \varphi(v_1) + \cdots + a_r \varphi(v_r)$. Funzioni con tale proprietà sono al centro della matematica, in particolare dell'algebra lineare, e si chiamano **trasformazioni lineari** o funzioni lineari.

Ed eccoci arrivati ad un altro punto di svolta. Il ragionamento seguente porta per l'ennesima volta in primo piano il concetto di matrice e, detto con la dovuta enfasi, crea i presupposti per molte tra le più importanti applicazioni della matematica. Consideriamo una trasformazione lineare φ da $\mathbb{R}^c$ in $\mathbb{R}^r$. Scriveremo

$$\varphi : \mathbb{R}^c \longrightarrow \mathbb{R}^r$$

Sia $F = (f_1, \ldots, f_c)$ una base di $\mathbb{R}^c$ e $G = (g_1, \ldots, g_r)$ una base di $\mathbb{R}^r$. Se conosciamo i vettori $\varphi(f_1), \ldots, \varphi(f_c)$, li possiamo scrivere in modo unico come combinazioni lineari degli elementi di G. Detta $\varphi(F)$ la c-upla $\varphi(f_1), \ldots, \varphi(f_c)$, possiamo dunque affermare di conoscere la matrice $M^G_{\varphi(F)}$. Vedremo ora un fatto molto importante, ossia che, fissate le due basi F e G, tutta l'informazione di φ è contenuta in questa matrice. Infatti, se v è un vettore qualsiasi di $\mathbb{R}^c$, si ha l'uguaglianza $v = F M^F_v$, dove M^F_v è univocamente determinata essendo F una base. La linearità di φ implica l'uguaglianza

$$\varphi(v) = \varphi(F) \, M^F_v \tag{1}$$

D'altra parte abbiamo appena chiamato $M^G_{\varphi(F)}$ la matrice per cui

$$\varphi(F) = G \, M^G_{\varphi(F)} \tag{2}$$

Combinando (1) e (2) si ottiene

$$\varphi(v) = G \, M^G_{\varphi(F)} \, M^F_v \tag{3}$$

Ecco messo in bella evidenza il fatto che, **fissate le basi F e G, l'informazione di φ è concentrata nella matrice** $M^G_{\varphi(F)}$. Questa osservazione conferisce alle trasformazioni lineari una grandissima importanza. Inoltre, poiché è anche vero che

$$\varphi(v) = G \, M^G_{\varphi(v)} \tag{4}$$

si deduce la formula

$$M^G_{\varphi(v)} = M^G_{\varphi(F)} \, M^F_v \tag{5}$$

Se al posto di un vettore singolo si ha una s-upla di vettori $S = (v_1, \ldots, v_s)$, applicando la (5) a tutti i vettori di S si ottiene la seguente formula fondamentale

$$M^G_{\varphi(S)} = M^G_{\varphi(F)} \, M^F_S \tag{6}$$

Si osservi che se $\varphi : \mathbb{R}^c \longrightarrow \mathbb{R}^r$ è una trasformazione lineare e se le due basi scelte sono le rispettive basi canoniche di $\mathbb{R}^c$ e di $\mathbb{R}^r$, allora la formula (5) rivela il fatto seguente.

> **Le componenti del vettore trasformato del vettore generico v di $\mathbb{R}^c$ sono espressioni lineari omogenee nelle componenti di v.**

La parte finale di questa sezione è dedicata ad un aspetto matematico che riguarda le trasformazioni lineari ed è legato a quanto detto alla fine della Sezione 6.3. Consideriamo una trasformazione lineare φ da $\mathbb{R}^c$ in $\mathbb{R}^r$. Come già visto, la matrice $M^{E_r}_{\varphi(E_c)}$ contiene tutta l'informazione di φ. Se consideriamo l'insieme $\text{Im}(\varphi)$, detto **immagine** di φ, ossia l'insieme dei vettori in $\mathbb{R}^r$ che sono trasformati di qualche vettore in $\mathbb{R}^c$, si hanno le seguenti regole, che un lettore attento non dovrebbe avere difficoltà a dimostrare.

(1) L'insieme $\text{Im}(\varphi)$ è un sottospazio vettoriale di $\mathbb{R}^r$.

(2) Detto $r = \text{rk}(M^{E_r}_{\varphi(E_c)})$ e scelte r colonne linearmente indipendenti di $M^{E_r}_{\varphi(E_c)}$, i corrispondenti vettori costituiscono una base di $\text{Im}(\varphi)$.

(3) Si ha $\dim(\text{Im}(\varphi)) = r$.

Se consideriamo l'insieme $\text{Ker}(\varphi)$, detto **nucleo** di φ, ossia l'insieme dei vettori v in $\mathbb{R}^c$ tali che $\varphi(v) = 0$, si hanno le seguenti regole, che il lettore può dimostrare usando le regole (1) e (2) alla fine della Sezione 6.3.

(1) L'insieme $\text{Ker}(\varphi)$ è un sottospazio vettoriale di $\mathbb{R}^r$.

(2) Si considera il sistema lineare omogeneo $M^{E_r}_{\varphi(E_c)}\mathbf{x} = 0$. Detto $r = \text{rk}(M^{E_r}_{\varphi(E_c)})$, scelte $n - r$ variabili libere e attribuiti ad esse i valori $(1, 0, \ldots, 0)$, $(0, 1, \ldots, 0)$, $\ldots$, $(0, 0, \ldots, 1)$, le soluzioni che si ottengono formano una base di $\text{Ker}(\varphi)$.

(3) Si ha $\dim(\text{Ker}(\varphi)) = n - r$.

Vediamo un esempio con il quale illustriamo i nuovi aspetti matematici introdotti in questa sezione.

Esempio 7.1.1. Consideriamo la funzione $\varphi : \mathbb{R}^3 \longrightarrow \mathbb{R}^2$ definita dalla formula $\varphi(a,b,c) = (a+b,\ b-2c)$. Osserviamo che le componenti di $\varphi(v)$ sono espressioni lineari omogenee nelle componenti di v e quindi φ è una trasformazione lineare. Per calcolare $M^{E_2}_{\varphi(E_3)}$ dobbiamo calcolare i trasformati della base canonica di $\mathbb{R}^3$ ed esprimerli mediante la base canonica di $\mathbb{R}^2$. Si hanno le uguaglianze $\varphi(e_1) = (1,0)$, $\varphi(e_2) = (1,1)$, $\varphi(e_3) = (0,-2)$, da cui segue che la matrice $M^{E_2}_{\varphi(E_3)}$ è la seguente

$$M^{E_2}_{\varphi(E_3)} = \begin{pmatrix} 1 & 1 & 0 \\ 0 & 1 & -2 \end{pmatrix}$$

Ora facciamo un piccolo esperimento. Se v è il vettore $(2,-2,7)$, applicando la definizione si ha

$$\varphi(v) = (0,-16)$$

Applicando la formula (3) si ha

$$\varphi(v) = E_2 \begin{pmatrix} 1 & 1 & 0 \\ 0 & 1 & -2 \end{pmatrix} \begin{pmatrix} 2 \\ -2 \\ 7 \end{pmatrix} = 0e_1 - 16e_2 = (0,-16)$$

A questo punto sarebbe bene che il lettore si stupisse della coincidenza.

Andiamo ora a verificare le regole descritte in precedenza. Si vede che la matrice $M^{E_2}_{\varphi(E_3)}$ ha rango 2, ad esempio osservando che le prime due colonne sono linearmente indipendenti. Quindi si ha $\dim(\mathrm{Im}(\varphi)) = 2$ e una base di $\mathrm{Im}(\varphi)$ è ad esempio $(\varphi(e_1), \varphi(e_2))$.

Il sistema lineare omogeneo associato alla matrice $M^{E_2}_{\varphi(E_3)}$ è il seguente

$$\begin{cases} x_1 + x_2 & = 0 \\ x_2 - 2x_3 = 0 \end{cases}$$

che si trasforma nel seguente

$$\begin{cases} x_1 & + 2x_3 = 0 \\ x_2 - 2x_3 = 0 \end{cases}$$

Consideriamo x_3 come variabile libera, le diamo valore 1 e otteniamo la soluzione $(-2,2,1)$. Questo vettore è base di $\mathrm{Ker}(\varphi)$ e infatti noi sappiamo che tutte le soluzioni del sistema sono $(-2a,\ 2a,\ a)$, quindi tutte multiple della soluzione $(-2,2,1)$.

7.2 Proiettori

è difficile mettere a fuoco,
se brucia il proiettore

Dopo l'escursione nel mondo delle trasformazioni lineari fatta nella sezione precedente, ritorniamo al primo esempio da cui siamo partiti per motivarle e cioè quello della proiezione ortogonale (vedi Sezione 6.4). Ricordiamo quali sono i termini del problema. È dato un sottospazio V di $\mathbb{R}^n$ di dimensione s ed una sua base ortonormale $G = (g_1, \ldots, g_s)$, per cui si ha $V = V(G)$ e la matrice $Q = M_G^E$ è ortonormale. A questo punto incomincia un ragionamento tecnico tipico della matematica. Avrei potuto evitarlo e scrivere solo le formule finali, ma in questo caso, data l'importanza pratica oltre che teorica del problema trattato, ho preferito mettermi in *modo matematico* e fornire una descrizione completa dei passaggi che portano alle importanti conclusioni.

Vediamo dunque il matematico al lavoro. È del tutto evidente (sul serio) che per ogni vettore $v \in \mathbb{R}^n$ si ha l' uguaglianza $v = (e_1 \cdot v, \ e_2 \cdot v, \ldots, e_n \cdot v)$. Quindi si ottiene l'uguaglianza

$$Q = \begin{pmatrix} e_1 \cdot g_1 & e_1 \cdot g_2 & \cdots & e_1 \cdot g_s \\ e_2 \cdot g_1 & e_2 \cdot g_2 & \cdots & e_2 \cdot g_s \\ \vdots & \vdots & \vdots & \vdots \\ e_n \cdot g_1 & e_n \cdot g_2 & \cdots & e_n \cdot g_s \end{pmatrix} \tag{1}$$

Alla s-upla G possiamo associare la funzione $p_V : \mathbb{R}^n \longrightarrow \mathbb{R}^n$ definita da

$$p_V(v) = (v \cdot g_1)g_1 + (v \cdot g_2)g_2 + \cdots + (v \cdot g_s)g_s \tag{2}$$

che ad ogni vettore di $\mathbb{R}^n$ associa la sua proiezione ortogonale su V. Per semplicità chiamiamo $p = p_V$ e osserviamo che, dato che p è una trasformazione lineare da $\mathbb{R}^n$ a $\mathbb{R}^n$, si può scegliere E come base e avere la trasformazione completamente descritta da $M_{p(E)}^E$. Ora ci poniamo una importante domanda, o meglio ci poniamo una domanda che risulterà importante per merito dell'importante risposta. La domanda è: come è fatta la matrice $M_{p(E)}^E$? Dalla formula (2) sappiamo che

$$\begin{aligned} p(e_1) &= (e_1 \cdot g_1)g_1 + (e_1 \cdot g_2)g_2 + \cdots + (e_1 \cdot g_s)g_s \\ p(e_2) &= (e_2 \cdot g_1)g_1 + (e_2 \cdot g_2)g_2 + \cdots + (e_2 \cdot g_s)g_s \\ \cdots &= \cdots\cdots \\ p(e_n) &= (e_n \cdot g_1)g_1 + (e_n \cdot g_2)g_2 + \cdots + (e_n \cdot g_s)g_s \end{aligned} \tag{3}$$

Inoltre osserviamo che

$$Q^{\mathrm{tr}} = \begin{pmatrix} e_1 \cdot g_1 & e_2 \cdot g_1 & \cdots & e_n \cdot g_1 \\ e_1 \cdot g_2 & e_2 \cdot g_2 & \cdots & e_n \cdot g_2 \\ \vdots & \vdots & \vdots & \vdots \\ e_1 \cdot g_s & e_2 \cdot g_s & \cdots & e_n \cdot g_s \end{pmatrix} \tag{4}$$

e quindi la (3) può essere letta come

$$p(E) = G\,Q^{\mathrm{tr}} \tag{5}$$

da cui deduciamo subito l'uguaglianza

$$M_{p(E)}^{G} = Q^{\mathrm{tr}} \tag{6}$$

Usando la (3) e una *opportuna generalizzazione* (i matematici scusino questa espressione, i non matematici non se ne preoccupino) della formula (*e*) della Sezione 4.8, si può dire che

$$M_{p(E)}^{E} = M_{G}^{E}\,M_{p(E)}^{G} \tag{7}$$

Non resta che ricordare l'uguaglianza $M_{G}^{E} = Q$ e l'espressione (6) per rileggere la (7) nel seguente modo

$$M_{p(E)}^{E} = Q\,Q^{\mathrm{tr}} \tag{8}$$

Questa è la prima importante risposta. Resta aperta una altra possibilità rappresentata dalla seguente domanda. *Che cosa succede se la base di V non è ortonormale?* Consideriamo una base di V non necessariamente ortonormale, costituita da una r-upla che chiamiamo $G' = (g'_1, \ldots, g'_s)$. Poniamo $M = M_{G'}^{E}$ procediamo in analogia a quanto detto prima nel caso speciale che G' sia ortonormale. Prima facciamo una decomposizione QR di M con Q ortonormale e R triangolare superiore con diagonale positiva (vedi Sezione 6.5).

$$M = QR \quad \text{e quindi} \quad Q = MR^{-1} \tag{9}$$

Naturalmente le colonne di Q sono formate dalle coordinate dei vettori di una base ortonormale G di V e si hanno le uguaglianze

$$M = M_{G'}^{E} \qquad Q = M_{G}^{E} \qquad R = M_{G'}^{G} \tag{10}$$

Usando la (6), la (10)) e la identità $M_{p(E)}^{G'} = M_{G}^{G'}\,M_{p(E)}^{G}$ si ottiene

$$M_{p(E)}^{G'} = R^{-1}Q^{\mathrm{tr}} \tag{11}$$

e quindi, moltiplicando per la matrice identica $I = (R^{\mathrm{tr}})^{-1}R^{\mathrm{tr}}$, si ha

$$M_{p(E)}^{G'} = R^{-1}(R^{\mathrm{tr}})^{-1}R^{\mathrm{tr}}Q^{\mathrm{tr}} \tag{12}$$

Dalla (12) e dalla (9) si deduce

$$M_{p(E)}^{G'} = R^{-1}(R^{\mathrm{tr}})^{-1}M^{\mathrm{tr}} \tag{13}$$

Sappiamo inoltre che $Q^{\mathrm{tr}}Q = I$ e quindi dalla (9) segue

$$M^{tr}M = (QR)^{\mathrm{tr}}QR = R^{\mathrm{tr}}Q^{\mathrm{tr}}QR = R^{\mathrm{tr}}R \tag{14}$$

e quindi si ha

$$(M^{tr}M)^{-1} = (R^{\mathrm{tr}}R)^{-1} = R^{-1}(R^{\mathrm{tr}})^{-1} \tag{15}$$

Sostituendo nella (13) si ottiene una prima importante formula

$$M^{G'}_{p(E)} = (M^{\mathrm{tr}} M)^{-1} M^{\mathrm{tr}} \tag{16}$$

Una seconda importante formula si ottiene combinando la (16) con l'uguaglianza $M^E_{p(E)} = M^E_{G'} M^{G'}_{p(E)}$ analoga alla (7). Si ottiene

$$M^E_{p(E)} = M(M^{\mathrm{tr}} M)^{-1} M^{\mathrm{tr}} \tag{17}$$

Arrivati alla risposta, è il momento di tirare il fiato e ricapitolare la situazione.

L'oggetto di partenza è un sottospazio V di $\mathbb{R}^n$. Data una base G' di V e posto $M = M^E_{G'}$, si ha

$$M^{G'}_{p(E)} = (M^{\mathrm{tr}} M)^{-1} M^{\mathrm{tr}} \qquad M^E_{p(E)} = M(M^{\mathrm{tr}} M)^{-1} M^{\mathrm{tr}} \tag{16} \ (17)$$

Data una base ortonormale G di V e posto $Q = M^E_G$, si ha

$$M^G_{p(E)} = Q^{\mathrm{tr}} \qquad M^E_{p(E)} = QQ^{\mathrm{tr}} \tag{6} \ (8)$$

Le formule (8) e (17) suggeriscono di mettere in evidenza una particolare matrice che rappresenta la proiezione ortogonale sullo spazio generato dalle colonne di M. E infatti, se M è una matrice di rango s in $\mathrm{Mat}_{n,s}(\mathbb{R})$, la matrice $M^E_{p(E)} = M(M^{\mathrm{tr}} M)^{-1} M^{\mathrm{tr}}$ si chiama **proiettore** sullo spazio generato dalle colonne di M o, più comodamente, **proiettore di M**. Se M è ortonormale, la formula del proiettore si semplifica, dato che vale l'uguaglianza $M^{\mathrm{tr}} M = I$, e si ha $M^G_{p(E)} = M^{\mathrm{tr}}$, $M^E_{p(E)} = MM^{\mathrm{tr}}$. In questo modo si vede chiaramente che le formule (6), (8) sono casi particolari delle formule (16), (17). Sembrano molto diverse, solo perchè le matrici ortonormali vengono comunemente chiamate Q piuttosto che M.

Esempio 7.2.1. Consideriamo i vettori $v_1 = (1,0,1,0)$, $v_2 = (-1,-1,1,1)$ di $\mathbb{R}^4$, sia $F = (v_1, v_2)$ e V il sottospazio di $\mathbb{R}^4$ generato da F. I due vettori sono linearmente indipendenti e quindi F è base di V, ma non è ortonormale. Quindi il proiettore su V si ottiene usando la formula (17). Detta $M = M^E_F$, si ha

$$M \, (M^{\mathrm{tr}} M)^{-1} M^{\mathrm{tr}} = \begin{pmatrix} 1 & -1 \\ 0 & -1 \\ 1 & 1 \\ 0 & 1 \end{pmatrix} \left(\begin{pmatrix} 1 & -1 \\ 0 & -1 \\ 1 & 1 \\ 0 & 1 \end{pmatrix}^{\mathrm{tr}} \begin{pmatrix} 1 & -1 \\ 0 & -1 \\ 1 & 1 \\ 0 & 1 \end{pmatrix} \right)^{-1} \begin{pmatrix} 1 & -1 \\ 0 & -1 \\ 1 & 1 \\ 0 & 1 \end{pmatrix}^{\mathrm{tr}}$$

e facendo i conti si vede che

$$M \, (M^{\mathrm{tr}} M)^{-1} M^{\mathrm{tr}} = \begin{pmatrix} \frac{3}{4} & \frac{1}{4} & \frac{1}{4} & -\frac{1}{4} \\ \frac{1}{4} & \frac{1}{4} & -\frac{1}{4} & -\frac{1}{4} \\ \frac{1}{4} & -\frac{1}{4} & \frac{3}{4} & \frac{1}{4} \\ -\frac{1}{4} & -\frac{1}{4} & \frac{1}{4} & \frac{1}{4} \end{pmatrix}$$

Concludiamo la sezione con due *chicche matematiche*. Abbiamo appena visto che se $M \in \text{Mat}_{n,s}(\mathbb{R})$ ha rango s, la matrice $M(M^{\text{tr}}M)^{-1}M^{\text{tr}}$ si chiama proiettore sullo spazio generato dalle colonne di M. Che cosa succede se la matrice non ha rango massimo? Supponiamo che $A \in \text{Mat}_{n,r}(\mathbb{R})$ abbia rango $s < r$. Dalla Sezione 6.3 sappiamo che esistono s colonne di A linearmente indipendenti. Se chiamiamo M la sottomatrice di A formata da tali s colonne, si ha che M è di rango massimo e che lo spazio vettoriale V generato dalle colonne di A coincide con quello generato dalle colonne di M. Dunque il proiettore su V è $M(M^{\text{tr}}M)^{-1}M^{\text{tr}}$. Qualche lettore attento avrà notato che la scelta di s colonne linearmente indipendenti non è canonica. Che cosa succede se si cambia scelta? O più in generale se si cambia base di V? Ebbene la cosa piacevole è che **il proiettore non dipende dalla base scelta**. A qualcuno non solo sembra una scoperta piacevole, ma addirittura vorrebbe vederne la dimostrazione? Accontentiamolo.

Sia $A \in \text{Mat}_{n,r}(\mathbb{R})$, sia $s = \text{rk}(A)$, sia V lo spazio vettoriale generato dalle colonne di A, sia G una base di V formata da s colonne linearmente indipendenti e sia F una altra base di V. Detta $M = M_G^E$, abbiamo visto che il proiettore su V è $M(M^{\text{tr}}M)^{-1}M^{\text{tr}}$. Detta $N = M_F^E$, e detta $P = M_F^G$ si ha $M_F^E = M_G^E M_F^G$ e dunque $N = MP$. Per dimostrare l'indipendenza di cui sopra, si deve provare l'uguaglianza

$$N(N^{\text{tr}}N)^{-1}N^{\text{tr}} = M(M^{\text{tr}}M)^{-1}M^{\text{tr}}$$

Ecco la prova.

$$\begin{aligned}
N(N^{\text{tr}}N)^{-1}N^{\text{tr}} &= (MP)\big((MP)^{\text{tr}}(MP)\big)^{-1}(MP)^{\text{tr}} \\
&= (MP)\big((P^{\text{tr}}M^{\text{tr}})(MP)\big)^{-1}(MP)^{\text{tr}} \\
&= (MP)\big(P^{\text{tr}}(M^{\text{tr}}M)P\big)^{-1}(MP)^{\text{tr}} \\
&= (MP)\big(P^{-1}(M^{\text{tr}}M)^{-1}(P^{\text{tr}})^{-1}\big)(MP)^{\text{tr}} \\
&= MPP^{-1}(M^{\text{tr}}M)^{-1}(P^{\text{tr}})^{-1}P^{\text{tr}}M^{\text{tr}} \\
&= M(M^{\text{tr}}M)^{-1}M^{\text{tr}}
\end{aligned}$$

Fine della dimostrazione.

La seconda chicca è la seguente: **i proiettori sono matrici simmetriche, idempotenti** (ossia coincidenti con il loro quadrato), **semidefinite positive**. Volete vedere la dimostrazione? Assumo che la risposta sia sì.

Per provare che è simmetrica basta calcolare la trasposta e osservare che coincide. Per dimostrare che è idempotente basta calcolare $M\,(M^{\text{tr}}M)^{-1}M^{\text{tr}}M\,(M^{\text{tr}}M)^{-1}M^{\text{tr}}$. Fatte le semplificazioni si ritrova la stessa matrice. Detta A una tale matrice, ora sappiamo che $A = A^{\text{tr}}$ e che $A = A^2$ e dunque $A = AA = A^{\text{tr}}A$, per cui si conclude che è semidefinita positiva.

7.3 Minimi quadrati e pseudoinverse

Nella sezione precedente abbiamo collezionato tutta una serie di fatti matematici. Così adeguatamente attrezzati possiamo affrontare e risolvere con relativa facilità il famoso problema dei minimi quadrati.

Problema dei minimi quadrati: I caso. *Data una matrice $Q \in \mathrm{Mat}_{n,s}(\mathbb{R})$ ortonormale e un vettore v in $\mathbb{R}^n$, determinare un vettore u combinazione lineare delle colonne di Q, tale che la distanza tra v e u sia minima.*

Soluzione.   Diciamo G la s-upla dei vettori le cui coordinate rispetto a E sono le colonne di Q, ossia tale che $Q = M_G^E$. Dato che $u = GM_u^G$, il problema chiede di trovare M_u^G. Abbiamo già visto che il vettore a minima distanza è il vettore $u = p(v)$ dove abbiamo posto $p = p_{V(G)}$. Dobbiamo dunque trovare $M_{p(v)}^G$. Dalla formula (6) della Sezione 7.2 si deduce che

$$M_{p(v)}^G = M_{p(E)}^G\, M_v^E = Q^{\mathrm{tr}}\, M_v^E$$

Il vettore soluzione è dunque

$$p(v) = G\, Q^{\mathrm{tr}} M_v^E \tag{18}$$

Dato che $G = EM_G^E = EQ$, si ha anche

$$p(v) = E\, Q\, Q^{\mathrm{tr}} M_v^E \tag{19}$$

Problema dei minimi quadrati: II caso. *Data una matrice $M \in \mathrm{Mat}_{n,s}(\mathbb{R})$ di rango s e un vettore v in $\mathbb{R}^n$, determinare un vettore u combinazione lineare delle colonne di M, tale che la distanza tra v e u sia minima.*

Soluzione.   Come nel primo caso, diciamo G' la s-upla dei vettori le cui coordinate rispetto a E sono le colonne di M, ossia tale che $M = M_{G'}^E$. Dato che $u = G'M_u^{G'}$, il problema chiede di trovare $M_u^{G'}$. Abbiamo già detto che $u = p(v)$ e dalla formula (16) si deduce

$$M_{p(v)}^{G'} = M_{p(E)}^{G'}\, M_v^E = (M^{\mathrm{tr}}M)^{-1}M^{\mathrm{tr}}\, M_v^E$$

Il vettore soluzione è dunque

$$p(v) = G'\, (M^{\mathrm{tr}}M)^{-1}M^{\mathrm{tr}}M_v^E \tag{20}$$

Dato che $G' = EM_{G'}^E = EM$, si ha anche l'uguaglianza

$$p(v) = E\, M\, (M^{\mathrm{tr}}M)^{-1}M^{\mathrm{tr}}M_v^E \tag{21}$$

Ora è giunto il momento di vedere un altro esempio.

Esempio 7.3.1. Riconsideriamo l'Esempio 7.2.1. In particolare consideriamo i vettori $v_1 = (1, 0, 1, 0)$, $v_2 = (-1, -1, 1, 1)$ di $\mathbb{R}^4$, la coppia $F = (v_1, v_2)$ e il sottospazio V di $\mathbb{R}^4$ generato da F. Detta $M = M_F^E$, abbiamo calcolato il proiettore $A = M (M^{\mathrm{tr}} M)^{-1} M^{\mathrm{tr}}$ e abbiamo ottenuto

$$A = \begin{pmatrix} \frac{3}{4} & \frac{1}{4} & \frac{1}{4} & -\frac{1}{4} \\ \frac{1}{4} & \frac{1}{4} & -\frac{1}{4} & -\frac{1}{4} \\ \frac{1}{4} & -\frac{1}{4} & \frac{3}{4} & \frac{1}{4} \\ -\frac{1}{4} & -\frac{1}{4} & \frac{1}{4} & \frac{1}{4} \end{pmatrix}$$

Ora possiamo usare A per calcolare la proiezione ortogonale sul sottospazio V di qualsiasi vettore e in tal modo possiamo risolvere il problema dei minimi quadrati. Ad esempio, se consideriamo $e_1 = (1, 0, 0, 0)$, il vettore di V a minima distanza da e_1 è il vettore che si ottiene dalla formula (21). Tale vettore è dunque

$$E\,AM_{e_1}^E = (\frac{3}{4}, \frac{1}{4}, \frac{1}{4}, -\frac{1}{4})$$

Nella Sezione 6.4 si era visto il fatto che la proiezione ortogonale su un sottospazio vettoriale V si può calcolare a partire da una qualunque base ortonormale del sottospazio stesso. Nella Sezione 7.2 abbiamo visto che di fatto si può calcolare a partire da qualunque base, anche non ortogonale. Sorgono naturali alcune domande.

- È possibile calcolare la proiezione ortogonale su un sottospazio a partire da un qualsiasi sistema di generatori di V?
- È possibile risolvere il problema dei minimi quadrati a partire da un qualsiasi sistema di generatori di V?

Noi sappiamo già come rispondere. Infatti, dato un sistema di generatori S di V e detta A la matrice M_S^E, basta calcolare $s = \mathrm{rk}(A)$, chiamare M una sottomatrice formata da s colonne linearmente indipendenti di A e calcolare il proiettore $M(M^{\mathrm{tr}} M)^{-1} M^{\mathrm{tr}}$ (vedi formule (17) e (21) della sezione precedente). In realtà, le domande precedenti si possono interpretare in modo diverso. Ci si chiede se è possibile trovare delle formule che usino direttamente la matrice A. Per rispondere abbiamo bisogno di una decomposizione a cui si può assoggettare qualunque matrice. Vediamo prima un esempio.

Esempio 7.3.2. Sia data la matrice

$$A = \begin{pmatrix} 1 & 1 & 0 & 1 \\ 0 & 1 & -2 & 3 \\ 2 & 1 & 2 & -1 \\ 1 & 2 & -2 & 4 \\ 1 & 0 & 2 & -2 \end{pmatrix} \in \mathrm{Mat}_{5,4}(\mathbb{R})$$

Usando le regole viste nella Sezione 6.3, si può vedere che $\mathrm{rk}(A) = 2$ e che due colonne linearmente indipendenti sono ad esempio le prime due. In particolare, questo significa che le prime due colonne sono base del sottospazio generato dalle colonne della matrice e quindi la terza e la quarta colonna sono combinazioni lineari delle prime due. Infatti, risolvendo i due seguenti sistemi lineari

$$\begin{cases} x_1 + x_2 = 0 \\ \quad\;\; x_2 = -2 \\ 2x_1 + x_2 = 2 \\ x_1 + 2x_2 = -2 \\ x_1 \qquad\;\; = 2 \end{cases} \qquad \begin{cases} x_1 + x_2 = 1 \\ \quad\;\; x_2 = 3 \\ 2x_1 + x_2 = -1 \\ x_1 + 2x_2 = 4 \\ x_1 \qquad\;\; = -2 \end{cases}$$

si trova la soluzione $(2, -2)$ per il primo e $(-2, 3)$ per il secondo. Ciò significa che la terza colonna è due volte la prima meno due volte la seconda, mentre la quarta colonna è meno due volte la prima più tre volte la seconda. E allora si vede che la matrice A si può rappresentare come prodotto di due matrici di rango massimo uguale a 2. Infatti vale la seguente identità

$$\begin{pmatrix} 1 & 1 & 0 & 1 \\ 0 & 1 & -2 & 3 \\ 2 & 1 & 2 & -1 \\ 1 & 2 & -2 & 4 \\ 1 & 0 & 2 & -2 \end{pmatrix} = \begin{pmatrix} 1 & 1 \\ 0 & 1 \\ 2 & 1 \\ 1 & 2 \\ 1 & 0 \end{pmatrix} \begin{pmatrix} 1 & 0 & 2 & -2 \\ 0 & 1 & -2 & 3 \end{pmatrix}$$

Usando il tipo di ragionamento fatto in questo esempio, si vede che tale decomposizione vale per ogni matrice. Quindi possiamo concludere nel modo seguente.

Dato un corpo numerico K e una matrice $A \in \mathrm{Mat}_{n,r}(K)$ di rango s, esistono due matrici $M \in \mathrm{Mat}_{n,s}(K)$ e $N \in \mathrm{Mat}_{r,s}(K)$, entrambe di rango s, per cui vale la relazione $A = MN^{\mathrm{tr}}$. Tale scrittura viene detta forma (o decomposizione) MN^{tr} della matrice A.

I matematici denotano con A^+ (o, come spesso purtroppo accade, anche con altri simboli) la matrice

$$A^+ = N(N^{\mathrm{tr}}N)^{-1}(M^{\mathrm{tr}}M)^{-1}M^{\mathrm{tr}}$$

e la chiamano **pseudoinversa** o **inversa di Moore-Penrose** di A.

Nel caso $s = r$ la decomposizione di A è semplicemente $A = AI^{\mathrm{tr}}$, e quindi in tale situazione $A^+ = (A^{\mathrm{tr}}A)^{-1}A^{\mathrm{tr}}$. Se per di più A è ortonormale, allora $(A^{\mathrm{tr}}A) = I$ e dunque $A^+ = A^{\mathrm{tr}}$.

Il lettore più attento avrà notato che queste matrici erano già comparse nelle formule (6) e (16). Nell'Esempio 7.3.2 si ha

$$A^+ = \begin{pmatrix} \frac{1}{13} & 0 & \frac{2}{13} & \frac{1}{13} & \frac{1}{13} \\ \frac{19}{312} & \frac{1}{48} & \frac{21}{208} & \frac{17}{208} & \frac{25}{624} \\ \frac{5}{156} & \frac{-1}{24} & \frac{11}{104} & \frac{-1}{104} & \frac{23}{312} \\ \frac{3}{104} & \frac{1}{16} & \frac{-1}{208} & \frac{19}{208} & \frac{-7}{208} \end{pmatrix}$$

Ci sarebbero molte considerazioni da fare sulla nozione di pseudoinversa, limitiamoci a quelle essenziali. L'importanza della pseudoinversa sta tutta nelle sue notevoli caratteristiche. In particolare valgono le proprietà seguenti.

(1) **Le matrici AA^+ e A^+A sono simmetriche.**
(2) **Vale l'uguaglianza $AA^+A = A$**
(3) **Vale l'uguaglianza $A^+AA^+ = A^+$**
(4) **Se A è invertibile, allora $A^+ = A^{-1}$**
(5) **La matrice AA^+ è il proiettore sullo spazio generato dalle colonne di A.**

La dimostrazione di questi fatti è facile e il lettore attento non dovrebbe fare molta fatica. Naturalmente le proprietà (2), (3), (4) giustificano il nome di pseudoinversa dato alla matrice A^+. La proprietà (5) ci permette di rispondere alla prima domanda fatta in precedenza e cioè: è possibile calcolare la proiezione ortogonale su un sottospazio vettoriale a partire da un qualsiasi sistema di generatori di V? La risposta è chiara visto che il proiettore è AA^+.

C'è di sicuro da qualche parte almeno un lettore che farà la seguente obiezione. L'espressione AA^+ dipende da A solo in apparenza, visto che per calcolare A^+ bisogna trovare una sottomatrice M di rango massimo e quindi a quel punto si potrebbe direttamente usare per il proiettore l'espressione $M(M^{tr}M)^{-1}M^{tr}$. Tale obiezione è del tutto pertinente, ma c'è una elegante via di fuga. È chiaro che la decomposizione $A = MN^{tr}$ non è unica, perché dipende dalla scelta delle colonne linearmente indipendenti, ma per fortuna (così si esprimono i matematici) si può dimostrare che **la pseudoinversa non dipende dalla scelta di** M e quindi dipende solo da A. Se il lettore ha fatto attenzione, la dimostrazione è di fatto contenuta nella prima delle due chicche matematiche dimostrate alla fine della Sezione 7.2. Si può essere ancora più precisi e dimostrare che A^+ è **l'unica matrice che gode delle proprietà** (1), (2), (3) elencate prima. E, usando questo fatto, i matematici hanno scoperto che ci sono altri metodi per calcolare A^+, che non passano attraverso il calcolo preliminare di M.

Ora sarà anche facile rispondere alla seconda domanda fatta in precedenza e cioè: è possibile risolvere il problema dei minimi quadrati a partire da un qualsiasi sistema di generatori di V? Formuliamo il problema nel modo già usato in altri casi.

Problema dei minimi quadrati: III caso. *Data una matrice $A \in \mathrm{Mat}_{n,r}(\mathbb{R})$ e un vettore v in $\mathbb{R}^n$, determinare un vettore u combinazione lineare delle colonne di A, tale che la distanza tra v e u sia minima.*

Soluzione. Vista la formula (21) e la proprietà (5), si conclude che il vettore soluzione è dunque

$$p(v) = E\, AA^+ M_v^E \tag{22}$$

Riprendiamo in considerazione l'Esempio 7.3.2.

Esempio 7.3.3. Nell'Esempio 7.3.2 era data la matrice

$$A = \begin{pmatrix} 1 & 1 & 0 & 1 \\ 0 & 1 & -2 & 3 \\ 2 & 1 & 2 & -1 \\ 1 & 2 & -2 & 4 \\ 1 & 0 & 2 & -2 \end{pmatrix}$$

e avevamo calcolato una sua decomposizione MN^{tr} con

$$M = \begin{pmatrix} 1 & 1 \\ 0 & 1 \\ 2 & 1 \\ 1 & 2 \\ 1 & 0 \end{pmatrix} \qquad N = \begin{pmatrix} 1 & 0 \\ 0 & 1 \\ 2 & -2 \\ -2 & 3 \end{pmatrix}$$

Successivamente avevamo visto l'uguaglianza

$$A^+ = \begin{pmatrix} \frac{1}{13} & 0 & \frac{2}{13} & \frac{1}{13} & \frac{1}{13} \\ \frac{19}{312} & \frac{1}{48} & \frac{21}{208} & \frac{17}{208} & \frac{25}{624} \\ \frac{5}{156} & \frac{-1}{24} & \frac{11}{104} & \frac{-1}{104} & \frac{23}{312} \\ \frac{3}{104} & \frac{1}{16} & \frac{-1}{208} & \frac{19}{208} & \frac{-7}{208} \end{pmatrix}$$

Possiamo calcolare dunque

$$AA^+ = \begin{pmatrix} \frac{1}{6} & \frac{1}{12} & \frac{1}{4} & \frac{1}{4} & \frac{1}{12} \\ \frac{1}{12} & \frac{7}{24} & \frac{-1}{8} & \frac{3}{8} & \frac{-5}{24} \\ \frac{1}{4} & \frac{-1}{8} & \frac{5}{8} & \frac{1}{8} & \frac{3}{8} \\ \frac{1}{4} & \frac{3}{8} & \frac{1}{8} & \frac{5}{8} & \frac{-1}{8} \\ \frac{1}{12} & \frac{-5}{24} & \frac{3}{8} & \frac{-1}{8} & \frac{7}{24} \end{pmatrix}$$

e verificare che AA^+ coincide, come prescrive la proprietà (5), con la matrice $M\,(M^{\mathrm{tr}}M)^{-1}M^{\mathrm{tr}}$.

Per concludere la sezione in bellezza, guarderemo al problema dei minimi quadrati in modo leggermente diverso. Come dice il saggio, e come dice il fotografo, cambiare il punto di vista può mostrare aspetti totalmente nuovi. Finora abbiamo trattato il problema dei minimi quadrati da un *punto di vista geometrico*, legandolo alle proiezioni ortogonali su sottospazi. Vediamo quale è la sua controparte puramente algebrica.

Supponiamo dunque di avere un sistema lineare

$$Ax = \mathbf{b} \qquad (*)$$

Intanto osserviamo che se A è invertibile, allora $A^+ = A^{-1}$ in virtù della proprietà (4), quindi $A^+\mathbf{b} = A^{-1}\mathbf{b}$ è la soluzione del sistema $(*)$. E se A non è invertibile? Che cosa possiamo dire del vettore colonna A^+b?

Una osservazione fondamentale è la seguente: **dire che il sistema ha soluzioni è come dire che b sta nel sottospazio vettoriale generato dalle colonne di** A.

Un'altra importante osservazione è che sostituendo a $\mathbf{x}$ nel primo membro l'espressione $A^+\mathbf{b}$ otteniamo $AA^+\mathbf{b}$, ossia la proiezione ortogonale di $\mathbf{b}$ sullo spazio generato dalle colonne di A.

Se il sistema ha soluzioni, allora $\mathbf{b}$ sta nel sottospazio generato dalle colonne di A, quindi la proiezione ortogonale di $\mathbf{b}$ coincide con $\mathbf{b}$. In altri termini, si ha $AA^+\mathbf{b} = \mathbf{b}$ e quindi $A^+\mathbf{b}$ è una soluzione del sistema.

Nel caso invece che il sistema non abbia soluzioni, il vettore colonna $AA^+\mathbf{b}$ è il vettore nello spazio generato dalle colonne di A che ha distanza minima da $\mathbf{b}$. Possiamo quindi concludere che se $(*)$ non ha soluzioni, $A^+\mathbf{b}$ è la **migliore approssimazione di una soluzione (che non esiste)**.

Non è una soluzione, ma quasi, e come spesso accade nella vita, non potendo fare di meglio, ci si accontenta!

se non si può realizzare l'ideale,
si idealizza il reale

Esercizi

Esercizio 1. Si considerino le funzioni seguenti.

$\alpha : \mathbb{R}^3 \longrightarrow \mathbb{R}^3$ definita da $\alpha(a, b, c) = (a,\ b + 2c,\ c - 1)$
$\beta : \mathbb{R}^3 \longrightarrow \mathbb{R}^3$ definita da $\beta(a, b, c) = (a,\ b + 2c,\ c - b)$
$\gamma : \mathbb{R}^3 \longrightarrow \mathbb{R}^3$ definita da $\gamma(a, b, c) = (a,\ b + 2c,\ bc)$

(a) Dire quali sono lineari.
(b) Sia $A = M^E_{\alpha(E)}$. Provare con un esempio che A non determina α.

Esercizio 2. Si consideri la funzione lineare $\varphi : \mathbb{R}^3 \longrightarrow \mathbb{R}^2$ definita da $\varphi(a, b, c) = (a + b,\ b + 2c)$.

(a) Si trovi un vettore non nullo $v \in \mathbb{R}^3$ tale che $\varphi(v) = 0$.
(b) Si verifichi che la terna $F = (f_1, f_2, f_3)$ con $f_1 = (1, 0, 1)$, $f_2 = (0, 1, -1)$, $f_3 = (3, 3, -5)$ è base di $\mathbb{R}^3$ e che la coppia $G = (g_1, g_2)$ con $g_1 = (2, 1)$, $g_2 = (1, -5)$ è base di $\mathbb{R}^2$.
(c) Calcolare $M^G_{\varphi(F)}$.

Esercizio 3. Si consideri la funzione lineare $\varphi : \mathbb{R}^3 \longrightarrow \mathbb{R}^3$ definita da $\varphi(a, b, c) = (2a - 3b - c, b + 2c, 2a - 4b - 3c)$.

(a) Trovare una base di $\mathrm{Im}(\varphi)$.
(b) Calcolare $\dim(\mathrm{Im}(\varphi))$.
(c) Trovare una base di $\mathrm{Ker}(\varphi)$.
(d) Calcolare $\dim(\mathrm{Ker}(\varphi))$.

ⓐ **Esercizio 4.** Si consideri la funzione lineare $\varphi : \mathbb{R}^7 \longrightarrow \mathbb{R}^5$ definita da $\varphi(a_1, a_2, a_3, a_4, a_5, a_6, a_7) = (a_1 - a_6,\ a_2 - a_7,\ a_1 - a_4 - a_5 + a_6,\ a_7,\ a_3 - a_4)$.

(a) Trovare una base di $\mathrm{Im}(\varphi)$.
(b) Calcolare $\dim(\mathrm{Im}(\varphi))$.
(c) Trovare una base di $\mathrm{Ker}(\varphi)$.
(d) Calcolare $\dim(\mathrm{Ker}(\varphi))$.

Esercizio 5. Si consideri la matrice

$$A = \begin{pmatrix} -4 & -1 \\ 0 & -1 \\ 1 & -1 \\ 1 & -1 \\ 3 & -1 \end{pmatrix} \in \mathrm{Mat}_{5,2}(\mathbb{R})$$

e si calcoli il proiettore su A.

Esercizio 6. Sia data la matrice $A = (2 \quad 1 \ -2) \in \mathrm{Mat}_{1,3}(\mathbb{R})$.

(a) Calcolare A^+.

(b) Calcolare $(A^{\mathrm{tr}})^+$.

Esercizio 7. Sia data la matrice $A = (a_1 \quad a_2 \quad \ldots \quad a_n) \in \mathrm{Mat}_{1,n}(\mathbb{R})$, poniamo $c = \sum_{i=1}^n a_i^2$ e supponiamo che sia $c \neq 0$. Provare che $A^+ = \frac{1}{c} A^{\mathrm{tr}}$.

Esercizio 8. Siano dati un numero naturale n, un versore u di $\mathbb{R}^n$ e la matrice $A_u = M_u^E (M_u^E)^{\mathrm{tr}}$.

(a) Verificare che $\mathrm{rk}(A_u) = 1$ per $u = \frac{1}{\sqrt{3}}(1,1,1)$ e per $u = \frac{1}{\sqrt{2}}(1,0,1)$.

(b) Provare che $\mathrm{rk}(A_u) = 1$ per ogni versore u.

(c) Nel caso $n = 3$ dare una interpretazione geometrica di (b), utilizzando i proiettori.

Esercizio 9. Siano n, r numeri naturali. Detta I la matrice identica di tipo n, sia $Q \in \mathrm{Mat}_{n,r}(\mathbb{R})$ una matrice ortonormale e sia $A = I - 2QQ^{\mathrm{tr}}$. Provare i seguenti fatti.

(a) La matrice A è simmetrica.

(b) La matrice A è ortogonale.

(c) Vale l'uguaglianza $A^2 = I$.

Esercizio 10. Si consideri il vettore $v = (3,1,3,3) \in \mathbb{R}^4$, la matrice

$$A = \begin{pmatrix} 1 & 1 \\ 3 & -1 \\ 1 & 1 \\ 1 & 1 \end{pmatrix} \in \mathrm{Mat}_{4,2}(\mathbb{R})$$

e il sottospazio vettoriale V di $\mathbb{R}^4$ generato dalle colonne di A.

(a) Provare che $v \in V$.

(b) Descrivere l'insieme E dei vettori w aventi la seguente proprietà: v è il vettore di V a minima distanza da w.

Esercizio 11. Si consideri la matrice

$$A = \begin{pmatrix} -4 & 2 \\ 0 & 0 \\ 2 & -1 \\ 6 & -3 \\ 12 & -6 \\ 0 & 0 \end{pmatrix} \in \mathrm{Mat}_{6,2}(\mathbb{R})$$

(a) Detto $s = \mathrm{rk}(A)$, calcolare due decomposizioni di tipo $A = MN^{\mathrm{tr}}$ con matrici $M, N \in \mathrm{Mat}_{6,s}(\mathbb{R})$ e $\mathrm{rk}(M) = \mathrm{rk}(N) = s$.

(b) Calcolare A^+ nei due modi corrispondenti alle decomposizioni del punto precedente.

Esercizio 12. Questo è un esercizio teorico.

(a) Sia $M \in \mathrm{Mat}_{r,1}(\mathbb{R})$ e sia $N \in \mathrm{Mat}_{1,r}(\mathbb{R})$. Provare che $\mathrm{rk}(MN) \leq 1$.

(b) Siano $A, B \in \mathrm{Mat}_2(\mathbb{R})$. Provare che esistono $C_1, C_2, C_3, C_4 \in \mathrm{Mat}_2(\mathbb{R})$ di rango al più uno, per cui vale l'uguaglianza $AB = C_1 + C_2 + C_3 + C_4$.

(c) Dedurre che se $A \in \mathrm{Mat}_2(\mathbb{R})$ è ortonormale, allora AA^{tr} è somma di quattro proiettori di rango uno.

Esercizio 13. Si consideri la matrice A dell'Esempio 7.3.3 e si verifichino le proprietà c) e d), ossia $AA^+A = A$ e $A^+AA^+ = A^+$.

Esercizio 14. Si consideri l'Esercizio 15 del Capitolo 6.

(a) Usando la pseudoinversa di A, si calcoli una soluzione di $A\mathbf{x} = \mathbf{b}$ dove $\mathbf{b} = (-62, 23, 163, 6, -106, -135)^{\mathrm{tr}}$.

(b) Usando la pseudoinversa di A, si calcoli una soluzione approssimata di $A\mathbf{x} = \mathbf{b}$ dove $\mathbf{b} = (-62.01, 22.98, 163, 6, -106, -135)^{\mathrm{tr}}$.

Esercizio 15. Sia data la matrice

$$A = \begin{pmatrix} -12 & -5 & -16 & 2 & 1 & -14 \\ 11 & -7 & -6 & 0 & 1 & 7 \\ 1 & 8 & 42 & -6 & -2 & 3 \\ 1 & -20 & -23 & 1 & 3 & -10 \\ 1 & -23 & -49 & 5 & 4 & -10 \\ 1 & 11 & -14 & 4 & -1 & 9 \end{pmatrix} \in \mathrm{Mat}_6(\mathbb{R})$$

(a) Calcolare una base del sottospazio vettoriale V di $\mathbb{R}^6$ generato dalle colonne di A.

(b) Calcolare la pseudoinversa di A.

(c) Calcolare il proiettore su V in due modi diversi.

8

Endomorfismi e diagonalizzazione

la seconda cosa che voglio dire,
è che ho dimenticato la prima
(dal volume NON RICORDO IL TITOLO
di autore ignoto)

In questo capitolo studieremo un aspetto centrale della teoria delle matrici. Abbiamo già visto (e non lo abbiamo dmenticato, spero) che esse servono come contenitori di informazioni numeriche, come parti costitutive fondamentali dei sistemi lineari e come strumento matematico essenziale per la loro soluzione. Le abbiamo moltiplicate, ne abbiamo calcolato l'inversa quando esiste, le abbiamo decomposte in forma LU. Poi abbiamo incominciato ad apprezzarle come strumento di tipo geometrico, nel senso che le abbiamo associate a vettori e sistemi di coordinate.

Successivamente le abbiamo usate per descrivere e studiare le forme quadratiche e per costruire basi ortonormali e le abbiamo decomposte in forma QR. Invarianti numerici ad esse collegati, come ad esempio il rango, si sono rivelati utili nello studio dei sottospazi vettoriali degli spazi di n-uple. Infine, le abbiamo ampiamente utilizzate nel problema dei minimi quadrati.

Ma in realtà uno dei punti più importanti lo abbiamo solo sfiorato nella Sezione 7.1, dove le matrici sono state viste all'opera nella descrizione delle trasformazioni lineari. La matematica usata in tale contesto è quella degli spazi vettoriali e loro trasformazioni, anche se, a dire il vero, non ci siamo soffermati molto sulle sottigliezze tecniche.

In questo ultimo capitolo approfondiremo tale punto e alla fine vedremo molto brevemente una straordinaria proprietà delle matrici simmetriche a entrate reali. Per inquadrarla, ricordiamo che ogni matrice quadrata è congruente con una matrice diagonale, la qual cosa ci ha permesso di trovare una base rispetto alla quale la corrispondente forma quadratica *non ha i termini misti*.

Ricordate (vedi Sezione 5.2) che la relazione di congruenza è quella del tipo $B = P^{\text{tr}} A P$ con P invertibile? E ricordate quanto è stata enfatizzata la *straordinaria capacità* delle matrici di adattarsi a situazioni molto diverse? Allora non vi stupirete molto del fatto che esse abbiano ancora in serbo molte sorprese. Lo scopo di questo capitolo è quello di svelarne qualcuna, ma intanto vediamo di farcene una idea. Abbiamo già osservato alla fine della Sezione 7.1 che se $\varphi : \mathbb{R}^c \longrightarrow \mathbb{R}^r$ è una trasformazione lineare, si ha la formula

$$M^G_{\varphi(S)} = M^G_{\varphi(F)} \, M^F_S$$

Naturalmente può succedere che valga l'uguaglianza $c = r$. Allora tutte le matrici in gioco sono quadrate e F e G sono basi *dello stesso spazio*. Dunque ha senso considerare sia $M^G_{\varphi(G)}$ che $M^F_{\varphi(F)}$. In che relazione stanno? Vedremo tra poco che la relazione non è molto diversa dalla congruenza, anche se il problema di partenza è del tutto differente. Il capitolo ha proprio lo scopo di studiare questa relazione, detta di *similitudine*, e si conclude mostrando che ogni matrice simmetrica reale è simile ad una matrice diagonale. Il risultato, come si vede, è *simile* a quello relativo alla relazione dei congruenza, ma la fatica per arrivarci è molto superiore.

In realtà, anche altre matrici sono simili a matrici diagonali, infatti basta fare il procedimento inverso, prendere una matrice diagonale Δ, una matrice invertibile P dello stesso tipo e costruire la matrice $B = P^{-1}\Delta P$. Naturalmente viene subito da chiedersi che importanza possa avere il fatto che una matrice B si decomponga come $B = P^{-1}\Delta P$ con Δ diagonale. Per incominciare a rispondere a questa domanda, e quindi stimolare la lettura attenta di questo capitolo un poco più difficile del solito, facciamo un esperimento.

Supponiamo che B sia una matrice quadrata di tipo 50 e supponiamo di volere calcolare B^{100}. Nessun problema, incominciamo a moltiplicare B per B, il risultato lo moltiplichiamo per B e così via per 99 volte. Ogni volta il numero delle operazioni da fare è dell'ordine di $\frac{50^3}{3}$, come visto nella Sezione 2.3. Quindi in totale il numero di operazioni da fare è dell'ordine di $99 * \frac{50^3}{3}$, ossia *circa 4 milioni di calcoli*. Se invece Δ è una matrice diagonale di tipo 50, per calcolare Δ^{100} basta elevare alla centesima potenza gli elementi della diagonale e quindi in tutto si devono elevare alla centesima potenza cinquanta numeri, in totale meno di 5000 operazioni. Ed ecco il colpo di scena! Se noi conosciamo una decomposizione $B = P^{-1}\Delta P$ con Δ diagonale, si ha la formula $B^{100} = P^{-1}\Delta^{100} P$. Ora moltiplicare una matrice quadrata di tipo 50 per una diagonale costa circa 50^2 operazioni e moltiplicare due matrici quadrate di tipo 50 costa circa $\frac{50^3}{3}$. In totale, siamo ad un *numero di operazioni dell'ordine di 50,000*. Un bel risparmio!

Qualche lettore attento si sarà accorto che stiamo un poco barando, nel senso che stiamo assumendo di conoscere una decomposizione $B = P^{-1}\Delta P$. In realtà è chiaro che una tale decomposizione dobbiamo calcolarla, ammesso che esista, e questo costerà fatica. Ma attenzione, una volta fatta quella fatica, possiamo tenerci la formula e usarla per calcolare *qualunque potenza di B*.

Ci ritroviamo in una situazione analoga a quella incontrata quando abbiamo discusso la decomposizione LU (vedi Sezione 3.5), la quale, una volta calcolata, si può usare per risolvere con meno fatica tutti i sistemi lineari che si ottengono al variare della colonna dei termini noti.

L'importanza di questi fatti è veramente straordinaria, ad esempio ci permetterà di calcolare quanti conigli avremo in gabbia dopo un certo periodo di tempo (vedi la Sezione 8.4)! E se dei conigli non vi importa nulla, niente paura, ci sono tante altre applicazioni. Ma come in tutte le cose della vita le grandi conquiste richiedono fatica e duro lavoro. Al lettore suggerisco di tenere alta l'attenzione.

8.1 Un esempio di trasformazione lineare piana

Facciamo un piccolo esperimento numerico. Consideriamo la trasformazione lineare $\varphi : \mathbb{R}^2 \longrightarrow \mathbb{R}^2$ tale che $\varphi(e_1) = (\frac{5}{4}, \frac{\sqrt{3}}{4})$, $\varphi(e_2) = (\frac{\sqrt{3}}{4}, \frac{7}{4})$. Si ha

$$M_{\varphi(E)}^{E} = \begin{pmatrix} \frac{5}{4} & \frac{\sqrt{3}}{4} \\ \frac{\sqrt{3}}{4} & \frac{7}{4} \end{pmatrix} = \frac{1}{4}\begin{pmatrix} 5 & \sqrt{3} \\ \sqrt{3} & 7 \end{pmatrix}$$

Dato che E è una base di $\mathbb{R}^2$, per quanto visto nella Sezione 7.1 la matrice $M_{\varphi(E)}^{E}$ definisce univocamente φ. Siano $v_1 = (\sqrt{3}, -1)$, $v_2 = (1, \sqrt{3})$ e sia $F = (v_1, v_2)$. Si vede che F è base di $\mathbb{R}^2$ e si vede che F ha una proprietà notevole. Infatti

$$\varphi(v_1) = \frac{1}{4}(5\sqrt{3} - \sqrt{3}, \ \sqrt{3}\sqrt{3} - 7) = (\sqrt{3}, -1) = v_1$$

$$\varphi(v_2) = \frac{1}{4}(5 + \sqrt{3}\sqrt{3}, \ \sqrt{3} + 7\sqrt{3}) = (2, 2\sqrt{3}) = 2v_2$$

In conclusione abbiamo trovato una base fatta da due vettori i cui trasformati mediante φ *non cambiano direzione*. Addirittura il vettore v_1 viene lasciato *fisso*. Se rappresentiamo l'endomorfismo φ mediante F, ossia se scriviamo la matrice $M_{\varphi(F)}^{F}$, otteniamo

$$M_{\varphi(F)}^{F} = \begin{pmatrix} 1 & 0 \\ 0 & 2 \end{pmatrix}$$

che è una *matrice diagonale*. Questo fatto ci permette di capire la natura *geometrica* della funzione φ che possiamo descrivere nel seguente modo. Facciamo un cambio di coordinate, usiamo F come nuova base e osserviamo che F è ortogonale, anche se non è ortonormale. Attraverso la descrizione che se ne può dare mediante i nuovi assi, osserviamo che φ lascia invariati i vettori del nuovo asse x' e raddoppia la lunghezza dei vettori del nuovo asse y'. Potremmo descrivere quindi la funzione φ come una dilatazione lungo la direzione del nuovo asse y', ossia del vettore v_2.

Si osservi che avremmo anche potuto modificare F e ottenere una base orto-normale, bastava sostituire v_1, v_2 con i loro versori v_1', v_2'. Avremmo dunque avuto una base ortonormale F', rispetto alla quale la descrizione di φ sarebbe stata fatta con la stessa matrice, dato che vale la relazione

$$M^F_{\varphi(F)} = M^{F'}_{\varphi(F')} = \begin{pmatrix} 1 & 0 \\ 0 & 2 \end{pmatrix}$$

Vista la costruzione, $M^E_{F'}$ è ortonormale e quindi, per quanto detto nella Sezione 6.2, il nuovo sistema di coordinate si ottiene per **rotazione** del vecchio di un opportuno angolo.

La nuova base F' è dunque privilegiata e adatta a rivelare la natura della funzione φ. Ma da dove sono spuntati i vettori v_1, v_2? C'è modo di calcolarli, ammesso che esistano qualunque sia la matrice $M^E_{\varphi(E)}$? Osserviamo che so-stanzialmente i vettori v_1, v_2 generano *assi privilegiati* per φ, quindi il nostro studio deve focalizzarsi sull'esistenza di *rette speciali* per φ. Ed è quello che faremo nella prossima sezione.

8.2 Autovalori, autovettori, autospazi, similitudine

In questa sezione vengono introdotti alcuni concetti matematici abbastanza *complessi* (il perchè dell'enfasi sulla parola precedente è chiaro agli specialisti). Per ora, a completamento dell'esempio descritto nella sezione precedente, fac-ciamo la seguente osservazione. Sia $\varphi : \mathbb{R}^n \longrightarrow \mathbb{R}^n$ una trasformazione lineare (i matematici la chiamano spesso **endomorfismo** di $\mathbb{R}^n$). Potremmo dire che una base F di $\mathbb{R}^n$ è speciale per φ, nel caso in cui F fosse una base di $\mathbb{R}^n$ formata da vettori $v_1, \ldots, v_n$, con la proprietà che $\varphi(v_i)$ è multiplo di v_i per ogni $i = 1, \ldots, n$. Infatti se $\varphi(v_i) = \lambda_i v_i$ per $i = 1, \ldots, n$, allora

$$M^F_{\varphi(F)} = \begin{pmatrix} \lambda_1 & 0 & \ldots & 0 \\ 0 & \lambda_2 & \ldots & 0 \\ \vdots & \vdots & \vdots & \vdots \\ 0 & 0 & \ldots & \lambda_n \end{pmatrix}$$

dunque è una matrice diagonale. Per la ricerca di basi speciali diventa perciò essenziale trovare vettori *non nulli* v e *numeri reali* λ tali che $\varphi(v) = \lambda v$. Un tale numero λ si dice **autovalore** dell'endomorfismo φ, un tale vettore non nullo v si dice **autovettore** di λ. Tutti i vettori v tali che $\varphi(v) = \lambda v$ costituiscono un sottospazio vettoriale di $\mathbb{R}^n$, detto **autospazio** di λ.

Fermiamoci un momento e riprendiamo un discorso appena accennato nella introduzione al capitolo, quando ci eravamo chiesti in che relazione stanno le due matrici $M^G_{\varphi(G)}$, $M^F_{\varphi(F)}$. Supponiamo di avere due basi F, G di $\mathbb{R}^n$ (più in generale di uno spazio vettoriale) e sia dato un endomorfismo $\varphi : \mathbb{R}^n \longrightarrow \mathbb{R}^n$. Possiamo considerare sia $M^G_{\varphi(G)}$ che $M^F_{\varphi(F)}$ e non è difficile vedere in che relazione stanno: basta applicare la regola (6) alla fine della Sezione 7.1 e si ottiene $M^G_{\varphi(G)} = M^G_{\varphi(F)} M^F_G$. Ma si ha anche $M^G_{\varphi(F)} = M^G_F M^F_{\varphi(F)}$ per la regola (e) di cambio di base (vedi Sezione 4.8). In conclusione si ha

$$M^G_{\varphi(G)} = M^G_F \, M^F_{\varphi(F)} \, M^F_G \tag{1}$$

Ricordiamo dalla Sezione 4.7 che $M^G_F = (M^F_G)^{-1}$ e scopriamo finalmente la natura del legame tra $M^G_{\varphi(G)}$ e $M^F_{\varphi(F)}$. Le due matrici sono legate da una relazione del tipo

$$B = P^{-1} A P \tag{2}$$

che si chiama **relazione di similitudine**. Se vale una formula del tipo (2) si dice anche che B è **simile** ad A. Lo studio di questa relazione mostra che si tratta di una relazione di equivalenza, ossia che A è simile ad A, che se A è simile a B, allora anche B è simile ad A, e infine che se A è simile a B e B è simile a C, allora A è simile a C. Dirà il lettore: queste sono cose da matematici. Certamente lo sono, ma in questo caso la dimostrazione è così facile che il suddetto lettore non deve avere difficoltà a ricostruirsela per proprio conto.

Ma la domanda interessante è: che cosa c'entra tutto questo con gli autovalori e gli autovettori? Incominciamo con l'osservare una cosa di importanza vitale. Data una matrice quadrata A di tipo n, essa si può pensare come matrice di un endomorfismo φ. Basta *definire* l'endomorfismo $\varphi : \mathbb{R}^n \longrightarrow \mathbb{R}^n$ mediante la formula $M^E_{\varphi(E)} = A$. Questa osservazione ci permette subito di parlare di autovalori e di autovettori non solo di endomorfismi, ma anche di matrici. D'altra parte, se cambiamo la base, l'endomorfismo non cambia, ma la matrice di rappresentazione cambia secondo la formula (1) e quindi secondo una relazione di tipo (2). Di conseguenza, associare autovalori e autovettori a matrici nel modo detto prima può solo essere giustificato se si dimostra il seguente fatto basilare, che infatti risulta essere vero.

Matrici simili hanno stessi autovalori e stessi autovettori.

Per arrivare a capire questo fatto possiamo seguire due strade. La prima usa un ragionamento indiretto, che è il seguente. Se A è una matrice quadrata, poniamo $A = M^E_{\varphi(E)}$, e in tal modo definiamo un endomorfismo φ di $\mathbb{R}^n$, come detto in precedenza. Se B è simile ad A, allora $B = M^F_{\varphi(F)}$ dove F è una base di $\mathbb{R}^n$. Siccome gli autovalori e gli autovettori riguardano φ e non le sue rappresentazioni, si può concludere dicendo appunto che matrici simili hanno gli stessi autovalori e gli stessi autovettori.

La seconda strada invece affronta direttamente la questione e vedremo che ottiene un risultato ancora più importante. Procede così. Data una matrice quadrata A di tipo n, consideriamo la matrice $xI - A$, dove I è la matrice identica di tipo n e chiamiamo **polinomio caratteristico di** A il polinomio $p_A(x) = \det(xI - A)$. Se ci pensate un momento, vi rendete conto che si tratta di un polinomio in x di grado n. Non è un oggetto lineare, ma l'algebra lineare ne ha tanto bisogno e non ne può fare a meno. Perché?

Se λ è un autovalore di una data trasformazione lineare $\varphi : \mathbb{R}^n \longrightarrow \mathbb{R}^n$ e diciamo $A = M^E_{\varphi(E)}$, allora sappiamo che $\lambda \in \mathbb{R}$ e che esiste un vettore non nullo v tale che $\varphi(v) = \lambda v$; quindi deduciamo che M^E_v è una soluzione non nulla del sistema lineare omogeneo $(\lambda I - A)\mathbf{x} = 0$. Che un sistema lineare omogeneo con tante equazioni quante incognite abbia soluzioni non banali è possibile se e solo se il determinante della matrice dei coefficienti è nullo.

Di conseguenza, il fatto che valga l'uguaglianza $p_A(\lambda) = 0$ con $\lambda \in \mathbb{R}$ è condizione necessaria e sufficiente affinchè λ sia autovalore di φ. Se B è simile ad A esiste una matrice invertibile P tale che $B = P^{-1}AP$ (vedi formula (2)). Si deduce

$$
\begin{aligned}
p_B(x) = \det(xI - B) = \det(xI - P^{-1}AP) &= \\
\det(P^{-1}xIP - P^{-1}AP) = \det(P^{-1}(xI - A)P) &= \\
\det(P^{-1}(xI - A)P) = \det(P^{-1})\det(xI - A)\det(P) &= \\
\det(xI - A) = p_A(x) &
\end{aligned}
$$

Matrici simili hanno lo stesso polinomio caratteristico.

Abbiamo dunque visto che il polinomio caratteristico, come dicono i matematici, è invariante per similitudine. Questo fatto ci permette quindi di parlare di **polinomio caratteristico di** φ. Infatti si ha $p_\varphi(x) = p_A(x)$, dove A è una qualsiasi matrice di rappresentazione di φ.

> **Gli autovalori di φ (e di qualsiasi matrice che lo rappresenta) sono le radici reali del polinomio caratteristico di φ (e di qualsiasi matrice che lo rappresenta).**

Giunto a questo punto, immagino che il lettore possa essere perplesso. Sicuramente si è reso conto del fatto che i ragionamenti di questo capitolo sono più difficili di quelli dei capitoli precedenti. Forse a questo punto il libro non è più proprio per tutti. Ma attenzione, siamo alla fine, un ultimo sforzo e si arriva ad alcune conclusioni veramente rilevanti. Dobbiamo però ancora imparare un paio di fatti matematici; il primo è il seguente.

> **Se per ogni autospazio selezioniamo una sua base e mettiamo in fila tali uple di vettori, otteniamo una upla di vettori linearmente indipendenti.**

Il secondo è il seguente.

> **La dimensione di ogni autospazio è minore o uguale alla molteplicità, come radice del polinomio caratteristico, del corrispondente autovalore.**

Questi fatti hanno delle conseguenze di rilievo, ma, temendo che il lettore incominci a spazientirsi, chiudo la sezione con un esempio. Le sezioni successive mostreranno altre classi di esempi e certificheranno dunque la versatilità d'uso di questi fatti matematici.

Esempio 8.2.1. Consideriamo la seguente matrice $A = \begin{pmatrix} 7 & -6 \\ 8 & -7 \end{pmatrix}$. Il suo polinomio caratteristico è

$$p_A(x) = \det \begin{pmatrix} x-7 & 6 \\ -8 & x+7 \end{pmatrix} = x^2 - 1$$

Quindi gli autovalori sono 1, -1. Possiamo allora calcolare i corrispondenti autospazi V_1, V_{-1}. Per calcolare V_1 dobbiamo trovare tutti i vettori v tali che $\varphi(v) = v$. Ma di quale φ stiamo parlando? Abbiamo pensato A come $M_{\varphi(E)}^{E}$ e quindi, se $v = (x,y)^{\mathrm{tr}}$, i vettori v per cui $\varphi(v) = v$ sono quelli le cui coordinate rispetto alla base canonica sono le soluzioni del sistema lineare

$$\begin{cases} -6x_1 + 6x_2 = 0 \\ -8x_1 + 8x_2 = 0 \end{cases}$$

Una base di V_1 è ad esempio costituita dal vettore $u_1 = (1,1)$. Per quanto riguarda V_{-1}, i vettori v per cui $\varphi(v) = -v$ sono quelli le cui coordinate rispetto alla base canonica sono le soluzioni del sistema lineare

$$\begin{cases} -8x_1 + 6x_2 = 0 \\ -8x_1 + 8x_2 = 0 \end{cases}$$

Una base di V_1 è ad esempio costituita dal vettore $u_1 = (3,4)$. La conclusione è che, detta $P^{-1} = \begin{pmatrix} 1 & 3 \\ 1 & 4 \end{pmatrix}$, si ha $P = \begin{pmatrix} 4 & -3 \\ -1 & 1 \end{pmatrix}$, e, detta $\Delta = \begin{pmatrix} 1 & 0 \\ 0 & -1 \end{pmatrix}$, si ottiene la decomposizione $A = P^{-1}\Delta P$, ossia

$$\begin{pmatrix} 7 & -6 \\ 8 & -7 \end{pmatrix} = \begin{pmatrix} 1 & 3 \\ 1 & 4 \end{pmatrix} \begin{pmatrix} 1 & 0 \\ 0 & -1 \end{pmatrix} \begin{pmatrix} 4 & -3 \\ -1 & 1 \end{pmatrix}$$

8.3 Potenze di matrici

Potenza delle matrici o potenze di matrici? L'enfasi è sempre sulla prima interpretazione, ma in questa sezione ci riferiamo alla seconda, come già accennato nell'introduzione al capitolo. Senza frapporre indugi vediamo subito un esempio.

Esempio 8.3.1. Consideriamo la seguente matrice

$$A = \begin{pmatrix} 2 & 0 & -3 \\ 1 & 1 & -5 \\ 0 & 0 & -1 \end{pmatrix}$$

e supponiamo di volerla elevare ad una potenza molto alta, ad esempio $50,000$. Come già osservato nell'introduzione, calcolare $A^{50,000}$ è molto costoso, ma in questo caso ci possiamo avvalere degli autovalori. Come? Il polinomio caratteristico di A è

$$p_A(x) = \det(xI - A) = x^3 - 2x^2 - x + 2 = (x+1)(x-1)(x-2)$$

Ci sono tre autovalori distinti -1, 1, 2 e tre corrispondenti autovettori sono $v_1 = (1, 2, 1)$, $v_2 = (0, 1, 0)$, $v_3 = (1, 1, 0)$. Diciamo

$$P^{-1} = \begin{pmatrix} 1 & 0 & 1 \\ 2 & 1 & 1 \\ 1 & 0 & 0 \end{pmatrix} \qquad \Delta = \begin{pmatrix} -1 & 0 & 0 \\ 0 & 1 & 1 \\ 0 & 0 & 2 \end{pmatrix}$$

e otteniamo

$$P = \begin{pmatrix} 0 & 0 & 1 \\ -1 & 1 & -1 \\ 1 & 0 & -1 \end{pmatrix} \qquad A = P^{-1}\Delta P$$

Come abbiamo già visto nell'introduzione, osserviamo che vale l'uguaglianza

$$A^N = P^{-1}\Delta^N P$$

e che calcolare Δ^N è una operazione facile, dato che si ha

$$\Delta^N = \begin{pmatrix} (-1)^N & 0 & 0 \\ 0 & 1^N & 1 \\ 0 & 0 & 2^N \end{pmatrix}$$

La conseguenza è la seguente formula

$$\begin{pmatrix} 2 & 0 & -3 \\ 1 & 1 & -5 \\ 0 & 0 & -1 \end{pmatrix}^N = \begin{pmatrix} 1 & 0 & 1 \\ 2 & 1 & 1 \\ 1 & 0 & 0 \end{pmatrix} \begin{pmatrix} (-1)^N & 0 & 0 \\ 0 & 1^N & 1 \\ 0 & 0 & 2^N \end{pmatrix} \begin{pmatrix} 0 & 0 & 1 \\ -1 & 1 & -1 \\ 1 & 0 & -1 \end{pmatrix}$$

Quindi, se N è un numero pari, si ha

$$\begin{pmatrix} 2 & 0 & -3 \\ 1 & 1 & -5 \\ 0 & 0 & -1 \end{pmatrix}^N = \begin{pmatrix} 2^N & 0 & -2^N + 1 \\ 2^N - 1 & 1 & -2^N + 1 \\ 0 & 0 & 1 \end{pmatrix}$$

Se invece N è un numero dispari, si ha

$$\begin{pmatrix} 2 & 0 & -3 \\ 1 & 1 & -5 \\ 0 & 0 & -1 \end{pmatrix}^N = \begin{pmatrix} 2^N & 0 & -2^N + 1 \\ 2^N - 1 & 1 & -2^N - 3 \\ 0 & 0 & -1 \end{pmatrix}$$

A questo punto il lettore dovrebbe avere la curiosità di verificare che effettivamente calcolare A^N con il metodo ovvio, ossia $AAAAAA \cdots A$ dove i prodotti sono $N - 1$, viene definitivamente sconfitto dal metodo ottenuto con la diagonalizzazione di A. Naturalmente per apprezzare la differenza bisogna fare la *gara* con N abbastanza grande. Quanto? Preferisco lasciare al lettore il piacere di scoprirlo da solo.

8.4 I conigli di Fibonacci

pertanto,
coloro i quali vogliono acquisire
bene la pratica di questa scienza,
debbono continuamente applicarsi
all'esercizio di essa con pratica diuturna

(Leonardo da Pisa, detto Fibonacci)

Come scrisse G. K. Chesterton, con la perseveranza persino la lumaca raggiunse l'arca di Noè. Quindi, anche se fu dato nel 1202, quello scritto nel LIBER ABACI è ancora oggi un ottimo consiglio, ma attenzione, nel titolo della sezione non manca una **s**, si tratta proprio di conigli.

Leonardo da Pisa, detto Bigollo (bighellone), conosciuto anche col nome di *filius Bonacci* o Fibonacci, fu un grande matematico vissuto a cavallo tra il dodicesimo e tredicesimo secolo. Bighellone e matematico! Grandissimo, tanto che ancora oggi il suo Liber Abaci influenza la scienza moderna. Ad esempio dobbiamo a lui l'uso del simbolo 0, che egli importò in occidente dalla grande tradizione indo-araba. Durante un torneo fu messo di fronte al seguente problema.

In una gabbia che non comunica con il mondo esterno c'è una coppia di conigli. Le coppie di conigli figliano ogni mese a partire dal secondo mese di vita e ogni volta che figliano generano una coppia, ossia un maschio e una femmina. Quante coppie di conigli ci saranno nella gabbia dopo un anno?

Certamente i *veri conigli* non si riconoscerebbero in questa descrizione. Ma si sa, ai matematici (e ai bighelloni) piace dalla realtà estrarre modelli semplificati. In un secondo tempo si penserà a complicarli e a far comportare i conigli di Fibonacci come veri conigli, i quali figliano in modo molto più casuale, hanno un periodo di gestazione, hanno una certa mortalità, non vivono in gabbie ideali,...

Ora vediamo come impostare il problema. All'inizio, ossia dopo zero mesi, nella gabbia c'è una coppia di conigli, che chiameremo C. Dopo un mese c'è sempre la stessa coppia C di conigli. Dopo due mesi c'è sempre la coppia C più la nuova generata, che chiamiamo F, quindi due coppie. Dopo tre mesi c'è la coppia C, la coppia F e la nuova coppia generata da C, che chiamiamo G. Dopo quattro mesi c'è la coppia C, la coppia F, la coppia G, la nuova coppia generata da C, e la nuova coppia generata da F, in totale cinque coppie. Proviamo a visualizzare quanto detto con la seguente tabella

mesi	0	1	2	3	4	$\cdots$
coppie	1	1	2	3	5	$\cdots$

Ora il problema è come andare avanti, ma è presto risolto. Infatti, avendo fatto un poco di esperimenti di pensiero come sopra, dovrebbe risultare chiaro che dopo n mesi ci sono le coppie che c'erano dopo $n-1$ mesi, più le coppie figliate da quelle che c'erano dopo $n-2$ mesi. Ma queste ultime sono tante quante le coppie che c'erano dopo $n-2$ mesi, perché ogni coppia genera esattamente una nuova coppia. Se chiamiamo per semplicità $C(n)$ il numero di coppie che ci sono dopo n mesi, si ha la formula

$$C(n) = C(n-1) + C(n-2) \qquad \text{con} \quad C(1) = C(0) = 1 \qquad (1)$$

Siamo di fronte ad una formula di **ricorrenza lineare**, dove i dati **dati iniziali** sono $C(1) = C(0) = 1$. Quindi è facile estendere la tabella precedente.

mesi	0	1	2	3	4	5	6	7	8	9	10	11	12	$\cdots$
coppie	1	1	2	3	5	8	13	21	34	55	89	144	233	$\cdots$

Ed ecco che il problema di Fibonacci di calcolare $C(12)$ è risolto. Dopo un anno ci sono nella gabbia ben 233 coppie. Il lettore avrà notato che per calcolare $C(12)$ abbiamo dovuto passare attraverso il calcolo di tutti i valori precedenti, ossia di $C(0)$, $C(1)$, $C(2)$, $C(3), \ldots, C(11)$. Ora, passati diversi secoli, siamo diventati più esigenti e ci piacerebbe avere una formula diretta, ossia una formula che fornisse il valore $C(12)$, senza dover calcolare tutti i valori precedenti.

Tra poco vedremo che questo è possibile mediante l'uso degli autovalori. Il lettore faccia dunque ora molta attenzione perché siamo arrivati al punto più importante. La prima cosa da fare è trovare una matrice, infatti finora in questo problema non se ne sono ancora viste e quindi per il momento non possiamo ancora usare il concetto di autovalore. Torniamo per un momento alla formula (1). Essa si può descrivere anche così

$$\begin{aligned} C(n) &= C(n-1) + C(n-2) \\ C(n-1) &= C(n-1) \end{aligned} \qquad \text{con} \quad C(1) = C(0) = 1 \qquad (2)$$

In altri termini si ha

$$\begin{pmatrix} C(n) \\ C(n-1) \end{pmatrix} = \begin{pmatrix} 1 & 1 \\ 1 & 0 \end{pmatrix} \begin{pmatrix} C(n-1) \\ C(n-2) \end{pmatrix} \qquad \text{con} \quad C(1) = C(0) = 1 \qquad (3)$$

Come spesso accade in matematica, il fatto di avere aggiunto un'equazione banale, ossia $C(n-1) = C(n-1)$, ha modificato completamente la descrizione del problema e aperto la strada a percorsi nuovi. Vediamo come. Se applichiamo la formula (3) al caso $n = 2$ otteniamo

$$\begin{pmatrix} C(2) \\ C(1) \end{pmatrix} = \begin{pmatrix} 1 & 1 \\ 1 & 0 \end{pmatrix} \begin{pmatrix} C(1) \\ C(0) \end{pmatrix} \qquad (4)$$

Se applichiamo la formula (3) al caso $n = 3$ otteniamo

$$\begin{pmatrix} C(3) \\ C(2) \end{pmatrix} = \begin{pmatrix} 1 & 1 \\ 1 & 0 \end{pmatrix} \begin{pmatrix} C(2) \\ C(1) \end{pmatrix}$$

Usando la (4) si ottiene

$$\begin{pmatrix} C(3) \\ C(2) \end{pmatrix} = \begin{pmatrix} 1 & 1 \\ 1 & 0 \end{pmatrix} \begin{pmatrix} 1 & 1 \\ 1 & 0 \end{pmatrix} \begin{pmatrix} C(1) \\ C(0) \end{pmatrix} = \begin{pmatrix} 1 & 1 \\ 1 & 0 \end{pmatrix}^2 \begin{pmatrix} C(1) \\ C(0) \end{pmatrix} \tag{5}$$

A questo punto dovrebbe essere chiaro che, continuando, si ottiene

$$\begin{pmatrix} C(n) \\ C(n-1) \end{pmatrix} = \begin{pmatrix} 1 & 1 \\ 1 & 0 \end{pmatrix}^{n-1} \begin{pmatrix} C(1) \\ C(0) \end{pmatrix} \tag{6}$$

per ogni $n \geq 2$. Eccoci ancora una volta di fronte ad una matrice elevata a potenza. Vediamo ora di calcolare gli autovalori della matrice $A = \begin{pmatrix} 1 & 1 \\ 1 & 0 \end{pmatrix}$. Il suo polinomio caratteristico è

$$p_A(x) = \det(xI - A) = \det \begin{pmatrix} x - 1 & -1 \\ -1 & x \end{pmatrix} = x^2 - x - 1$$

Le radici reali del polinomio caratteristico, ossia gli autovalori di A, sono

$$x_1 = \frac{1 + \sqrt{5}}{2}, \qquad x_2 = \frac{1 - \sqrt{5}}{2}$$

Ora possiamo calcolare gli autospazi e, procedendo come nell'Esempio 8.2.1, si ottiene

$$\begin{pmatrix} 1 & 1 \\ 1 & 0 \end{pmatrix} = \begin{pmatrix} \frac{1+\sqrt{5}}{2} & \frac{1-\sqrt{5}}{2} \\ 1 & 1 \end{pmatrix} \begin{pmatrix} \frac{1+\sqrt{5}}{2} & 0 \\ 0 & \frac{1-\sqrt{5}}{2} \end{pmatrix} \begin{pmatrix} \frac{1}{\sqrt{5}} & \frac{-1+\sqrt{5}}{2\sqrt{5}} \\ \frac{-1}{\sqrt{5}} & \frac{1+\sqrt{5}}{2\sqrt{5}} \end{pmatrix} \tag{7}$$

Siamo quasi arrivati al punto centrale. Già nell'introduzione al capitolo e poi nella sezione precedente abbiamo visto il fatto che la potenza n-esima di una matrice diagonale si calcola facilmente (basta elevare alla n-esima potenza gli elementi della diagonale) e che se $A = P^{-1}\Delta P$ con Δ diagonale, allora si ha $A^n = P^{-1}\Delta^n P$. Quindi dalle formule (6), (7) e (3) si ricava

$$\begin{pmatrix} C(n) \\ C(n-1) \end{pmatrix} = \begin{pmatrix} \frac{1+\sqrt{5}}{2} & \frac{1-\sqrt{5}}{2} \\ 1 & 1 \end{pmatrix} \begin{pmatrix} \frac{1+\sqrt{5}}{2} & 0 \\ 0 & \frac{1-\sqrt{5}}{2} \end{pmatrix}^{n-1} \begin{pmatrix} \frac{1}{\sqrt{5}} & \frac{-1+\sqrt{5}}{2\sqrt{5}} \\ \frac{-1}{\sqrt{5}} & \frac{1+\sqrt{5}}{2\sqrt{5}} \end{pmatrix} \begin{pmatrix} 1 \\ 1 \end{pmatrix}$$

E, facendo i conti con la formula precedente, si trova

$$C(n) = \frac{1}{\sqrt{5}} \left(\left(\frac{1+\sqrt{5}}{2}\right)^{n+1} - \left(\frac{1-\sqrt{5}}{2}\right)^{n+1} \right) \tag{8}$$

Finalmente ci siamo! Verifichiamo ad esempio che $C(3) = 3$. Infatti, secondo la formula (8) si ha

$$C(3) = \frac{1}{\sqrt{5}} \left(\left(\frac{1+\sqrt{5}}{2}\right)^4 - \left(\frac{1-\sqrt{5}}{2}\right)^4 \right)$$

$$= \frac{1}{\sqrt{5}} \left(\left(\frac{1+4\sqrt{5}+6*25+20\sqrt{5}+25}{16}\right) - \left(\frac{1-4\sqrt{5}+6*25-20\sqrt{5}+25}{16}\right) \right)$$

$$= \frac{1}{\sqrt{5}} \left(\frac{48\sqrt{5}}{16}\right) = 3$$

8.5 Sistemi differenziali

Avete letto bene, si tratta proprio di sistemi di equazioni differenziali. Ebbene sì, anche in analisi si usano le matrici, e allora vediamo subito un esempio.

Esempio 8.5.1. Incominciamo ricordando che l'equazione differenziale

$$x'(t) = c\,x(t) \tag{1}$$

dove $x(t)$ è una funzione del tempo t e c è una costante, ha come soluzione

$$x(t) = x(0)\,e^{ct} \tag{2}$$

che tiene conto del valore iniziale $x(0)$. Che cosa succede se invece di avere una equazione scalare, ne abbiamo una vettoriale? Supponiamo di avere modellato un problema, ad esempio la relazione tra una popolazione di prede e una di predatori, con il seguente sistema che mette in relazione le due quantità e le loro derivate temporali.

$$\begin{cases} x_1'(t) = 2x_1(t) - 3x_2(t) \\ x_2'(t) = x_1(t) - 2x_2(t) \end{cases} \tag{3}$$

Semplifichiamo un poco la notazione tralasciando di scrivere t.

$$\begin{cases} x_1' = 2x_1 - 3x_2 \\ x_2' = x_1 - 2x_2 \end{cases} \tag{4}$$

L'idea è quella di leggere il sistema (4) come una equazione matriciale. Basta considerare il vettore colonna $\mathbf{x} = (x_1, x_2)^{\mathrm{tr}}$, la matrice $A = \begin{pmatrix} 2 & -3 \\ 1 & -2 \end{pmatrix}$ e riscrivere dunque il sistema come

$$\mathbf{x}' = A\mathbf{x} \tag{5}$$

Ora proviamo a diagonalizzare la matrice A. Il suo polinomio caratteristico è $\det(xI - A) = x^2 - 1$ ed ha quindi autovalori $1, -1$. Facendo semplici conti si vede che un autovettore relativo all'autovalore 1 è $v_1 = (3, 1)$, ed un autovettore relativo all'autovalore -1 è $v_2 = (1, 1)$. Usando la solita relazione $M_{\varphi(E)}^E = M_F^E M_{\varphi(F)}^F M_E^F$ e ponendo $\Delta = \begin{pmatrix} 1 & 0 \\ 0 & -1 \end{pmatrix}$, $P = M_E^F = \begin{pmatrix} \frac{1}{2} & -\frac{1}{2} \\ -\frac{1}{2} & \frac{3}{2} \end{pmatrix}$, si ha $P^{-1} = M_F^E = \begin{pmatrix} 3 & 1 \\ 1 & 1 \end{pmatrix}$ e si ottiene dunque

$$A = P^{-1}\Delta P \tag{6}$$

ossia

$$\begin{pmatrix} 2 & -3 \\ 1 & -2 \end{pmatrix} = \begin{pmatrix} 3 & 1 \\ 1 & 1 \end{pmatrix} \begin{pmatrix} 1 & 0 \\ 0 & -1 \end{pmatrix} \begin{pmatrix} \frac{1}{2} & -\frac{1}{2} \\ -\frac{1}{2} & \frac{3}{2} \end{pmatrix} \tag{7}$$

Ora viene l'idea buona. Sostituendo nella uguaglianza (5) l'espressione di A data dalla (6) e moltiplicando a sinistra per P, si ha

$$P\mathbf{x}' = \Delta P\mathbf{x} \tag{8}$$

Ponendo

$$\mathbf{y} = P\mathbf{x} \tag{9}$$

otteniamo, per la linearità della derivazione,

$$\mathbf{y}' = P\mathbf{x}' \tag{10}$$

e quindi la (8) si riscrive

$$\mathbf{y}' = \Delta\mathbf{y} \tag{11}$$

ossia

$$\begin{cases} y_1' = y_1 \\ y_2' = -y_2 \end{cases} \tag{12}$$

Tutto il lavoro fatto finora ci ha permesso di trasformare il sistema (4) nel sistema (12). Quale è il vantaggio? Il lettore attento avrà certamente notato che nel sistema (12) le **variabili sono separate** e quindi le due equazioni si possono risolvere individualmente, come fatto per la (1). Si ottiene (vedi (2))

$$\begin{cases} y_1(t) = y_1(0)\, e^t \\ y_2(t) = y_2(0)\, e^{-t} \end{cases} \tag{13}$$

Dalla (9) si deduce $\mathbf{y}(0) = P\mathbf{x}(0)$ e quindi si ha

$$\begin{cases} y_1(0) = \frac{1}{2}x_1(0) - \frac{1}{2}x_2(0) \\ y_2(0) = -\frac{1}{2}x_1(0) + \frac{3}{2}x_2(0) \end{cases} \tag{14}$$

Dalla (9) si deduce anche che $\mathbf{x} = P^{-1}\mathbf{y}$ e usando la (13) si ottiene

$$\begin{cases} x_1(t) = 3y_1(0)e^t + y_2(0)e^{-t} \\ x_2(t) = y_1(0)e^t + y_2(0)e^{-t} \end{cases} \tag{15}$$

Per concludere, basta ora usare la (14).

$$\begin{cases} x_1(t) = 3\left(\frac{1}{2}x_1(0) - \frac{1}{2}x_2(0)\right)e^t + \left(-\frac{1}{2}x_1(0) + \frac{3}{2}x_2(0)\right)e^{-t} \\ x_2(t) = \left(\frac{1}{2}x_1(0) - \frac{1}{2}x_2(0)\right)e^t + \left(-\frac{1}{2}x_1(0) + \frac{3}{2}x_2(0)\right)e^{-t} \end{cases} \tag{16}$$

La facile verifica che queste funzioni soddisfano il sistema (3) di partenza, convincerà il lettore che il risultato è corretto.

Posso permettermi di insistere sul concetto che le matrici sono uno degli strumenti più importanti della matematica? A questo punto, vista la loro enorme versatilità, il lettore non dovrebbe più avere molti dubbi.

8.6 Diagonalizzabilità delle matrici simmetriche reali

Stiamo per arrivare al risultato più importante! Ma dobbiamo ancora una volta fare una digressione di natura un poco diversa dalle cose viste in precedenza. Consideriamo i seguenti tre polinomi $F_1(x) = x^2 - 2x - 1$, $F_2(x) = x^2 - x + 1$ e $F_3(x) = x^2 - 2x + 1$. Il primo ha due radici reali distinte $1 - \sqrt{2}$, $1 + \sqrt{2}$, il secondo non ha radici reali (ne ha due complesse $\frac{1-\sqrt{3}\,i}{2}$, $\frac{1+\sqrt{3}\,i}{2}$). Il terzo è un quadrato, infatti $F_3(x) = (x - 1)^2$ e dunque ha una sola radice reale, ma i matematici preferiscono, a ragione, dire che ne ha *due coincidenti*, o meglio ancora *una radice con molteplicità 2*. In generale un polinomio a coefficienti reali ha radici complesse, che, contate correttamente con la loro molteplicità, sono esattamente tante quanto il grado del polinomio. Questo fatto è così importante che viene chiamato, con un poco di enfasi, **teorema fondamentale dell'algebra**. Ma come abbiamo già notato con il polinomio F_2, possono non esserci radici reali.

Ora stanno per arrivare le grosse novità, ma prima ancora togliamo subito un dubbio che a qualche lettore sarà venuto sicuramente. È forse vero che tutte le matrici quadrate reali sono simili a matrici diagonali, ossia, come si dice in gergo matematico, sono **diagonalizzabili**? La risposta è decisamente no e vediamo subito un esempio.

Esempio 8.6.1. Sia data la matrice $A = \left(\begin{smallmatrix} 1 & 1 \\ 0 & 1 \end{smallmatrix}\right)$. Il suo polinomio caratteristico è il seguente

$$p_A(x) = \det(xI - A) = (x - 1)^2$$

Esso ha il solo autovalore $\lambda_1 = 1$ con molteplicità 2. Calcoliamo l'autospazio V_1. Dobbiamo trovare tutti i vettori v tali che $\varphi(v) = v$, dove φ è la trasformazione lineare di $\mathbb{R}^2$ in sè, definita da $M_{\varphi(E)}^E = A$. Dunque dobbiamo trovare i vettori v tali che $AM_v^E = M_v^E$ ossia tali che $(A - I)M_v^E = 0$. In altre parole dobbiamo risolvere il sistema lineare omogeneo

$$\begin{cases} x_2 &= 0 \\ 0 &= 0 \end{cases} \tag{1}$$

La soluzione generale è $(a, 0)$. Una base di V_1 è dunque ad esempio data dal versore $(1, 0)$. Eccoci arrivati ad un punto oltre il quale non possiamo più andare, nel senso che gli autovettori sono troppo pochi per poter costruire una base di $\mathbb{R}^2$ di autovettori. La conclusione è che davanti a noi abbiamo un esempio di matrice non diagonalizzabile.

La matrice dell'esempio precedente non è simmetrica e il primo fatto notevole che riguarda le matrici simmetriche è il seguente.

Il polinomio caratteristico di una matrice simmetrica ad entrate reali ha tutte le radici reali.

Questo significa che, se contati con la dovuta molteplicità, ci sono tanti auto-valori quanto è il grado del polinomio caratteristico, che naturalmente coincide con il tipo di A. Direte voi, anche la matrice dell'esempio precedente aveva tale proprietà. E direte bene, ma c'è in serbo un altro fatto fondamentale.

Gli autospazi relativi agli autovalori di matrici simmetriche sono a due a due ortogonali.

Ciò implica che è possibile trovare **una base ortonormale tutta fatta di autovettori**. Vediamo la dimostrazione di questo fatto.

Siano λ_1, λ_2 due autovalori distinti e siano u autovettore non nullo di λ_1, v autovettore non nullo di λ_2. Poniamo $x = M_u^E$, $y = M_v^E$. Allora si ha

$$\lambda_1(x^{\mathrm{tr}}\, y) = (\lambda_1 x)^{\mathrm{tr}}\, y = (Ax)^{\mathrm{tr}}\, y = x^{\mathrm{tr}}\, A^{\mathrm{tr}}\, y$$

$$= x^{\mathrm{tr}}\, Ay = x^{\mathrm{tr}}\, (Ay) = x^{\mathrm{tr}}\, (\lambda_2 y) = \lambda_2(x^{\mathrm{tr}}\, y)$$

L'uguaglianza $\lambda_1(x^{\mathrm{tr}}\, y) = \lambda_2(x^{\mathrm{tr}}\, y)$ implica $x^{\mathrm{tr}}\, y = 0$ e di conseguenza implica $u \cdot v = 0$.

Direte voi, anche nell'esempio precedente la proprietà era verificata e direte bene, infatti l'autospazio relativo all'autovalore 1 è lo spazio nullo e quindi la proprietà appena enunciata è banalmente verificata. Ma, infine, le matrici simmetriche calano l'asso decisivo.

Gli autospazi relativi agli autovalori di matrici simmetriche hanno dimensione uguale alla molteplicità.

Questa proprietà non è verificata anche nell'esempio precedente! La forte e sorprendente conclusione è la seguente.

Le matrici simmetriche reali sono diagonalizzabili, e lo sono mediante un cambio di base con matrice ortonormale. In altri termini, **data una matrice simmetrica reale $A \in \mathrm{Mat}_n(\mathbb{R})$, esiste una base ortonormale F di $\mathbb{R}^n$ e una matrice diagonale Δ tali che**

$$\Delta = P^{-1}A\,P \tag{1}$$

con Δ diagonale e $P = M_F^E$. La matrice Δ ha sulla diagonale gli autovalori ripetuti tante volte quanto è la loro molteplicità.

Per inquadrare questo fiume di fatti matematici di importanza eccezionale studiamo in dettaglio qualche esempio.

Esempio 8.6.2. Sia data la matrice simmetrica

$$A = \begin{pmatrix} 1 & 1 & 0 \\ 1 & -2 & 3 \\ 0 & 3 & 1 \end{pmatrix}$$

Consideriamo la matrice

$$xI - A = \begin{pmatrix} x-1 & -1 & 0 \\ -1 & x+2 & -3 \\ 0 & -3 & x-1 \end{pmatrix}$$

e il suo determinante, che è il polinomio caratteristico di A,

$$p_A(x) = \det(xI - A) = x^3 - 13x + 12 = (x-3)(x-1)(x+4)$$

Quindi ci sono tre autovalori distinti, $\lambda_1 = 3$, $\lambda_2 = 1$, $\lambda_3 = -4$. Vediamo di calcolare i relativi autospazi, che chiamiamo V_1, V_2, V_3. Per calcolare V_1 dobbiamo trovare tutti i vettori v tali che $\varphi(v) = 3v$. Di quale φ stiamo parlando? Della trasformazione lineare φ di $\mathbb{R}^3$ in sè tale che $M^E_{\varphi(E)} = A$. Dunque dobbiamo trovare i vettori v tali che si abbia $AM^E_v = 3M^E_v$ ossia tali che $(A - 3I)M^E_v = 0$ o equivalentemente $(3I - A)M^E_v = 0$. In altre parole dobbiamo risolvere il sistema lineare omogeneo

$$\begin{cases} 2x_1 - x_2 & = 0 \\ -x_1 + 5x_2 - 3x_3 & = 0 \\ -3x_2 + 2x_3 & = 0 \end{cases} \tag{1}$$

Si vede che la soluzione generale del sistema è $(a, 2a, 3a)$. Una base ortonormale di V_1 è dunque data dal singolo versore $f_1 = \frac{1}{\sqrt{14}}(1, 2, 3)$.

Ripetendo lo stesso ragionamento per V_2 ci troviamo a dover risolvere il sistema lineare omogeneo

$$\begin{cases} -x_2 & = 0 \\ -x_1 + 3x_2 - 3x_3 & = 0 \\ -3x_2 & = 0 \end{cases} \tag{2}$$

Si vede che la soluzione generale del sistema è $(3a, 0, -a)$. Una base ortonormale di V_2 è dunque data dal singolo versore $f_2 = \frac{1}{\sqrt{10}}(3, 0, -1)$.

Ripetendo lo stesso ragionamento per V_3 ci troviamo a dover risolvere il sistema lineare omogeneo

$$\begin{cases} -5x_1 - x_2 & = 0 \\ -x_1 - 2x_2 - 3x_3 & = 0 \\ -3x_2 - 5x_3 & = 0 \end{cases} \tag{3}$$

Si vede che la soluzione generale del sistema è $(a, -5a, 3a)$. Una base ortonormale di V_3 è dunque data dal singolo versore $f_3 = \frac{1}{\sqrt{35}}(1, -5, 3)$.

Mettiamo insieme le basi ortonormali di V_1, V_2, V_3 trovate e otteniamo la base $F = (f_1, f_2, f_3)$ di $\mathbb{R}^3$. Per come è stata costruita si ha

$$M^F_{\varphi(F)} = \begin{pmatrix} 3 & 0 & 0 \\ 0 & 1 & 0 \\ 0 & 0 & -4 \end{pmatrix}$$

La matrice

$$M^E_F = \begin{pmatrix} \frac{1}{\sqrt{14}} & \frac{3}{\sqrt{10}} & \frac{1}{\sqrt{35}} \\ \frac{2}{\sqrt{14}} & 0 & \frac{-5}{\sqrt{35}} \\ \frac{3}{\sqrt{14}} & \frac{-1}{\sqrt{10}} & \frac{3}{\sqrt{35}} \end{pmatrix}$$

è ortonormale, dunque l'inversa M^F_E coincide con la trasposta di M^E_F. La formula $M^F_{\varphi(F)} = M^F_E M^E_{\varphi(E)} M^E_F$ si esplicita così

$$\begin{pmatrix} 3 & 0 & 0 \\ 0 & 1 & 0 \\ 0 & 0 & -4 \end{pmatrix} = \begin{pmatrix} \frac{1}{\sqrt{14}} & \frac{2}{\sqrt{14}} & \frac{3}{\sqrt{14}} \\ \frac{3}{\sqrt{10}} & 0 & \frac{-1}{\sqrt{10}} \\ \frac{1}{\sqrt{35}} & \frac{-5}{\sqrt{35}} & \frac{3}{\sqrt{35}} \end{pmatrix} \begin{pmatrix} 1 & 1 & 0 \\ 1 & -2 & 3 \\ 0 & 3 & 1 \end{pmatrix} \begin{pmatrix} \frac{1}{\sqrt{14}} & \frac{3}{\sqrt{10}} & \frac{1}{\sqrt{35}} \\ \frac{2}{\sqrt{14}} & 0 & \frac{-5}{\sqrt{35}} \\ \frac{3}{\sqrt{14}} & \frac{-1}{\sqrt{10}} & \frac{3}{\sqrt{35}} \end{pmatrix}$$

Finalmente abbiamo ottenuto la diagonalizzazione di A. Detta $P = M^E_F$, e detta

$$\Delta = \begin{pmatrix} 3 & 0 & 0 \\ 0 & 1 & 0 \\ 0 & 0 & -4 \end{pmatrix}$$

si ha

$$\Delta = P^{-1} A P = P^{\mathrm{tr}} A P$$

Si osservi che Δ e A sono non soltanto **simili**, ma anche **congruenti**.

Esempio 8.6.3. Sia data la matrice simmetrica

$$A = \begin{pmatrix} \frac{9}{10} & -\frac{1}{5} & \frac{1}{2} \\ -\frac{1}{5} & \frac{3}{5} & 1 \\ \frac{1}{2} & 1 & -\frac{3}{2} \end{pmatrix}$$

Consideriamo la matrice

$$xI - A = \begin{pmatrix} x - \frac{9}{10} & \frac{1}{5} & -\frac{1}{2} \\ \frac{1}{5} & x - \frac{3}{5} & -1 \\ -\frac{1}{2} & -1 & x + \frac{3}{2} \end{pmatrix}$$

e il suo determinante, che è il polinomio caratteristico di A,

$$p_A(x) = \det(xI - A) = x^3 - 3x + 2 = (x - 1)^2(x + 2)$$

Abbiamo trovato dunque due autovalori distinti $\lambda_1 = 1$, $\lambda_2 = -2$, ma attenzione al fatto che λ_1 ha molteplicità 2.

Vediamo di calcolare i relativi autospazi, che chiamiamo V_1, V_2. Per calcolare V_1 dobbiamo trovare tutti i vettori v tali che $\varphi(v) = v$. Come nell'esempio precedente, φ è la trasformazione lineare di $\mathbb{R}^3$ in sè, tale che $M^E_{\varphi(E)} = A$. Dunque dobbiamo trovare i vettori v tali che $AM^E_v = M^E_v$, ossia tali che $(A - I)M^E_v = 0$ o equivalentemente $(I - A)M^E_v = 0$. In altre parole dobbiamo risolvere il sistema lineare omogeneo

$$\begin{cases} \frac{1}{10}x_1 + \frac{1}{5}x_2 - \frac{1}{2}x_3 = 0 \\ \frac{1}{5}x_1 + \frac{2}{5}x_2 - 1x_3 = 0 \\ -\frac{1}{2}x_1 - x_2 + \frac{5}{2}x_3 = 0 \end{cases} \tag{1}$$

Il sistema equivale all'ultima equazione e quindi la sua soluzione generale è $(a, -\frac{1}{2}a + \frac{5}{2}b, b)$. Una base di V_1 è dunque data dalla coppia (v_1, v_2) dove $v_1 = (1, -\frac{1}{2}, 0)$, $v_2 = (0, \frac{5}{2}, 1)$. Se vogliamo che la base sia ortonormale, basta usare il metodo di Gram-Schmidt. Così si ottiene la nuova base $G = (g_1, g_2)$, dove $g_1 = \text{vers}(v_1)$, $g_2 = \text{vers}(v_2 - (v_2 \cdot g_1)g_1)$. Si ha dunque $g_1 = \frac{1}{\sqrt{5}}(2, -1, 0)$ e $g_2 = \text{vers}\left((0, \frac{5}{2}, 1) + \frac{\sqrt{5}}{2}\frac{1}{\sqrt{5}}(2, -1, 0)\right) = \text{vers}(1, 2, 1)$ e quindi $g_2 = \frac{1}{\sqrt{6}}(1, 2, 1)$.

Ripetendo lo stesso ragionamento per V_2 ci troviamo a dover risolvere il sistema lineare omogeneo

$$\begin{cases} -\frac{29}{10}x_1 + \frac{1}{5}x_2 - \frac{1}{2}x_3 = 0 \\ \frac{1}{5}x_1 + \frac{13}{5}x_2 - x_3 = 0 \\ -\frac{1}{2}x_1 - x_2 - \frac{1}{2}x_3 = 0 \end{cases} \tag{2}$$

Si vede che la soluzione generale del sistema è $(-a, -2a, 5a)$. Una base ortonormale di V_2 è dunque data dal singolo versore $g_3 = \frac{1}{\sqrt{30}}(-1, -2, 5)$.

Mettiamo insieme le basi ortonormali di V_1, V_2 trovate e otteniamo la base $F = (g_1, g_2, g_3)$ di $\mathbb{R}^3$. Per come è stata costruita si ha

$$M^F_{\varphi(F)} = \begin{pmatrix} 1 & 0 & 0 \\ 0 & 1 & 0 \\ 0 & 0 & -2 \end{pmatrix}$$

La matrice

$$M^E_F = \begin{pmatrix} \frac{2}{\sqrt{5}} & -\frac{1}{\sqrt{6}} & \frac{1}{\sqrt{30}} \\ -\frac{1}{\sqrt{5}} & \frac{2}{\sqrt{6}} & -\frac{2}{\sqrt{30}} \\ 0 & \frac{1}{\sqrt{6}} & \frac{5}{\sqrt{30}} \end{pmatrix}$$

è ortonormale, dunque l'inversa M^F_E coincide con la trasposta di M^F_F. La formula $M^F_{\varphi(F)} = M^F_E M^E_{\varphi(E)} M^E_F$ si esplicita così

$$\begin{pmatrix} 1 & 0 & 0 \\ 0 & 1 & 0 \\ 0 & 0 & -2 \end{pmatrix} = \begin{pmatrix} \frac{2}{\sqrt{5}} & -\frac{1}{\sqrt{5}} & 0 \\ -\frac{1}{\sqrt{6}} & \frac{2}{\sqrt{6}} & \frac{1}{\sqrt{6}} \\ \frac{1}{\sqrt{30}} & -\frac{2}{\sqrt{30}} & \frac{5}{\sqrt{30}} \end{pmatrix} \begin{pmatrix} \frac{9}{10} & -\frac{1}{5} & \frac{1}{2} \\ -\frac{1}{5} & \frac{3}{5} & 1 \\ \frac{1}{2} & 1 & -\frac{3}{2} \end{pmatrix} \begin{pmatrix} \frac{2}{\sqrt{5}} & -\frac{1}{\sqrt{6}} & \frac{1}{\sqrt{30}} \\ -\frac{1}{\sqrt{5}} & \frac{2}{\sqrt{6}} & -\frac{2}{\sqrt{30}} \\ 0 & \frac{1}{\sqrt{6}} & \frac{5}{\sqrt{30}} \end{pmatrix}$$

Abbiamo ottenuto la diagonalizzazione di A. Detta $P = M_F^E$, e detta

$$\Delta = \begin{pmatrix} 1 & 0 & 0 \\ 0 & 1 & 0 \\ 0 & 0 & -2 \end{pmatrix}$$

si ha $\Delta = P^{-1} A P = P^{\mathrm{tr}} A P$.

Concludiamo con una interessante osservazione. Se A è una matrice simmetrica reale, allora abbiamo visto che esistono Δ diagonale e P ortonormale tali che $\Delta = P^{-1}AP$. La matrice Δ ha sulla diagonale gli autovalori di A. L'osservazione, già fatta alla fine dell'Esempio 8.6.2, è che, essendo P ortonormale, $P^{-1} = P^{\mathrm{tr}}$ e quindi, non solo A e Δ sono simili, ma sono anche congruenti. Di conseguenza si ha il seguente fatto.

Se A è una matrice simmetrica reale semidefinita positiva i suoi autovalori sono non negativi, se è definita positiva i suoi autovalori sono positivi.

È inutile dire che sul tema della diagonalizzazione i matematici hanno fatto importantissime scoperte. Ma, arrivati a questo punto, la strada diventa impervia e andare avanti non è più *per tutti*. Però, al lettore che sente salire la sete del sapere, il mio ovvio consiglio è quello di non fermarsi qui.

$$^{e}\ell_{a\ s e t e\ s a}\ell^{e}$$

(da PALINDROMI DI (LO)RENZO
di Lorenzo)

Esercizi

Esercizio 1. Per ogni numero reale φ, sia A_φ la seguente matrice

$$A_\varphi = \begin{pmatrix} \cos(\varphi) & -\sin(\varphi) \\ \sin(\varphi) & \cos(\varphi) \end{pmatrix}$$

(a) Provare che per ogni $\varphi \in \mathbb{R}$ esiste $\vartheta \in \mathbb{R}$ tale che $(A_\varphi)^{-1} = A_\vartheta$.
(b) Dire per quali valori di $\varphi \in \mathbb{R}$ la matrice A_φ è diagonalizzabile.
(c) Dare una motivazione geometrica della risposta alla domanda precedente.

Esercizio 2. Quante e quali sono le matrici in $\text{Mat}_2(\mathbb{R})$ ortogonali e diagonalizzabili?

Esercizio 3. Consideriamo le seguenti matrici.

$$A_1 = \begin{pmatrix} 1 & 0 \\ 0 & 1 \end{pmatrix} \quad A_2 = \begin{pmatrix} 1 & 0 \\ 1 & 1 \end{pmatrix} \quad A_3 = \begin{pmatrix} 1 & 0 \\ 1 & 2 \end{pmatrix} \quad A_4 = \begin{pmatrix} 2 & 0 \\ 1 & 1 \end{pmatrix} \quad A_5 = \begin{pmatrix} 2 & 0 \\ 0 & 1 \end{pmatrix}$$

(a) Dire quali sono diagonalizzabili.
(b) Trovare le coppie di matrici simili.

Esercizio 4. Rispondere alle seguenti domande di natura teorica.

(a) Quali sono gli autovalori di una matrice triangolare superiore?
(b) Quali sono gli autovalori di una matrice triangolare inferiore?
(c) Provare che se λ è autovalore della matrice A e N è un numero naturale, allora λ^N è autovalore della matrice A^N.

Esercizio 5. Risolvere il seguente sistema differenziale

$$\begin{cases} x_1'(t) = x_1(t) - 3x_2(t) \\ x_2'(t) = -3x_1(t) + 10x_2(t) \end{cases}$$

con le condizioni iniziali $x_1(0) = 2$, $x_2(0) = -4$.

Esercizio 6. Sia data la seguente matrice

$$A = \begin{pmatrix} 0 & 0 & -2 \\ 1 & 2 & 1 \\ 1 & 0 & 3 \end{pmatrix}$$

(a) Calcolare $\det(A)$ e verificare che la matrice A è invertibile.
(b) Dedurre che 0 non è autovalore di A.
(c) Diagonalizzare, se possibile, A.

ⓐ Esercizio 7. Diagonalizzare la seguente matrice

$$
\begin{pmatrix}
\frac{55010}{32097} & \frac{3907}{64194} & \frac{58286}{32097} & -\frac{42489}{21398} & \frac{61403}{64194} & -\frac{6067}{64194} \\[4pt]
-\frac{65587}{32097} & \frac{128036}{32097} & \frac{809651}{32097} & -\frac{218715}{10699} & \frac{448180}{32097} & \frac{10561}{32097} \\[4pt]
-\frac{3821}{32097} & -\frac{25687}{64194} & -\frac{71447}{32097} & \frac{10299}{21398} & -\frac{110219}{64194} & \frac{21601}{64194} \\[4pt]
\frac{8672}{32097} & \frac{11408}{32097} & -\frac{83864}{32097} & \frac{16268}{10699} & -\frac{35260}{32097} & \frac{2336}{32097} \\[4pt]
\frac{5507}{10699} & -\frac{5014}{10699} & -\frac{51355}{10699} & \frac{57171}{10699} & -\frac{13254}{10699} & -\frac{6221}{10699} \\[4pt]
-\frac{2818}{32097} & -\frac{34975}{32097} & -\frac{181282}{32097} & \frac{48033}{10699} & -\frac{145679}{32097} & \frac{7747}{32097}
\end{pmatrix}
$$

ⓐ Esercizio 8. Sia data la matrice

$$
A = \begin{pmatrix}
\frac{4}{5} & \frac{3}{2} & -\frac{12}{5} & -12 \\[4pt]
2 & 3 & 2 & 4 \\[4pt]
\frac{23}{5} & -\frac{1}{2} & \frac{19}{5} & 14 \\[4pt]
-\frac{7}{5} & -\frac{1}{2} & -\frac{1}{5} & 0
\end{pmatrix}
$$

(a) Calcolare direttamente A^{10000}.
(b) Verificare che gli autovalori di A sono 1, -2, 3, 4.
(c) Scrivere $A = P^{-1}\Delta P$ con Δ diagonale.
(d) Usare questa formula per ricalcolare A^{10000} e confrontare il tempo di esecuzione con quello del calcolo diretto fatto in (a).

ⓐ Esercizio 9. Si consideri il polinomio $F(x) = x^5 - 5x^3 + 3x - 7$. Si osservi che $F(x)$ ha grado 5 e che la lista dei coefficienti dei termini di grado *inferiore a* 5, a partire dal grado 0, è $[-7, 3, 0, -5, 0]$. Si consideri la lista degli opposti, ossia la lista $[7, -3, 0, 5, 0]$ e con essa si costruisca la seguente matrice

$$
A = \begin{pmatrix}
0 & 0 & 0 & 0 & 7 \\
1 & 0 & 0 & 0 & -3 \\
0 & 1 & 0 & 0 & 0 \\
0 & 0 & 1 & 0 & 5 \\
0 & 0 & 0 & 1 & 0
\end{pmatrix}
$$

(a) Si verifichi che il polinomio caratteristico di A coincide con $F(x)$.
(b) Si generalizzi la costruzione di A al variare di $F(x)$ e si verifichi la stessa proprietà con i seguenti polinomi
  (1) $F(x) = x^{15} - 1$
  (2) $F(x) = x^{12} - x^{11} - x^{10} + 2x^7$
  (3) $F(x) = x^3 - \frac{1}{2}x^2 + \frac{3}{7}x + \frac{1}{12}$

Esercizio 10. Si consideri la matrice identica I di tipo 3.
(a) Provare che se A è simile a I, allora $A = I$.
(b) È vera la stessa cosa se sostituiamo 3 con un qualsiasi numero naturale positivo?

Esercizio 11. Sia data la famiglia di matrici $A_t \in \mathrm{Mat}_2(\mathbb{R})$, dove $t \in \mathbb{R}$ e

$$A_t = \begin{pmatrix} 1 & t \\ 2 & 1 \end{pmatrix}$$

Determinare i valori di $t \in \mathbb{R}$ per i quali A_t non è diagonalizzabile.

Esercizio 12. Siano A, B, P matrici quadrate dello stesso tipo e supponiamo che P sia invertibile e che A e B siano diagonalizzabili mediante P. Rispondere alle seguenti domande di natura teorica.

(a) È vero che $A + B$ è diagonalizzabile?
(b) È vero che AB è diagonalizzabile?

Esercizio 13. Sia $A \in \mathrm{Mat}_n(\mathbb{R})$. Rispondere alle seguenti domande di natura teorica.

(a) È vero che se λ è autovalore di A, allora λ^2 è autovalore di A^2?
(b) Sia $\lambda \in \mathbb{R}$. Se la somma degli elementi di ciascuna riga di A è λ, è vero che λ è autovalore di A?

ⓐ **Esercizio 14.** Si consideri la successione di numeri interi $f(n)$ della quale si supponga di conoscere i valori iniziali $f(0), f(1), f(2)$ e di sapere che è valida la relazione di ricorrenza

$$f(n) = 2f(n-1) + 5f(n-2) - 6f(n-3)$$

(a) Calcolare $f(3), f(4), \ldots, f(10)$ in funzione di $f(0), f(1), f(2)$.
(b) Imitando l'esempio dei conigli di Fibonacci, si costruisca la matrice A associata alla suddetta relazione, e se ne calcolino gli autovalori.
(c) Calcolare una decomposizione $A = P^{-1} \Delta P$ con Δ diagonale.
(d) Usando tale decomposizione calcolare $f(10000)$.
(e) Dire per quali valori di $f(0), f(1), f(2)$, la successione $f(n)$ è costante.

* *

Qui termina la Parte II e con essa il contenuto più propriamente matematico del libro. La forza dell'algebra lineare si è svelata solo in parte e spero che il lettore, arrivato a questo punto, non si senta del tutto appagato e ad esempio dedichi molta cura alla lettura della Parte III.

Parte III

Appendice

rendere facili le cose difficili,
non è facile
(Caterina Ottonello, 9 novembre 2004)

Problemi con il calcolatore

Come già detto nell'introduzione, alla fine di molte sezioni si trovano esercizi marcati con il simbolo @. Per risolverli è suggerito l'utilizzo di un programma specifico di calcolo e qui di seguito saranno brevissimamente mostrate alcune possibilità di uso del sistema CoCoA (vedi [Co]). Il lettore non si aspetti una descrizione esauriente. Per essere veramente sincero, non voglio essere esauriente, infatti lo scopo dell'appendice è solo quello di far venire voglia di consultare la pagina web

```
http://cocoa.dima.unige.it
```

scaricare il programma CoCoA (che è gratis, cosa molto gradita dalle nostre parti) e, con l'aiuto di un amico o del manuale, imparare a usarlo.

Un modo semplice per incominciare a *familiarizzare con CoCoA* è quello di leggere il racconto [R06] e l'articolo divulgativo [R01]. Naturalmente molti altri programmi possono essere utilizzati, ma a Genova tale scelta verrebbe ritenuta... un tradimento. Per evitare questo pericolo vedremo tra poco come usare CoCoA con l'aiuto di qualche specifico esempio.

Prima di iniziare, ecco a voi un paio di indicazioni di carattere generale. Tutto quello che vedrete scritto in `carattere speciale` è precisamente *codice* CoCoA, il che significa che può essere usato anche come input. Le parti di testo che cominciano con *doppio trattino* sono semplici commenti ignorati dal programma. Ora possiamo dare il via al primo esempio.

Esempio 8.6.4. Risolvere con CoCoA il sistema lineare

$$\begin{cases} 3x & -2y & +z = & 8 \\ 3x & -y & +\frac{7}{2}z = & 57 \\ -4x & +10y & -\frac{4}{3}z = & -71 \end{cases}$$

Potremmo risolverlo a mano, ma proviamo a vedere come farci aiutare dal calcolatore, in particolare risolviamolo interagendo con CoCoA che in questo caso viene usato solo come *calcolatrice simbolica*. Incominciamo a scrivere il sistema in *linguaggio comprensibile per CoCoA*.

```
Set Indentation; -- scrive un polinomio per riga

Sistema :=
[
3x -  2y +   z - 8,
3x -   y + 7/2z - 57,
-4x + 10y - 4/3z + 71
];
```

Per controllare il contenuto della variabile `Sistema` basta scrivere

```
Sistema;
```

e ottenere come output

```
       [
3x - 2y + z - 8,
3x - y + 7/2z - 57,
-4x + 10y - 4/3z + 71]
```

Inoltre, per non scrivere sempre `Sistema`, che come nome è espressivo ma troppo lungo, e per tenere invariato l'input nella variabile `Sistema`, diamogli un altro nome più breve.

```
S := Sistema;
```

Da questo momento CoCoA sa che sia `S` che `Sistema` sono nomi del sistema da cui siamo partiti. Possiamo quindi modificare `S` strada facendo, mentre `Sistema` continuerà ad essere il nome del sistema dato in input.

Dato che `S` è una lista, le espressioni `S[1]`, `S[2]`, `S[3]` rappresentano il primo, il secondo e il terzo elemento della lista, corrispondono quindi alla prima, seconda e terza equazione. Ora usiamo alcune *regole del gioco* ossia le seguenti operazioni elementari.

(1) moltiplicare una riga per una costante non nulla: `S[N] := (C)*S[N];`
(2) aggiungere a una riga un multiplo di un'altra: `S[N] := S[N] + (C)*S[M];`

```
S[2] := S[2] + (-1)*S[1];
S;   -- Ora vediamo l'output

[
  3x - 2y + z - 8,
  y + 5/2z - 49,
  -4x + 10y - 4/3z + 71]
-------------------------------

S[1] := S[1] + 2*S[2];
S;   -- Vediamo l'output

[
  3x + 6z - 106,
  y + 5/2z - 49,
  -4x + 10y - 4/3z + 71]
-------------------------------

S[1] := (1/3)*S[1];
S;   -- Vediamo l'output

[
  x + 2z - 106/3,
  y + 5/2z - 49,
  -4x + 10y - 4/3z + 71]
-------------------------------

S[3] := S[3] + 4*S[1];
S;   -- Vediamo l'output

[
  x + 2z - 106/3,
  y + 5/2z - 49,
  10y + 20/3z - 211/3]
-------------------------------

S[3] := S[3] - 10*S[2];
S;   -- Vediamo l'output

[
  x + 2z - 106/3,
  y + 5/2z - 49,
  -55/3z + 1259/3]
-------------------------------
```

```
S[3] := (-3/55)*S[3];
S;   -- Vediamo l'output

[
  x + 2z - 106/3,
  y + 5/2z - 49,
  z - 1259/55]
--------------------------------


S[1] := S[1] - 2*S[3];
S;   -- Vediamo l'output

[
  x + 1724/165,
  y + 5/2z - 49,
  z - 1259/55]
--------------------------------
S[2] := S[2] - 5/2*S[3];
```

L'ultimo output è il seguente

```
S;
[
  x + 1724/165,
  y + 181/22,
  z - 1259/55]
--------------------------------
```

Abbiamo ottenuto un sistema equivalente *molto facile da risolvere*. La soluzione del sistema è dunque $(-\frac{1724}{165}, -\frac{181}{22}, \frac{1259}{55})$. Possiamo verificarlo con CoCoA usando la funzione Eval che, come indica il suo stesso nome, valuta espressioni. Si ricordi che, mentre S è cambiato durante il calcolo, Sistema è quello di partenza.

```
Eval(Sistema,[-1724/165,-181/22,1259/55]);
-- L'output e' il seguente

[
  0,
  0,
  0]
--------------------------------
```

Ora siamo proprio convinti!

Il prossimo esempio mostra CoCoA al lavoro per fare una decomposizione di Cholesky (vedi Sezione 5.4). Qui CoCoA non verrà solo usato come calcolatrice simbolica, ma lavorerà ad un livello più alto rispetto al precedente esempio.

Esempio 8.6.5. Consideriamo la seguente matrice simmetrica

$$A = \begin{pmatrix} 1 & 3 & 1 \\ 3 & 11 & 1 \\ 1 & 1 & 6 \end{pmatrix}$$

e calcoliamone i minori principali.

```
A := Mat([ [1,3,1],
           [3,11,1],
           [1,1,6] ]);

Det(Submat(A,[1],[1]));
Det(Submat(A,[1,2],[1,2]));
Det(A);   -- Gli output sono

1
-----------------------------------
2
-----------------------------------
6
-----------------------------------
```

Sono tutti positivi, quindi, per il criterio di Sylvester (vedi Sezione 5.3) la matrice è definita positiva e di conseguenza ammette decomposizione di Cholesky. Usiamo matrici elementari per ridurre a zero gli elementi sulla seconda riga e colonna diversi da a_{11}. Il lettore osservi il seguente modo intelligente di definire matrici elementari.

```
E1 := Identity(3);    E1[2,1] := -3;   E1;
Mat([
  [1, 0, 0],
  [-3, 1, 0],
  [0, 0, 1]
])
-----------------------------------
E2 := Identity(3);    E2[3,1] := -1;   E2;
Mat([
  [1, 0, 0],
  [0, 1, 0],
  [-1, 0, 1]
])
-----------------------------------
A1 := (E2*E1) * A * Transposed(E2*E1);
```

Otteniamo A1 che è la matrice seguente

```
Mat([
  [1, 0, 0],
  [0, 2, -2],
  [0, -2, 5]
])
```

Usiamo matrici elementari per ridurre a zero gli elementi sulla seconda riga e colonna diversi da a_{22}.

```
E3 := Identity(3);   E3[3,2] := 1;   E3;
D := E3 * A1 * Transposed(E3);
```

Chiediamo a CoCoA di dirci chi è D e di fare una verifica

```
D;
Mat([
  [1, 0, 0],
  [0, 2, 0],
  [0, 0, 3]
])
```

```
D = E3*E2*E1*A*Transposed(E1)*Transposed(E2)*Transposed(E3);
TRUE;
```

Poniamo

```
P := E3 *E2 *E1;   TP := Transposed(P);
InvP := Inverse(P);   InvTP := Inverse(TP);
```

e verifichiamo che

```
A= InvP*D*InvTP;
TRUE
```

Ora dobbiamo introdurre le radici quadrate di 2 e 3. Come facciamo? In CoCoA non possiamo direttamente scrivere $\sqrt{2}$ e $\sqrt{3}$, CoCoA non capirebbe, dato che *non fanno parte del suo linguaggio*. Per ora accontentiamoci di introdurre due simboli a, b. Vediamo come.

```
Use Q[a,b];
B := Mat([ [1,0,0],
           [0,a,0],
           [0,0,b] ]);
U := B*InvTP;
```

Chiediamo a CoCoA chi sono U e U^{tr}.

```
U;
Mat([
  [1, 3, 1],
  [0, a, -a],
  [0, 0, b]
])
```

```
TrU := Transposed(U);    TrU;
Mat([
  [1, 0, 0],
  [3, a, 0],
  [1, -a, b]
])
```

La conclusione è che $A = U^{\text{tr}} U$ è la decomposizione di Cholesky, dove

$$U = \begin{pmatrix} 1 & 3 & 1 \\ 0 & \sqrt{2} & -\sqrt{2} \\ 0 & 0 & \sqrt{3} \end{pmatrix}$$

Sembra di avere un poco barato. In realtà *non abbiamo fatto nulla* perché non si è mai usato il fatto che a, b rappresentano proprio $\sqrt{2}$, $\sqrt{3}$ e il vero motivo è che non abbiamo mai dovuto fare moltiplicazioni dei simboli a, b.

Ma se ora volessimo verificare il risultato, dovremmo insegnare a CoCoA a fare le semplificazioni $a^2 = 2$ e $b^2 = 3$. Glielo insegniamo con la prossima funzione che CoCoA capisce perché è scritta nel suo linguaggio. Non chiedetevi troppo che cosa significa, accontentatevi del suo funzionamento, come quando comprate un televisore o un cellulare e non vi chiedete come funziona, ma imparate ad usarlo. E se non vi accontenta questa spiegazione, allora andate subito alla pagina web `http://cocoa.dima.unige.it` e troverete tutte le spiegazioni del caso.

```
L := [a^2-2, b^2-3];

Define NR_Mat(M,L)
  Return Mat([ [NR(Poly(X), L) | X In Riga] | Riga In M ]);
EndDefine;

A=NR_Mat(TrU*U, L);
TRUE
```

Finalmente con la risposta TRUE possiamo stare del tutto tranquilli. È proprio vero che $A = U^{\text{tr}} U$.

L'esempio seguente mostra CoCoA all'opera nell'elevazione a potenza di una matrice. Il problema trattato nella introduzione al Capitolo 8 e nella Sezione 8.3 trova qui un riscontro pratico.

Esempio 8.6.6. Vogliamo elevare a potenza 100000 la matrice

$$A = \begin{pmatrix} 2 & 0 & -3 \\ 1 & 1 & -5 \\ 0 & 0 & -1 \end{pmatrix}$$

Ed ecco CoCoA al lavoro.

```
A := Mat([[2, 0, -3], [1, 1, -5], [0, 0, -1] ]);
I := Identity(3);  Det := Det(x*I-A);
Det; Factor(Det);
```

Ecco le prime risposte

```
x^3 - 2x^2 - x + 2
------------------------------------
[[x + 1, 1], [x - 1, 1], [x - 2, 1]]
------------------------------------
```

Quindi -1, 1, 2 sono gli autovalori di A. Calcoliamo gli autospazi.

```
Use Q[x,y,z];
L1 := LinKer(-1*I-A);
L2 := LinKer(1*I-A);
L3 := LinKer(2*I-A);
L1;L2;L3;
  [[1, 2, 1]]
------------------------------------
  [[0, 1, 0]]
------------------------------------
  [[1, 1, 0]]
------------------------------------
```

Pertanto una base formata da autovettori è $F = (v_1, v_2, v_3)$, dove i tre vettori sono $v_1 = (1, 2, 1)$, $v_2 = (0, 1, 0)$, $v_3 = (1, 1, 0)$. Ora scriviamo la matrice associata M_F^E che chiamiamo IP e la sua inversa M_E^F che chiamiamo P.

```
IP := Transposed(BlockMatrix([[L1],[L2], [L3]]));   IP;
Mat([
  [1, 0, 1],
  [2, 1, 1],
  [1, 0, 0]
])
------------------------------------
```

```
P := Inverse(IP);    P;
P;
Mat([
  [0, 0, 1],
  [-1, 1, -1],
  [1, 0, -1]
])
```

Verifichiamo che A si diagonalizza mediante la matrice P

```
D := DiagonalMat([-1,1,2]);
A = IP*D*P;
--    TRUE
```

Con la seguente funzione che andiamo a definire in *linguaggio* CoCoA, diciamo a CoCoA di eseguire la potenza di una matrice diagonale semplicemente costruendo la matrice diagonale che ha sulla diagonale le potenze delle entrate.

```
Define PowerDiag(M, Exp)
    Return DiagonalMat([ M[I,I]^Exp | I In 1..Len(M) ]);
EndDefine;
```

Finalmente verifichiamo sperimentalmente quanto detto nella Sezione 8.3.

```
R := 100000;
Time U := IP*PowerDiag(D,R)*P;
--     Cpu time = 0.02  -- secondi
```

```
Time PowA := A^R;
--     Cpu time = 10.29 -- secondi
```

```
U=PowA;
TRUE
```

La differenza di prestazione effettivamente è... mostruosa. Comunque, complimenti a CoCoA che non si è neppure spaventato ad eseguire 100000 moltiplicazioni di matrici di tipo 3 e lo ha fatto in pochi secondi. E si badi bene, alcune entrate della matrice U, ad esempio quella di posto $(1,1)$, sono numeri interi *molto grandi*! Volete davvero vedere u_{11}? Se proprio ci tenete, eccovelo servito da CoCoA.

```
99900209301438450794403276433003359098042913905418169177152927386314583246425734832748733133244965040316439444555558
5493001879966076561765629084713542474928751988896298736710932463504273731124792658002785312410887370856052872283901
6456869102685067592351791469705285764469680152483234547554326502927865208069577709717411022320429763512053307779968 9
792511661987077178577595552172008132029520461794922925929562392096579787358518667525495797313144806249260261837941
305080582686031535134178739622834990886357758062104606636372130587795323449720108084863695414018585813598580356035
740218729081555665806071864612689728397942184226757934963889335724758876195913765676241112502070870487046517939639
871010920036393474561809060161337789856029686359855802476144893304705222286013137709595835731948589849640457238387 5
170702242332633436894423297381877733153286944217936125301907868903603663283161502726139934152804071171914923903341 8
749353944558963012921972564177172335435447515523793108922681824024527557520947046421859438628656327442313320847422 2
155149331500271775006422882621182254934960055745733494678483269180951895955769174509673224417740432840455882109137
905375646772139976621785265057169854834562487518322383250318645505472114369993416798167817025512281297806519480629 54
0533915465747994129749919034850754433641450563165739600669338242731643403958012128026098421224751420783471222483141
030406886037196401618557416564394722534649452497003145098900931622689527444287054764254722531675145211822314553883 74
308232642200633025137533129365164341725206256155311794738619142904761445654927128418175183531327052975495370561438 2
395732279396730301060774568484774278321953492279838364361637647429695459067236912413632593212335643135894465219 10
188212382974090791638602323545095938876673640322957799390115215444800363721506911559111199600153058910772942103223 0
4242620356934932160529275696258544582233645949646527692310819730580628032652167364493437617324097533423332897302829591
7356927301328642331175960523049517167703316370952226952460402143387655197644016528148022348331881097559421960476 47
9388520198541017348985948511005469246617234143135309938405923268953586538886974427008607028635502028556502295493243
0507965215649196832651067441009678229519541616177175429975200098730737787612068589077096941161043802862395044453237
89591870760289260393489826100774887672852918106468489143893649064784591211612193300707900537059042188012856559403 69
90708880329668716116559612323319983109232250828661803218804394475729867620969358197843859279692501233326935194693207
7243355273655662482237878338880749992768316334403186044636187037897843130328438234704109443065914719283411909751852
39212327674384990561563688432939039442002617530976850605132937101449086396141620556053547335569926700941375271829 14
240723426793756506976556747593410131022534283008040907958732954421355130730205017159842423076046920973290729014 1606
3539608805592023573768856478522400927771114891344924169956071176298436533978180869474106751111353523711504043659 91
108896974856588008878619749343579292462040517672460122506184040119662898726738030704983612179744846791007478463561 9
4664829224736134115135567179291781968056053726484141128347858241259121954601184412409349782963317042002530418661694
9623187358606524854102222118695442237882891897120805145751463196480536972314659417065499847953765717454812695794 060773
39158775332355215609435919275199351014222246963017013717419337504919295363295101115229295183628281919182165167645 594
6515828048984256116748150367805267887662716999649296943770459487614662811092998202073701333032445100538537855 1188
80347414819866511457932268490093000236736168555294173442059922537196524499792548315934370634397037180961147032 30741
8698503505472228902717485033336832830028213291084169315045738933183934593329299494279601530975611870891892952849 07
4243284767006243171171622731766606796101967802204564589015899524704741001158110963633731329388356868949408759334 176
90938780639858464730058892817599884447748613006315306876007008483726752778977735683004277890277210568383302147 02797
28595336332110564064263909724579949686162908019604141759391576887658799242854991215173792427034324868448314247456 83888
9541893241450987505759430132496975416969553302968802193048741635010979200362102387682751763699809776149796360 96704
34814012413068357687990499743659622964957054595247353820003637703248949821033313329135623151698544104153170541 939282
347233988484535521732036880883121009439414349382822035496502815307510870986046812248029738256312449893319652962 0237
2608586509050307993308652001231671915182765742095689513136184095412147378631104289771786144815831696584876694 95
826252504961227044714712229620274682362909803877469376987358942125441792355298387479830450253909788733469732603 0975
44156474805473273276724865275903499533635412695390045885498868357492786461525204080049011478589228908544335399699
478086747161351978583857145642158317119804411798944076638436357560339888068725127883577297626499213827436573 992927
30223879257692423278548720129725538617196837824830637258998008484638503828356258403917311872694381464553651 6900625
30023217591343084755215901475299149215296944362366910833233693765799313820927587002424626383312182367152367 7209984718
77038601723085224480431763336027597331612012622483230853292889861545592214273785074109788222447295126635722 25567169
77940976734154301728926833263507745121016786912133446566807397973727114619192999381181788234731792926888379 02854309
09942441260511945849237909966329550263865701114884142266162969810073652710928504574708615080940054577797 86430150489
99586341647005282205627860088640257094324442540440342431402038120748575379990160664655209869807905893473202 43050635
9073638215212806000418275293254852457025987420995463236383093242827000148747663511883088517377526881952636016534
59005561607677134536176554509744249790639060933000284169648475504927046669468486935691731831816320478462173922
58652847424495236330230531141344933233982233655161143146913190017048822683652591639972391262661614020570996 7273835
29597479125489641419287261259757561701592264582354115192217725391965103434937309865700381305565786631101147631318
95715563365187277579919088628907654949520194749221488514170792523523942938017011494853900584435832974876929 7941586
384640877265901749104933238853465429979253900561311562288241147192158137210120267399648622831610430287268 7398403351
4212029951661084619316468807594452696524857007055445215254749345043485291798751218593736471904615154158825 8213904017
21182957023275370273897877935069040449385765033557155872873201596885061331145477101575699375441097493374115991
19911496272680171803895097803041184400075585468560978665669584326272833274164180445907278446800513607741 54284127
1245635338362546906893643090206821675045981932174451336291385398315456061045969260450878770030418457915 34782917257 6
2810632722108035826060904572460619258036314720015874907536163378524346229876991788780867145392884657 24172235 04
887766803869453474588831907597355529280070924147137069664702953070050708309141242977140477619459007 3152062336342261
281370745041625204734495974156788820038454467743889503791923445941712455102317388950303484219370880 83329710817656
1010708693158020695060096428352046647333611634196641063112470651738025105994092669089840466329861 36488548712306 59
9035657722726676960571870572768143949325593713680293579746041160756415999194022667942306814857233613 635929036768414
8035832809312750680111157161506276155660715826461224686330274725849294875685208979085096283523 5527978491475 6374
4318483993474633300330972497012808415900969455190375849945750376465019160009861502794606 1307947268985078496 10303884
846035423392175449505871657130344700415823080225786693300512126831846009510203543174 3237832921768659760762 7541243
92808138872880175813102962015074633197956148814633341267489625688378435117847759266057721273426932838238 47117 4608
3782200939646612308343952169576581065423771981899573804043915393097321505990137121839976258505454354 9515634005514 09
5656273304753625289269450202261631309024207950062589313678130052221407429647561940537821824582833 09702155421092963 86
9300546001192717830276156305705157354056726525241759254363718634718362920121624566620936 42074605500842449347289830 61
9506077570528754845277680661218385806132093442240701043887535007851997159198390084654 5969961971383997234 95893
749806582439384615049184048485819193560667125968018574878195611043352384208734177433 8518573566310129275740 92805868
4001180485499414947873688294930868786637202682607198707656286436753775709560347739 170595304521835430134891078
5234517795519757516484711545928466003754558485470994737493796615841040414239875 76333520179551864486632201598556 341
9342886668912522153446348791218159662744452537214219184738770596659942181275 40361366043853882920181020485091 77177 914
852560262425298024923092295621770627700276592881584739948042556077309034 20043049163291358864462741531846851746258018
090131447735863748652822127445066188368787354503713953556326034977 820999241655911160209743749143236078787933 1015052
417047437823553506205617017572175387061751192919716656036028303438 18580075400761718821229830981606515124867123604 62539
0356517332285675821093754122267422384704666473362029282483 4065137814475367747671882220098389682019784216724014 9125
336043643784747977063365790543813352301080455995854737 39516593402239553704527384943544110593838879 178
143051069401271065628507537039823300886781986829817141 5185218271493613110963984021912448323423901392553811725954 1532
094350029540076402919827657415140429566669653177304003587015037034974248978691089394530269768782315579318 5892899688
876636760357905532279482275765910481283521974572402234 75699146524036730492833286151875049129873457930874999488048
681250802904606446223569562767964898914869924201946458 5213551657098871183782904371437562528260614053461198 7395346
775009366257476563845962952852971822627774734804912339651942813637207668386256548727903802048677809999 175348
08157898208252555662349839332174914938649662841116889 874665005414748264599972752003370084542925443011903990 41231752
7719937677998475512794480129138420343231548881379325248 871720993811957221631481016702748773791618309689373487201689
```

```
44903299658932511996504109653674618914861599481632040891930577238630396311858213341337110096389113836596896591471537
09250739984616820464264472907889765255935051365469783646031838206196605785175615049726618176490303049821385347386966
21223462611404303560096704254701231736044974624623287462575151198771801585742829389025650825988275495110865424704218
37264023078045681651420517807418196096401513461760794362769612228126118610912766814880500950963889032877710837651056
19000761280584739692587687379373066647513879422173546940211576755576589701687341043424465255226689743297161527425588
11050349504571893175244707041030776083036553674180388723602948872805590752711115590794756926903978519601939790311768
07035680194493610685064056851929064504868553562825678722573445441465655411878167177298506128740446208907185021085180
25052924503598141175227203205526425977519844107424921792420390800146062259994221097171761187468458026737248013656386
90997107134725585972321702755405508508209041898753482922200417899847503051953717906200150933302302388180651918240555
00818672164711702307529922652228033820404113386625335815042934115143980939986416365633923620673874259342713444701242702722221975732031944894078563555116396191159859079953990836801294688107715959380849081112519380164148662501441095286608091482850312393896099765917597731543297173945762560365023587931559926170852315074247849814256564693008105061976397395591733545472917526739598790117477449217745771908169489543790314578152667389689416064588351445026130645637237687631129964576699475767340673583537218704935177320214779403972566532581731659202199752942824432778102107532
16058010443212106720827387610077833242656962476562106312697549154622434397806125399931389391578200856001117131977344313041299821562698509889572277815952450560403554349798558722345219917784195641066221220490390178867379979052705523024120027808647262825175250923325653787377924349159261827361512425922427258726998440141326679546404575742451126102857394193479716383187138370722782422619384021010896271281685732287764210298708895557148397743497418109849633633916139777782542251794000221434858862075321226466136144875187351424944695758367447850280131930339019497387161631138008640934085292977297414628361422011205730274273095665884988496513429518828793701614749950468518511685170975814668699424367314003699238123248392061862866303740235133390777190745522424851574872613607504802096097656786202523235627302555705438672918925557167239687199169965183473698744029594239522063468194136749064951508269323001066355908799183148017960664893606846755691547008606027039096400905146093605130372809984989764729342059716761043657066703696367310866167730643613331841643321040734792107756887037541932411017330417626803452812749784429449452919161882096533594561845094147630153703258810925492162602423993963970846268315557737923542830477169053850721939927266830567227442913752680237178175908437269780708099690192695002592421020485193953805155158663266418230452129371046840218806665165234385979480816214201480513551318654530148712982499386242725434537239180221512611585469197539898311088819635887556579359331059789599205324043968450862193232015232257668969509415398393721308747247732944493053757576943626803283105506035321968500120719619671426063364056179006236847266167675285576407163139782463918869378966324971821409400450829593853651517642510129335911478337995658501766157854299668374172478388386458923199200441196390925542642607419944121819501962515981370764708502247920164917405679499472593003129507099742620265978539001066892586471883902605841758239649710952294472987418323953229922475921569436956820374777310495141288184312103174766005073286130456981418767387058355896805688120629016723897076030395497082734184840690372151798622665819295554207556956541399768142350274905946625927709860445887936755621437096487057446653198147728921772909377998349527699951450611572043944128687121538756842568036622321369508041915737469009917048039885947260486258684449762362318724085339500204989295963618739437408918885680936913128987832325892601335116526090131911962534537239816074297110852283447018476839157362389523973278115839935517802207617745075592913838146852657730915229050205914524113400689566107376132048454564536102387730875943080809782711315425513472058939394530135481352441766497099441569335416665909357597847759464689532935162297236734036508058861862098881236770988929447696543603246688744297401303650097029160353642650284461804612813732400603494788970772326236492751554501373179727761527223600859659873669384146768503016610316998309995576065933171321957400325104930415126997249530413027903611449780954640079026540750851416095426057843673987358471385082406459585018172674476903765231787401426365021720931026192630465421127080947696823922073882979742057503473049615610225821372457088472765164670077340140531836169473965813604338692163697426057858216963085805327040282209019516005449676463593206508376086447398969270938112050425126693083483999995686040583132527441299283557327040282209019516005449676463593206508376086447398969270938112050425126693083483999995686
```

21635614894016744256407846935015273024574943572220500940368081032113689894644306204165987836040680113312171335049605
04944165472883926378607868385731515366373416312566122603235977742473940324793478740770352725436532455530843825086569
38643300209571207191228266892376092735244675766479817976228317092481871431894744499283290510870668662639014627546 00
18668358362206244655382886714362141577363824485257066465342300200338608718568338709528256423189233730582746782510 29
05239214464117590700082862874915647212962223100149842773910585262712095702633425139069275541249925826898755913048 48
90590836650473865690059807265126826438098000807687168897497670057472228516543093546942370129690122520004177597527 8
09934139914945567565541579128901414148071809708180106686260003347678349211635433074176655619786541294433157961085 67
33907210970815247694360208231077377319265593556919361509992241851869762511821971598449396422923222586939583205849 53
76001733882429168132570031984909428051785287828426600215492332350329418728426011096234320614855475790388028492281 39
39713097918056244770349429953058590941503123740021344543160704953880911787057104568621162106965502302888661706031 45
80222883434906879404890744067164557565160596397488164744575409400891911083945126233990453364772541741331330821153 75
89830773904025497397516208258378983849962008747496223314363545535997104728963962629146755422817356246658042120072 75
40127398226965180259613033432976286533006365417567600336968824392639120871312303876007603995728656583333908385925 42
49337153070457471482743551037417147024006867419141874398230449202772009682282474640802779068104741602882613440803 25
66075302301720319810707968930519541452393276617839058289439321461488948216959185794985022638583187044732902997904 73
19375380354392028570635067248424500089206897129953082137473352557929825658034697795049740533295062205845869767823 65
47368092670753891736652401577525890202354883227480678961328466821865972869785596728268226564575779586705710977283 9
66051015163871636153219182036527298975868077864430448966286703931884869219318391829271725545037677330768563086576 00
66534262225453505762903086271893736432744808355892822010237495153466526285750422295099544601442880185969014433967 91
42717413278286975598259993819084477469775220567898359378570154609157695006128689610825519373486612568225010585752 37
50504505036416278040406676905130564807191014132285063482665726828511933059433717373389962365471553481659163008683 8 520
90549106019459675822370191151358114207152122067352194877706952160853171747758054255413803897887371605824177190425 24
01056370661792996395808706717083872950238057238547610495061732689587948240319569499000594593719849004104550034 41501
40661545269946090944413914390718663090092496918124688130881262423587872048560896082340376774375094967684510580 59579
97718900660535490335996178424512109614487706318746691029235662777116520352264701616629648808380899788768776930 82208
56530068153940856748041349469491870228962660210066455819832861306780214603698931744999391072312304050883424858 3379
67422088470680385334943928147519685791292174441917386539873915590891585931075044941996942585692050389127755009 2560029
22556602824573305416437048296535153269575731198603315386176712707232296267012248061232219548889184804014935775 71313
02308897501348573600357134307046628157178720021578705983302856401851403674168523879230236440644159448586566249 0547
79640865724626118340632130251262308969497136423345854193511283731321572321015776878841479867523644417111298472 354763
14271585029343474643412723022573579209708349399109480941978689783102351837786010778667226102241684498686339887 42275806
31272581474396676719404444290071284914286251867085092358453277091441099575357659812178523756848934429670368868 6118 22
99280334334566964934607709035922318040728498276440955873549154616480621098619090449331761288961353254130623133 991
97146233276848722418411908884105481927087894893959068177857958891858788142609924177538623824060024651821149035 1601
24492893940578494054321735897795038677924486146769448734671863583817296627073341404027631029815623031421577433 7929
46166493743615604590360602985812245760852527005700618776095827459674053158812626959828511430063208977304731334 61
17214294580540717887622301146255851052093076177149327860354126271988052282686410705504936437055581694583084065 09604
47321868266885821690378486803228047068190158673489265472407994709737947819252309851570019632301382202637378882 2756417
58726709216024340772929856567982523494642837616291871755699345469372475974464437458612357776884264734692436590 9558
55316257156480796930450267150476075474267696003825581403435471652083459886453843259390815439291893908989610908 35219
92519053530398359081516289247571043354786424954980741388745386023113329591390636006945394374386907595891211288 75800
78040829119752070952781333355502327767617833913817941510941299968043010389947505124323233143112066356987266186 10084
71725469690872663745685846664616209322342708684601718516702347679376835895877112591308006595830536581800359912 14441768 5286 53 4 9 853
97013876080817020918472863351368783745251292936294373137797941681631309836888336245924882700425332753101740374 0185
81551926631475880324503163498289440909414594357098393314507937638533884820566964583661906580362312059760037127 64
83099512585931021429023730605200088341574972440502886340250002873470552336885410685933893966237991377648571577 20937
49681055718277781429659244251666703110135820625316518906936462663613376836770015734995961444962828205690802033 001312
12898730078552062809150358803340717462335111428380965506518182711778259641473422758858031624736482535087927 6299074
81324269246171416952106854881827536161278695521641238326324616403460277105305221712741690983171442584275435 93251937
08367920524870186212708574531518197079761563223696275354106250100574015031852417713817169169590665504804926 6747
36966560518195277297404407824874163530870748034471263075504530187687345116312600025717657082941134471590583 26859464
02297548906186856971552932533367919290450918133898903953122614077604146341395120253199068729963406543173607 993524
34791082039695478061926453254644053124586362026016156957888326419910345519741792140396061817459467332211367 11305167
58449707228093843930285348257747082754939860608508483863603994977189625981430445987336770157394998460855726 79155535 25
2121397723389037979427485209309504641599639196053296030292739274663906234190084882219800040754392507184301 684808
66157009022053158273857417267902310193566064243660834080200278639226365245339556470624410895779104929890839 70 9771580
68570365278729328467719522748752013231856644284239116500578631408326660565644690232548865452436995428173054 383481532
52515631160343894144061259966226495987876900371241240630507271304936106077751935176668435097909511247037772 85270451
81653556285621656761979382960837252084759203181114384404005114613990326273362146150606785118800079327563486 4480372696
32784758184534685096553653807238077367935262421455330888336797270741928388726854849773873066700075519657614 31583941
10204249262313324277027082171004713715216794887246874118929735042033766733449896060052117278446705
30521327425332189734978888307943626099125569741350839434061750712876445222039557455150019442996232739317 09148790614
88128215828945799497486234334528654602749451334772673453627996847066109377076880483795786049988732728723 7158785195
5052169469865715937287598451499408736573656996903222126190733471623190737036276362556947535372619436126 99664342229589006
1477534772978007387045096920420140564164967045884905746679368215552190109502796602359020062956342662169 7556166261 95
6721403439803621918243177242110484823901622121433246394515183219073703627636325569475353726194361126996 6453422295890 0 6
7369520148703938650150870744147352202207704110700883280307315450410857217624486003245745296424458015508 8735358144 51
2891817368634611656711105015110720207546117507352916780954031746233158035402507293585422135495023965 500
50048184562563277949304419262829413630072241507581444776889555696160257414238592744157404772176434749 48 66 318 31 82648
21008378574908022219912214646917400270856159095104885845967392332602301843740328702808569782311182460 392642 129 0247
29192538226787567897868564600570545108945374190649371558894253329703486982693386634574807801078719254 1297849071 5527
66834053624072289750180164174866952266394688977998297470344148466052329775319142666384739068105416711 68066131262918
83476480063965476234519254058040025772795085906181732600018835667757624963504854122664105575164513447 0262083485 4807
76173701923626406384831371842087477223094467978661221649689843227892487626051678986864757390122603610 6792466172839
00162673440590032402653634550301552982354519865813734982802318925442780161133183542761032580023393942
607858756949485119300715853929843163967575531352482422127481486402729730715545710942343247185697052363 657228655 5162
6567238924808065927194877081536066667413145982607988112787546563130077857434841896108094991194360375 61075326 35
94141434768824946925307877906932755290895099945065272071979419682741840819830567497688086236460819345 62363770246 7815
07313346619792311993911715957935283311749682050057729993856647698426081551894086677632085548315983618 88504483399113
51505132909703990088919063133391774956199935644760496912648104534621430295733375992898959329664444686 90064867453 16187
88212971941461919141329786733752837029951907061799241781402493562850065362737716363555697200032469961 3065282451695
16727316183139386755879127826493375804001105921137227083912351849079107480669858269608090918187297850 15740645445482
64471078633865991131888101377463189849674598901154033425931534774008211073481847152126337450727153813 1048296 61297
90814776632697913945703573905374227697796338115683962232084025970251553047343898883109376;

Che cosa abbiamo imparato da questo esempio? Sicuramente alcune cose importanti. Innanzitutto abbiamo visto che i numeri possono essere veramente grandi (il numero precedente ha 30103 cifre, se non ci credete... contatele), ciò nonostante i moderni calcolatori e programmi fatti bene non hanno difficoltà a trattarli. Poi abbiamo imparato che per la soluzione di un problema si può arrivare alla stessa risposta seguendo strade diverse. Una è semplicissima ma lenta, l'altra è molto più complicata, perché si basa su fatti teorici non banali, ma veloce.

Forse dovrei scusarmi per il fatto di avere contribuito alla deforestazione del pianeta con la stampa di quel numero enorme, ma spero che le motivazioni e le conclusioni che si sono tratte compensino il sacrificio. E se qualche lettore volesse vedere anche u_{12}? Di quante pagine avrebbe bisogno l'output? Tale lettore provi a fare i conti con CoCoA e avrà una notevole sorpresa... però, se ci penserà un poco...

Passata la sbornia numerica dell'esempio precedente, concludiamo questa appendice con un esempio più complesso a sostegno dell'Esercizio 9 del Capitolo 8. Qui CoCoA lascia intravedere alcune sue caratteristiche veramente notevoli.

Esempio 8.6.7. Nell'Esercizio 9 del Capitolo 8 si chiedeva di verificare il fatto che ogni polinomio univariato coincide con il polinomio caratteristico di una opportuna matrice. Vediamo come CoCoA ci possa aiutare. Se F è un polinomio univariato, tale matrice si chiama Companion(F) e noi possiamo creare una *funzione* CoCoA che per ogni polinomio univariato la fornisce. Ecco come si può fare.

```
Define Companion(F);
  D := Deg(F);
  Cf := Coefficients(-F,x);
  T := Mat([Reversed(Tail(Cf))]);
  M := MatConcatHor(Identity(D), Transposed(T));
  Return Submat(M, 1..D, 2..(D+1));
EndDefine;
```

Ora definiamo la matrice caratteristica della matrice Companion(F) e la chiamiamo CharMat(F).

```
Define CharMat(F);
  D := Deg(F);
  Id := Identity(D);
  M := x*Id - Companion(F);
  Return(M);
EndDefine;
```

Vediamo ora un esempio. Sia $F = x^6 - 15x^4 + 8x^3 - 1$ e chiediamo a CoCoA di calcolare la matrice Companion(F).

```
F  :=   x^6-15x^4+8x^3-1;
Companion(F);
Mat([
   [0, 0, 0, 0, 0, 1],
   [1, 0, 0, 0, 0, 0],
   [0, 1, 0, 0, 0, 0],
   [0, 0, 1, 0, 0, -8],
   [0, 0, 0, 1, 0, 15],
   [0, 0, 0, 0, 1, 0]
])
-------------------------------
```

Ora calcoliamo CharMat(F).

```
A  := CharMat(F);
Mat([
   [x, 0, 0, 0, 0, -1],
   [-1, x, 0, 0, 0, 0],
   [0, -1, x, 0, 0, 0],
   [0, 0, -1, x, 0, 8],
   [0, 0, 0, -1, x, -15],
   [0, 0, 0, 0, -1, x]
])
-------------------------------
```

Sappiamo che il polinomio caratteristico della matrice Companion(F) è il determinante della matrice CharMat(F). Dunque verifichiamo che si ha l'uguaglianza tra F e il polinomio caratteristico di Companion(F).

```
F=Det(CharMat(F));
TRUE
-------------------------------
```

Ora il lettore può continuare con un qualsiasi esempio di polinomio univariato. È bene però dire che il grado del polinomio sarebbe opportuno non fosse troppo grande. Anche i calcolatori... si possono stancare.

10 Comandamenti Computazionali

  1 Usa sempre il sistema binario

  10 Non usare mai il simbolo 2

Conclusione?

Gli esempi del Capitolo 8 hanno confermato il fatto che le matrici simmetriche reali godono di una proprietà veramente notevole, ossia sono simili ad una matrice diagonale, mentre non si può dire altrettanto, in generale, per quelle non simmetriche. Ma che cosa si può dire in generale?

Solitamente i capitoli precedenti si concludevano con domande che trovavano qualche risposta nei capitoli successivi. Ma qui il libro si conclude e pertanto non troverete risposta all'ultima domanda. La matematica, come in generale la vita, insegna a fare domande e la ricerca di risposte genera altre domande in un flusso continuo. Per ora suggerisco al lettore di accontentarsi di sapere che alla domanda precedente si può rispondere usando strumenti un poco più elevati come le forme canoniche razionali, le forme di Jordan e altre invenzioni matematiche.

Più le domande sono difficili, più le sfide sono interessanti e la matematica è una palestra fondamentale dell'*andare oltre*. Quindi propongo l'ultima questione: pensate che le nuvole siano un limite per lo studio del cielo? Oppure la lettura di questo libro vi ha fatto venire voglia di andare oltre?

e voi pesáte metà se piove

(palindrome dedicata alle nuvole,
da PALINDROMI DI (LO)RENZO
di Lorenzo)

Riferimenti bibliografici

[−]   Come già detto nell'introduzione, basta usare un qualsiasi motore di ricerca, digitare *linear algebra* oppure *algebra lineare* oppure *matrix*, oppure *linear systems*, oppure... ed essere sommersi da miriadi di pagine web contenenti informazioni su libri, convegni, altre pagine dedicate all'argomento. Quindi ho deciso di limitare la bibliografia ad un riferimento al software CoCoA e a un paio di miei articoli *letterario-divulgativi* che possono essere usati dal lettore come stimolo ad *andare avanti*. Mi è rimasto un solo dubbio: questo libro "Algebra Lineare per tutti" dovrebbe essere incluso nei suoi riferimenti bibliografici?

[Co]   CoCoA: a system for doing Computations in Commutative Algebra, Available at http://cocoa.dima.unige.it

[R01]   Robbiano, L.: Teoremi di geometria euclidea: proviamo a dimostrarli automaticamente. Lettera Matematica Pristem **39–40**, 52–58 (2001)

[R06]   Robbiano, L.: Tre Amici e la Computer Algebra. Bollettino U.M.I.-sez.A, La Matematica nella Società e nella Cultura, Serie VIII, **Vol. IX-A**, 1-23 (2006)

quale è la tua data di nascita?
nove ottobre
che anno?
ogni anno

Indice analitico

Collana Unitext - La Matematica per il 3+2

a cura di

F. Brezzi
C. Ciliberto
B. Codenotti
M. Pulvirenti
A. Quarteroni
G. Rinaldi
W.J. Runggaldier

Volumi pubblicati

A. Bernasconi, B. Codenotti
Introduzione alla complessità computazionale
1998, X+260 pp. ISBN 88-470-0020-3

A. Bernasconi, B. Codenotti, G. Resta
Metodi matematici in complessità computazionale
1999, X+364 pp, ISBN 88-470-0060-2

E. Salinelli, F. Tomarelli
Modelli dinamici discreti
2002, XII+354 pp, ISBN 88-470-0187-0

S. Bosch
Algebra
2003, VIII+380 pp, ISBN 88-470-0221-4

S. Graffi, M. Degli Esposti
Fisica matematica discreta
2003, X+248 pp, ISBN 88-470-0212-5

S. Margarita, E. Salinelli
MultiMath - Matematica Multimediale per l'Università
2004, XX+270 pp, ISBN 88-470-0228-1

A. Quarteroni, R. Sacco, F. Saleri
Matematica numerica (2a Ed.)
2000, XIV+448 pp, ISBN 88-470-0077-7
2002, 2004 ristampa riveduta e corretta
(1a edizione 1998, ISBN 88-470-0010-6)

A partire dal 2004, i volumi della serie sono contrassegnati da un numero di identificazione. I volumi indicati in grigio si riferiscono a edizioni non più in commercio

13. A. Quarteroni, F. Saleri
    Introduzione al Calcolo Scientifico (2a Ed.)
    2004, X+262 pp, ISBN 88-470-0256-7
    (1a edizione 2002, ISBN 88-470-0149-8)

14. S. Salsa
    Equazioni a derivate parziali - Metodi, modelli e applicazioni
    2004, XII+426 pp, ISBN 88-470-0259-1

15. G. Riccardi
    Calcolo differenziale ed integrale
    2004, XII+314 pp, ISBN 88-470-0285-0

16. M. Impedovo
    Matematica generale con il calcolatore
    2005, X+526 pp, ISBN 88-470-0258-3

17. L. Formaggia, F. Saleri, A. Veneziani
    Applicazioni ed esercizi di modellistica numerica
    per problemi differenziali
    2005, VIII+396 pp, ISBN 88-470-0257-5

18. S. Salsa, G. Verzini
    Equazioni a derivate parziali - Complementi ed esercizi
    2005, VIII+406 pp, ISBN 88-470-0260-5

19. C. Canuto, A. Tabacco
    Analisi Matematica I (2a Ed.)
    2005, XII+448 pp, ISBN 88-470-0337-7
    (1a edizione, 2003, XII+376 pp, ISBN 88-470-0220-6)

20. F. Biagini, M. Campanino
    Elementi di Probabilità e Statistica
    2006, XII+236 pp, ISBN 88-470-0330-X

21. S. Leonesi, C. Toffalori
Numeri e Crittografia
2006, VIII+178 pp, ISBN 88-470-0331-8

22. A. Quarteroni, F. Saleri
Introduzione al Calcolo Scientifico (3a Ed.)
2006, X+306 pp, ISBN 88-470-0480-2

23. S. Leonesi, C. Toffalori
Un invito all'Algebra
2006, XVII+432 pp, ISBN 88-470-0313-X

24. W.M. Baldoni, C. Ciliberto, G.M. Piacentini Cattaneo
Aritmetica, Crittografia e Codici
2006, XVI+518 pp, ISBN 88-470-0455-1

25. A. Quarteroni
Modellistica numerica per problemi differenziali (3a Ed.)
2006, XIV+452 pp, ISBN 88-470-0493-4
(1a edizione 2000, ISBN 88-470-0108-0)
(2a edizione 2003, ISBN 88-470-0203-6)

26. M. Abate, F. Tovena
Curve e superfici
2006, XIV+394 pp, ISBN 88-470-0535-3

27. L. Giuzzi
Codici correttori
2006, XVI+402 pp, ISBN 88-470-0539-6

28. L. Robbiano
Algebra lineare
2007, Xvi+210 pp, ISBN 88-470-0446-2